아산재단 연구총서 제473집

호수환경생태학

아산재단 연구총서 제473집

호수환경생태학

김 범 철

집문당

김범철(金凡徹) 서울대학교 해양학과 (이학사)
KAIST 생물공학과 (이학석사)
서울대학교 해양학과 (이학박사)
강원대학교 환경학과 명예교수
한국하천호수학회 회장 역임

아산재단 연구총서 제473집

호수환경생태학

2021년 11월 30일 1판 1쇄

저자 | 김범철
발행인 | 임동규
발행처 | **(주)집문당**
등록 | 1971. 3. 23. 제2012-000069호
주소 | 03134 서울시 종로구 돈화문로 82, 5층
전화 | +82-1811-7567
이메일 | sale@jipmoon.com
홈페이지 | www.jipmoon.com

ISBN 978-89-303-1918-8 94400
978-89-303-1500-5(세트)

가격 36,500원

(주)집문당 이순신돋움체B (저작권자 아산시, 무료글꼴)

머리말

우리나라는 원래 자연호가 거의 없는 지역이지만 17,500여 개의 인공호가 건설되어 수자원으로서 매우 큰 역할을 하고 있다. 많은 하천이 호수의 연속으로 변모하였으며 많은 유수서식지가 정수서식지로 바뀌게 되었다. 정수서식지가 새로이 형성되면서 호수가 우리나라의 주요 담수서식지로 대두되었다. 게다가 대부분의 용수공급이 호수에 의존하고 있으며, 하천에서 취수하더라도 상류의 댐에서 방류한 물을 사용하므로 호수의 수질이 수자원의 질을 좌우하는 중요성도 가지고 있다.

그러므로 호수의 수질과 생태계를 관리하는 것은 수자원 관리자의 중요한 임무가 되었는데, 효율적인 호수 관리를 위해서는 호수 내에서 일어나고 있는 현상들의 기작을 정확히 이해하여야 한다. 물의 이동, 수질화학적 변화, 생물상의 천이 등 다양한 자연환경 요소들은 서로 밀접하게 연관되어 있으므로 수질, 수생태계의 변화를 이해하기 위해서는 이들 간의 상호관계를 모두 고려하여야만 한다. 호수에서 일어나는 현상에 대한 과학적 기본 지식이 없이 호수를 관리하게 되면 비효율적인 대책을 선택하는 우를 범할 수 있으므로 호수생태학은 호수환경 관리를 위한 필수 지식이라 할 수 있다.

본서는 필자의 호수생태학 강좌 강의자료를 토대로 만들게 되었는데 기초과학 과정을 이수한 학사과정의 고학년이나 대학원에서 물환경을 공부하는 학생들에게 기본적인 호수학 지식을 제공하는 교재로써 적절할 것이다. 또한, 수질관리 등 호수관리자들에게는 응용기술의 과학적 기초가 되는 호수생태계의 기작에 대한 이해를 제공할 것이다.

호수학 현상은 다양한 요인들이 복합적으로 연계되어 작용하므로 호수의 복잡한 자연현상에 대한 다학제적 기본 지식과 상호관계의 이해를 제공하려는 목표를 가지고 작성하였다. 앞부분의 챕터에서는 호수의 수리물리적 현상에 대하여 설명하고, 이어서 화학적 요소에 대하여 설명하였다. 그리고 생물학적 측면을 다루는 챕터를 배치하였으며, 마지막으로 인간활동의 영향으로 나타나는 부영양화와 환경학적 주제를 배치하였다.

그리고 자연호 위주로 작성된 외국의 호수학 교재와는 달리 우리나라 인공호의 특성을 고려하여 서술하고자 하였다. 인공호는 자연호와 다른 점이 매우 많기 때문에 외국의 호수학 이론이 적용되지 않는 점이 많으며, 게다가 몬순기후라는 폭우 집중현상 때문에 우리나라 수환경은 독특한 점을 많이 가지고 있다. 따라서 우리나라 인공호에서만 특이적으로 나타나는 현상도 많이 있으며 이에 대한 이해가 매우 필요하다.

그동안 본서에 인용된 많은 호수 조사에 참여하고 자료 수집 및 원고정리를 도와준 김재구 군을 비롯한 연구실 제자들의 도움에 감사하며 본서의 발간을 지원해 주신 아산사회복지재단에 깊은 감사를 드린다.

2021년 10월

저자

| 차 례 |

제4장 물의 이동 · 57

제5장 호수의 빛투과 · 71

제6장 용존 산소의 분포 · 97

제7장 수중의 이산화탄소와 pH · 125

제8장 호수생태계의 인 · 143

제9장 호수의 질소 · 167

第10장 주요 이온과 기타 용존물질 · 181

第11장 호수의 저질과 물질순환 · 197

第12장 호수의 유기물 · 205

第13장 호수의 생물 · 231

| 표/그림 차례 |

‖ 제 1 장 ‖

호수생태계의 개관

제1장 호수생태계의 개관

1. 호수생태계의 중요성

우리나라의 연간 강수량은 세계 평균 수준이지만 인구 밀도가 높아 1인당 강수량은 약 3,000m^3로서 세계 평균의 1/10에 불과한 물부족 국가이다. 게다가 강우가 여름에 집중되는 우리나라의 기후 여건으로 갈수기의 수자원 공급을 하천에만 의존할 수가 없다. 우리나라에는 자연호가 적고 규모가 작기 때문에 수자원으로서의 가치가 없으므로 많은 인공호를 건설하여 수자원으로 이용하고 있다.

현재까지 우리나라에는 약 17,000개 이상의 저수지가 건설되어, 많은 하천이 호수의 연속으로 변모하였으며 인위적인 유량조절을 받지 않는 자연 하천은 얼마 남아 있지 않다. 그 결과 유수생태계(lotic habitat)이던 하천생태계는 대부분 정수생태계(lentic habitat)인 호수생태계로 대체되었으므로 생태계의 다양성뿐 아니라 수자원 관리에 있어서도 호수의 중요성이 매우 커지고 있다. 수자원의 대부분이 호수에서 취수하거나 저수하였다가 방류하는 물을 취수하는 것이므로 수자원을 거의 호수에 의존한다고 볼 수 있다. 따라서 수자원의 과학적 수질 관리 측면에서도 호수 생태계에 대한 이해가 매우 필요하다.

담수생태계를 보전하고 수자원과 수질을 관리하기 위해서는 호수 내에서 일어나는 물리적, 화학적, 생물학적 과정을 통합적으로 이해하여야 한다. 생물의 활동은 화학적 수질 특성을 좌우하며, 생물의 활동과 화학적 수질 특성은 물의 물리적 작용과 깊은 연관이 있으므로 호수생태계의 작용들을 깊이 이해하기 위해서는 생물뿐 아니라 주변 요인들을 함께 고찰하여야 한다. 본 장에서는 호수생태계의 전반에 관한 종합적 고찰을 통하여 이후에 다룰 호수의 다각적 측면의 접근들이 유기적인 연관을 가질 수 있도록 하고자 한다.

2. 호수의 정의

호수는 흐르지 않는 정체 수역을 지칭하는 말로써 근래 우리나라에서도 호소(湖沼)라는 용어의 사용이 확산되면서 호수(湖水)와 동의어이거나 유사한 용어로 사용하고 있다. 호소는 호수(湖)와 늪(沼)을 합쳐 만든 용어로서 일본에서 자연호를 중심으로 정체 수역을 총칭하는 용어이다.

호수는 담수로 채워진 정체 수역을 일컫는 말로서 원래 자연호를 대상으로 형성된 용어이므로, 자연호를 '-湖'라 부르고 인공호는 '-저수지' 또는 '-댐'이라고 구분하여 부르기도 한다. 일반적으로는 인공저수지에 대해서도 광범위하게 '호수'라는 용어를 적용하고 있으며, 특히 저수지의 고유명사에는 소양호, 팔당호 등과 같이 '-湖'라는 어미를 붙이고 있다. 작은 규모의 호수나 저수지에 대해서는 일반적으로 '-池'라는 어미를 사용하고 있다. 천년의 역사를 가지는 인공저수지인 제천의 의림지는 가장 역사가 오랜 저수지이며, 이외에도 소규모 농업용 저수지에 대해서는 '-池'라는 용어를 사용하고 있다.

늪은 수심이 얕고 수생식물로 덮인 호수를 말하는 것으로서 우리나라에서는 소(沼)라는 한자 용어보다 '-늪'이라는 우리말 용어를 명칭에 많이 사용하였다. 우포늪, 질날늪 등의 자연호가 예이다. 沼는 우리나라에서는 폭포 아래의 용소와 같이 하천의 깊은 정체수역에 대해 사용하였으나 일본에서는 이를 우리나라의 '늪'의 의미로 사용하고 있다. 따라서 일본에서는 호수와 늪을 합하여 호소라고 부르고 있다. 우리나라에서는 沼의 의미가 일본과 다소 다르므로 호소라는 용어보다는 호수가 더 광범위하게 정체 수역을 뜻하는 용어로 쓰인다. 그러나 근래에 우리나라에서도 호소가 일본에서와 같이 호수와 늪을 포함하는 의미로 사용되고 있다.

호수를 지칭하는 영문 용어에서는 자연호를 lake라 하고 인공호는 reservoir라고 구분하여 부른다. 또한 소형 자연호에 대해서는 pond라는 용어도 사용하며, 영국의 스코틀랜드에서는 자연호를 loch라고 부르기도 한다. 인공호를 보통명사로 지칭할 때는 reservoir라고 부르지만, 고유명사를 만들 때는 'reservoir ○○○'라 명명하지 않고 'Lake Kentucky'와 같이 자연호와 동일하게 'Lake ○○○'라는 이름을 붙이는 것이 상례이다. 영문 용어에서 lake와 pond의 차이는 명확하지는 않으나 일반적으로 규모가 크고 수생식물이 없는 개방수면(open water)이 넓은 호수를 lake라 하고 소규모이며 수생식물이 많은 호수를 pond라고 한다. 늪을 지칭하는 영문 용어는 swamp, marsh, bog 등이 호수 내 식생에 따라 구별하여 사용된다.

인공호를 dam reservoir와 impoundment로 구분하기도 한다(Straskraba et al. 1993). dam reservoir는 하천의 계곡을 막아서 하천의 유로 가운데에 만들어진 저수지이며 impoundment는 하천 인근에 제방을 만들고 하천으로부터 수로를 통하여 끌어들인 물을 저장하는 시설을 말한다.

3. 호수와 하천의 구분

우리나라에서는 하천과 호수가 서로 다른 수질환경 기준을 적용받기 때문에 수체를 '호수로 분류하는가 하천으로 분류하는가'가 중요한 관건이 되기도 한다. 우리나라 인공호의 특성과 기후 특성으로 인하여 많은 수체들이 이 두 경계에 놓여 있으므로 구분이 애매한 경우가 많이 있다.

호소 또는 호수는 흐르지 않고 고인 담수를 말하는 것으로서 생태학적으로는 정수(靜水)생태계(lentic habitat)라고 부르는 구역을 뜻한다. 이에 반하여 하천은 유수(流水)생태계(lotic habitat)라고 부른다. 호수와 하천의 구분에는 수리학적 체류시간의 차이에 기인하는 상이점들이 중요한 기준이 된다. 정수생태계의 특징은 성층에 의해 수심에 따라 수직적으로 생태학적 구배가 형성된다는 점이며 이에 반하여 유수생태계에서는 수직적으로는 혼합이 잘 일어나며 반면에 상하류 간의 종방향 구배가 형성된다(〈표 1-1〉).

호수와 하천을 유속으로 구분한다면 호수에서는 유속이 느리고 하천에서는 유속이 빠르다고 표현할 수 있다. 이를 물리적 관점에서 표현한다면 하천은 상류로부터 하류로 물의 이동에 의한 이류(移流, advection)가 지배하는 환경이며, 호수는 이류가 적으므로 모든 방향으로 불규칙하게 움직이는 난류(亂流, turbulence)에 의해서 주로 물의 운동이 지배되는 환경이다.

수리적인 특성은 식물플랑크톤과 동물플랑크톤의 성장을 좌우하기도 한다. 호수에서는 식물플랑크톤이 성장 가능하여 주요 일차생산자가 될 수 있으나 하천에서는 상류에서 유입하는 것 외에는 식물플랑크톤이 성장할 시간 여유를 갖지 못한다. 그러므로 하천과 호수는 서로 다른 생물상과 먹이그물을 가지게 된다. 일반적으로 호수의 생태계의 에너지 근원은 식물플랑크톤과 수초이며,

식물플랑크톤 → 동물플랑크톤 → 어류
또는 수초 → 저생무척추동물 → 척추동물(어류, 조류)

로 연결되는 먹이연쇄가 중요성을 가진다. 그에 비하여 하천에서는 유기물에너지를 육상기원의 낙엽과 부착조류 및 DOC에 의존하며,

낙엽, 부착조류 → 수생곤충 → 어류

로 연결되는 먹이연쇄가 중요성을 가진다.

호수와 하천을 구분하는 명확한 유속과 체류시간의 기준은 없다. 평균 체류시간 5일 정도의 저수지에서는 하천과 호수의 중간 속성들이 나타나며, 체류시간이 1개월 이상이면 호수의 속성을 나타낼 수 있다. 또한 계절적으로 유량의 변동이 큰 우리나라의 경우에는 연평균 체류시간이 큰 의미를 갖지 못하며, 하나의 저수지가 계절에 따라 풍수기에는 하천의 특성을 보이고 갈수기에는 호수의 특성을 보인다. 특히 홍수기에는 댐의 수문이 열리고 빠른 속도로 배수되므로 호수퇴적물이 재부유하여 유출될 정도로 유속이 빨라지며 완전히 하천의 특성을 보인다.

〈표 1-1〉 호수와 하천의 특성비교

특성	호수	하천
유속	느리다	빠르다
체류시간	길다(>1개월)	짧다(< 5일)
물의 운동	난류(turbulence)	이류(advection)
환경구배	수심에 따라 수직적	수평적, 종방향
동식물플랑크톤	성장 가능, 물꽃현상 발생	성장하지 못하고 씻겨나감
유기물 에너지의 근원	식물플랑크톤, 수초	육상기원 낙엽, 부착조류
2차생산자	동물플랑크톤	저서동물(수생곤충)

4. 호수의 생성과 천이

호수는 지질학적 과정에 의해 생성되고 언젠가는 퇴적에 의해 소멸된다. 시간이 지남에 따라 퇴적물이 쌓여 수심이 얕아지고, 빈영양호에서 부영양호로 변하고, 습지식생이 발달하게 되며, 궁극적으로 육상생태계로 천이해 간다. 이를 호수의 '자연적 천이' 또는 '나이를 먹는다'(aging of lakes)라고 표현한다. 호수의 영양 상태는 부영양으로 변화하므로 이를 자연적 부영양화(natural eutrophication)라고 한다.

이러한 자연적 천이는 매우 속도가 느리므로 수천 년 이상의 세월이 걸리지만, 인위적인 영향을 받으면 천이는 매우 빨리 진행된다. 유역의 개발로 인하여 토양침식이 증가하면 토사와 영양염류의 유입량이 증가하므로 퇴적 속도가 크게 증가하여 호수가 메워지며 부영양호로 변하게 된다. 이를 인위적 부영양화(cultural eutrophication)이라 한다. 반면에 호수의 퇴적물을 준설하여 수심이 깊어지거나, 하수처리에 의해 수질이 개선되는 예, 산성화로 생물이 줄어드는 현상 등과 같이 천이가 되돌려지는 경우도 있는데 이를 lake restoration, oligotrophication 등으로 부른다.

인공호는 체류시간이 길면 호수의 규모가 필요 이상으로 커지므로 대개 체류시간이 1~3개월이 되는 규모로 만들어지며, 대형 호수에서도 1년을 넘지 않는다. 따라서 자연호에 비해 체류시간이 짧다. 이것은 유역면적에 비해 호수의 크기가 작으며 유역으로부터의 토사유입량이 크다는 것을 뜻한다. 토사 축적량은 유역의 토양 유실량, 홍수기에 저수지로부터 유출되는 토사량 등에 의해 좌우된다. 심층 배출로 토사가 배출되지 않으면 많은 소형 저수지의 수명은 수십 년 이내이다.

5. 호수생태계의 대상(帶狀)구조(zonation in lakes)

호수의 수층과 저질층은 수심에 따라 생태적 특성이 같은 원형의 띠모양 구조를 가지므로 이를 대상구조(zonation)라 한다(〈표 1-2〉). 물과 토양이 접하는 저질의 표면을 benthic zone이라 한다. 저질이 아닌 수층 부분은 limnetic zone이라고 하며 해양에서는 이를 pelagic zone이라고 부른다. 호수의 limnetic zone에서는 여름에 상하층 수온

〈표 1-2〉 호수의 대상구조

Limnetic zone	
epilimnion	표수층
metalimnion	변수층
hypolimnion	심수층
Benthic zone	
littoral zone	연안대
sublittoral zone	아연안대
profundal zone	심저층

의 차이에 의해 밀도가 큰 찬물이 심층에 머물고 밀도가 작은 더운 물이 상층에 덮여 있는 성층현상(stratification)이 일어나므로 수심에 따라 다른 특성을 가진다. 이때 따뜻한 윗층을 표수층(epilimnion) 또는 표층이라 하며, 아래의 찬물을 심수층(hypolimnion) 또는 심층이라 한다.

표수층에는 바람에 의해 혼합되어 수직적으로 균일한 층이 나타나며 이를 혼합층(mixing layer)이라고 부른다. 일반적으로 혼합층을 표수층으로 정의하지만 수온약층이 형성되지 않는 경우에는 유광대를 표수층으로 정의할 수 있다(유광대有光帶, euphotic zone; eu-는 많다는 뜻이며 photo는 빛을 뜻한다). 빛이 도달하여 광합성 속도가 호흡 속도보다 크므로 광합성 생물이 성장할 수 있는 깊이이다. 대략 표면 광도의 1%가 도달하는 수심으로 정의하며 투명도의 2.5~3배 수심에 해당한다. 표수층은 대기와 접촉하고 있으므로 대기와 기체의 교환이 활발하다. 따라서 연중 용존 산소가 충분하며 산소고갈이 일어나지 않는다. 광합성이 활발한 부영양호에서는 여름에 산소의 과포화가 나타나기도 한다. 계절에 따른 수온의 변화가 크다. 빛을 필요로 하는 식물플랑크톤이 많다.

여름에는 혼합층 아래에서 수온이 급격히 낮아지는 수온약층(水溫躍層, thermocline)이 관찰된다. 수온약층은 수온의 변화도가 가장 큰 수심으로 정의하며 표수층과 심수층의 경계면이 된다. 때로는 수온약층을 포함하여 수온의 변화가 큰 수층 전체를 중층(中層) 또는 변수층(metalimnion)이라고 구분하여 수층을 세 층으로 나누기도 한다. 봄에는 수온약층이 얕은 곳에 형성되며 가을에는 점점 깊어진다.

심수층은 수온약층의 하부로서 빛이 도달하지 않으므로 무광대(aphotic zone; a-는 없다는 뜻의 접두사)가 된다. 수온의 변화가 적다. 광합성 활동이 없으므로 유기물의 생산은 없고 분해만 일어난다. 유기물 분해 시 산소를 소비하므로 산소의 결핍이 일어나기 쉽다. 바람 에너지가 전달되지 않으므로 물의 유동이 없다. 따라서 깊은 호수에서는 대기로부터 산소가 전달되기 어려우며 늦가을에 표수층이 냉각되어야 표수층이 침강하면서 혼합되어 수직혼합이 일어나고 산소가 공급된다.

benthic zone은 수심에 따라 연안대(沿岸帶, littoral zone), 아연안대(亞沿岸帶, sublittoral zone), 심저층(心底層, profundal zone)으로 나뉜다. 연안대는 빛이 도달하여 수초가 서식하는 수심까지를 말한다. 수초뿐 아니라 이를 먹이와 은신처로 이용하는 많은 동물들이 서식한다. 육지에서의 거리가 가까우며 파도의 영향을 받으므로 퇴적물의 입자는 굵다. 아연안대는 연안대의 바로 아래층으로서 수초가 없어지며, 연안대에서 생성된 유기물질이 흘러내려오는 곳이다.

심저층은 빛이 도달하지 않는 무광대로서 연중 수온이 낮고 산소 부족이 일어나기 쉽다. 수심이 깊은 호수의 심저층에서는 연중 수온이 낮아 저서동물이 서식하기 어렵다. 대개 수심이 깊은 곳으로 갈수록 저서동물의 양과 다양성이 감소한다. 입자 크기가 작은 뻘과 생물의 배설물 및 사체가 퇴적되어 분해되므로 유기물의 분해가 많이 일어나는 곳이다. 부영양호에서는 심저층의 저질 속이 무산소 상태가 된다.

6. 호수의 생성 기원에 따른 분류

호수는 생성 기원, 부영양화도, 염분 등에 따라 여러 가지로 분류한다. 생성기원에 의한 분류에서는 크게 자연호(natural lake)와 인공호(reservoir)로 구분하며 자연호는 빙하호, 단층호, 화산호, 하천호, 용식호 등으로 세분한다.

1) 빙하호(glacial lake)

빙하기에 빙하에 덮여 있다가 빙하가 물러가면서 빙하의 주변부에서 형성된 호수들이다. 고위도 지방에서 가장 많은 호수를 만들어낸 원인이다. 빙하가 토양과 암석을 운반하여 빙하가 녹은 곳에 빙하퇴적물(moraine)을 퇴적시킴으로써 계곡 입구를 막아 만들어진다. 빙하가 얼고 녹기(frost-thaw)를 반복하는 과정에서 바람에 의해 빙하퇴적물이 이동하여 바람 방향에 평행한 방향으로 길쭉한 수심이 얕은 호수들이 만들어지기도 한다. 거대한 빙하가 지표에 묻혀 있다가 녹아서 함몰된 지형을 만들기도 한다. 빙하호는 북유럽과 아메리카 북부에 많이 존재한다.

2) 단층호(tectonic lake)

단층 작용으로 함몰된 지형에 형성된 호수이다. 단층의 방향에 따라 장방형의 호수가 만들어진다.

3) 화산호(volcanic lake)

화산 활동으로 형성된 호수이다. 용암이 계곡을 막아 호수가 형성되기도 하며, 분화구에 화구호(crater lake)가 생성되기도 한다. 백두산의 천지, 미국 오리건주의 Crater Lake가 화구호의 예이다. 화구호는 원형이며 수심이 깊은 특징을 가진다.

4) 하천호(fluvial lake)

하천의 활동으로 생성된 호수이다. 하천의 범람원에는 홍수기에 물에 잠겼던 곳에 하천과 평행한 방향으로 긴 levee lake가 형성되기도 한다. 하천이 평탄한 범람원을 흐르는 경우에는 굴곡이 심한 사행천이 만들어지고 유로가 변경되어 초생달 모양의 우각호(牛角湖, oxbow lake)가 생성된다. 비버, 수달 등이 많이 서식하는 지역에서는 하천이 동물이 만든 댐(beaver dam)의 연속으로 변형되며, 이것이 영양염과 토사의 유출을 지연시키는 정화효과를 가진다.

5) 용식호(溶蝕湖, solution lake)

석회암 지대에서 지하의 암반이 용해되어 함몰된 지형에 생성된 호수이다. $CaCO_3$, $MgCO_3$, $CaSO_4$ 등이 녹아서 만들어진다.

6) 해안지방의 석호(coastal lagoon)

해안의 만입된 부분이 사구로 막혀 생성된다. 대개 수심이 얕고 호수 입구가 바다와 연결되어 있거나 바닥의 모래 사이로 해수가 유입되어 민물과 해수가 섞인 기수(汽水)호의 특성을 지닌다. 동해안의 경포호, 송지호, 화진포호, 영랑호, 매호, 향호 등이 이에 해당하며 하구에 만들어진 저수지도 담수 초기에는 염분이 남아 있어 기수호의 특성을 보인다.

7) 인공호(artificial lake)

댐에 의해 만들어진 저수지(reservoir)이다. 소형 저수지는 주로 부채꼴 모양을 가지며, 대형저수지는 수몰된 계곡의 모양에 따라 좁고 길며 만입된 지류를 가지는 나뭇가지 모양(dendritic type)을 띠게 된다. 자연호는 체류시간이 길지만 인공호의 체류시간은 자연호에 비하여 짧은 편이다. 외국의 대규모 자연호의 체류시간은 수백 년에 이르기도 하지만 우리나라의 저수지의 체류시간은 최대 1년 이내이고 대개 3개월 미만이다. 상류 산간지방에 건설된 저수지는 수심이 깊고 호변이 가파른 반면, 하류에 건설된 저수지는 수면이 넓고 수심이 얕고 호변이 완만하다. 인공호는 댐의 크기에 따라 큰 것을 댐호, 작은 것을 저수지로 구분하기도 한다. 또한 저수지의 위치에 따라 하구에 위치한 것을 하구호(estuarine reservoir)라고 부르기도 한다.

7. 염분에 따른 호수의 분류

호수는 염분(salinity)에 따라 담수호(淡水湖, freshwater lake), 기수호(汽水湖, brackish lake), 내륙염호(saline lake)로 나눌 수 있다. 기수호는 해안지방의 석호와 하구댐(estuarine reservoir) 등으로서 담수와 해수(35ppt)의 중간 정도(10~25ppt)의 염분을 가진다. 염분의 변화가 크면 생물상이 정착하기 어려워 기수호 특유의 단순한 생태계가 형성된다. 저질이 모래인 동해안의 석호에서는 파도에 의해 바다물이 사구를 넘어 유입하거나 바닥의 모래 사이로 해수가 침투하여 염분도를 높인다. 서해안 간척지의 호수에서는 저질의 염분이 장시간 계속 용출되어 염분을 높인다. 내륙염호는 증발이 매우 심한 건조 지역에서 생성된다. 간헐적으로 유입된 물이 유출되지 않고 호수 내에서 증발되어 염분이 해양의 10배까지 높아지기도 하며 포화되어 소금을 생성한다. 미국의 Great Salt Lake가 대표적인 예이다.

8. 부영양화도에 따른 호수의 분류

호수의 부영양화도(trophic state)에 따라 호수를 분류하는 방법에는 몇 가지가 있는데 크게 빈영양호(貧營養湖, oligotrophic lake; oligo-는 적다, troph는 영양이라는 뜻)와 부영양호(富營養湖, eutrophic lake)로 구분하기도 하고 과영양호(過營養湖, hypertrophic lake), 부영양호, 중영양호(中營養湖, mesotrophic lake), 빈영양호, 극빈영양호(極貧營養湖, ultraoligotrophic lake) 등으로 나누기도 한다(〈표 1-4〉).

사람이 살지 않는 산간 계곡에 위치한 호수는 수심 4~5m 바닥까지 들여다보일 정도로 맑은 물을 가질 수 있다. 소양호에서는 계절에 따라 투명도가 10m에 이르기도 한다. 반면에 남양호나 아산호, 팔당호, 낙동강 하구호 등지에 가보면 투명도가 낮아 수심 1~2m의 바닥도 보이지 않도록 혼탁하다. 이러한 차이는 호수의 영양 상태의 차이에

〈표 1-3〉 부영양화와 관련된 영문용어 설명

용어 설명	
eutrophy(n.)	부영양(상태)
eutrophic(a.)	부영양(의)
eutrophicate(v)	부영양화시키다.
eutrophication	부영양화, oligotrophy에서 eutrophy로 변화하는 현상
oligotrophication	빈영양화, eutrophy에서 oligotrophy로 변화하는 현상, 대개 산성화가 원인
trophic state	영양상태 또는 부영양화도

〈표 1-4〉 부영양화도에 따른 호수의 분류 방법

종류	영양 상태
I	빈영양호oligotrophic lake 부영양호eutrophic lake
II	빈영양호oligotrophic lake 중영양호mesotrophic lake 부영양호eutrophic lake
III	빈영양호oligotrophic lake 중영양호mesotrophic lake 부영양호eutrophic lake 과영양호 hypertrophic lake

따른 식물플랑크톤의 양의 많고 적음에서 오는 것이다.

식물플랑크톤의 양이 많고 혼탁한 호수를 영양이 풍부하다는 뜻에서 부영양호라 하고 식물플랑크톤이 적고 맑은 호수를 빈영양호라 부른다. 또 빈영양호가 수질오염으로 부영양호로 변하는 현상을 부영양화(富營養化, eutrophication)라 한다. 호수물의 맑기는 흙탕물이 유입된 홍수기를 제외하고는 식물플랑크톤의 양에 의해 좌우되는데 식물플랑크톤은 미소한 단세포 광합성 생물로서 수중생물의 먹이의 근본이 된다. 박테리아에서 물벼룩, 피라미, 쏘가리에 이르기까지 모든 나머지 생물들은 식물플랑크톤이 광합성하여 만든 유기물이거나 육상식물이 광합성으로 생성한 유기물을 먹고 사는 것이다. 식물플랑크톤이 많은 물은 식물플랑크톤세포들이 많이 떠 있어 물이 혼탁해지므로 물의 투명도를 좌우한다. 또한 BOD, 수중산소의 양을 비롯한 수질·화학적 특성뿐 아니라 어류의 양도 좌우하므로 부영양화도는 호수의 특성을 규정짓는 가장 중요한 인자이다.

9. 부영양호와 빈영양호의 특성 비교

호수는 영양 상태에 따라 크게 부영양호와 빈영양호로 구분되고 이에 따라 다음과 같은 물리·생물학적 특성을 가진다(〈표 1-5〉).

〈표 1-5〉 빈영양호와 부영양호의 특성 비교

특성	빈영양호	부영양호
물의 투명도	맑다	혼탁하다
Secchi disc 투명도	투명도 1.5 m이상	투명도 1.5 m이하
물의 색	검푸른 색	연녹색, 초록색, 갈색
수심	깊다	얕다
식물플랑크톤의 양	적다 엽록소-a농도 < 10 mg/m^3	많다 엽록소-a농도 > 10 mg/m^3
식물플랑크톤 우점종의 종류	규조류, 와편모조류	남조류, 녹조류
수중 영양염류(P, N)의 농도	인(燐)농도 < 30 mg/m^3	인농도 > 30 mg/m^3
동물플랑크톤의 양	적다	많다
여름 성층기의 심층산소	충분하다	적거나 고갈되기도 한다
저서동물의 양과 종류	양은 적으나 다양하다	양은 많으나 종류수가 적다
어류의 양	적다	많다
어류의 종류	계류어, 냉수어종 (예: 송어, 열목어 등 연어과)	온수어종 (예: 잉어, 붕어등 잉어과)

1) 연안대(littoral zone)의 경사

수변의 경사가 빈영양호에서 가파르고 부영양호에서는 완만하다. 완경사의 연안대에는 많은 수초가 서식할 수 있다. 수초는 광합성에 의해 많은 양의 유기물을 생성하므로 수초가 없는 호수보다 유기물 함량이 높아지며 호수의 부영양화를 유발한다. 수초가 많은 연안대의 광합성 생산력은 일반적으로 수초가 없는 개방수면보다 크다.

2) 표수층/심수층(epilimnion/hypolimnion)의 비

수심이 얕아 이 비가 작아지면 부영양화되기가 쉽다. 유기물의 생산은 표수층에서 일어나며 태양에너지는 수면적에 비례한다. 반면에 유기물분해는 호수의 전수층에서 일어나며 특히 저질의 표면에서 많이 일어난다. 심수층이 크면 산소의 양이 많으므로 심수층의 산소 고갈이 덜 일어난다. 또한 수심이 얕으면 저질로부터 용출되는 영양염이 표수층에 전달되어 식물플랑크톤이 번식하기 쉬우며, 산소가 고갈된 저질 표면에서는 인의 용출이 증가한다. 따라서 산간의 수심이 깊은 호수는 대개 빈영양호이다.

3) 빈영양호와 부영양호의 투명도 비교

홍수기 이외에는 호수의 물의 맑기는 주로 플랑크톤의 양에 의해 좌우된다. 부영양호는 식물플랑크톤의 양이 많아 혼탁하며, 일반적으로 투명도 1.5~2.0m를 부영양호의 경계로 본다.

4) 물의 색

부영양화는 호수물의 색에도 영향을 미친다. 원래 순수한 물은 검푸른 색인데 부유물질이 많을수록 단파장 빛을 많이 흡수하여 물의 색이 청색→녹색→황색으로 변해간다. 또한 플랑크톤은 색소를 가지고 있기도 하므로 물의 색을 변화시킨다.

5) 식물플랑크톤의 양과 종류

빈영양호에서는 수중의 무기영양염류가 부족하여 플랑크톤이 성장하지 못하는 반면에 부영양호에서는 인과 같은 제한영양소의 유입 증가로 인하여 식물플랑크톤이 많아진다. 또한 영양염류의 농도에 따라 식물플랑크톤의 종류도 달라진다. 빈영양호에서는 낮은 농도의 영양염류농도에 적응된 규조류와 와편모조류 등이 우점하며, 부영양호에서는 녹조류, 남조류 등의 부영양호 지표종들이 우점한다.

6) 영양염류(nutrients)의 양과 인위적 부영양화

생물은 생체를 구성하는 데 많은 원소를 필요로 하며 원소에 따라 필요량이 다르다. 생태계의 생물의 총량은 생물체의 요구에 비하여 생태계 내에서 가장 결핍된 원소의 양에 의해 결정된다. 수중에 존재하는 총량이 문제가 아니라 생물의 요구량에 비하여 부족한 원소 즉, 제한영양소(limiting nutrient)가 문제가 되는 것이다. 이 제한영양소를 공급하면 생물이 이에 비례하여 성장한다. 농사를 지을 때 질소비료를 뿌려주는 것은 바로 질소가 토양에서 가장 결핍된 제한영양소이기 때문이다. 일반적으로 담수에서 가장 결핍되어 있는 원소는 인(燐, P)인데 인은 생물의 세포막과 DNA 등의 핵산을 만드는 데 필수 원소이므로 인이 없이는 생물이 성장할 수 없다. 따라서 식물플랑크톤의 양은 바로 인의 양에 비례하며 궁극적으로 어류의 양도 인의 양에 의해 결정된다.

호수가 부영양호가 되는가 빈영양호가 되는가는 인의 농도에 달려 있다. 인의 농도 0.03mg/L을 기준으로 이 이상이면 부영양호, 이하이면 빈영양호로 분류할 수 있다. 인은 생물체의 필수 구성 원소이므로 생물 기원 물질에는 모두 인이 포함되어 있다. 식물은 수중의 인을 흡수하여 세포를 만들고 동물은 식물을 먹고 이 중 일부는 동물체 세포를 만드는 데 사용되며 나머지는 배설된다. 예를 들어 양어용 사료에는 인이 1.5% 정도 포함되어 있는데 이 중 0.6% 정도는 어류가 흡수 사용하고 나머지는 배설한다. 인의 흡수량은 생물의 성장량에 비례하므로 사람과 같이 성장이 느린 고등동물은 섭취한 인을 대부분 배설한다. 호수의 유역으로부터 유입되는 인의 배출원으로는 소, 돼지, 닭 등의 가축분뇨, 가정하수, 농경지의 비료, 양어장 등을 들 수가 있으며 호수 내에서는 수면에 떠 있는 가두리양식장, 지하수용출 등을 들 수 있다. 총량으로 보면 우리나라 호수의 인부하량의 약 80%가 유역의 가축과 비료에서 유래하는 것으로 추산되고 있다.

바다에서도 영양염류가 많이 유입하면 부영양화를 겪게 되는데 바다에서 제한 영양소는 질소이며 인은 해수 중에 풍부하게 존재한다. 질소는 강물에 많은 양이 포함되어 있으므로 바다의 부영양화 현상은 주로 육지에서 하수가 유입하는 강어귀의 내만에서 일어난다. 바다가 부영양화되면 어류의 양이 증가하여 수산업에 도움이 될 것 같지만 내만에서는 부영양화되면 적조가 발생하기 쉬워지며 양식장에 큰 피해를 준다.

7) 용존 산소농도

빈영양호에서는 산소의 농도가 연중 생물의 서식에 충분하지만 부영양호에서는 여름에 심수층의 산소가 부족하여 물에서 썩는 냄새가 난다. 호수 바닥의 뻘 속은 특히 산소고갈이 쉽게 일어나며 냄새는 더욱 심하다. 부영양호의 심층이나 시궁창에서 나는 냄새의 원인 물질은 메탄(CH_4)과 황화수소(H_2S)가스인데 산소가 없는 곳에서 유기물이 박테리아에 의해 분해되는 과정에서 발생한다. 산소가 존재하는 곳에서는 유기물이 분해될 때 이산화탄소(CO_2)가 발생하므로 아무런 냄새가 나지 않는다.

부영양호에서는 왜 산소가 부족해질까? 식물플랑크톤은 광합성을 할 때 산소를 생성하므로 부영양화될수록 산소가 많아야 당연하다. 그러나 이것은 광합성이 일어나는 호수의 표층에만 해당된다. 부영양호의 표층에는 여름에 산소가 과잉으로 생성되어 산소포화도가 100%를 초과하는 과포화 현상이 나타나며 과포화된 산소는 수면에서 대기 중으로 확산해 나간다. 그러나 여름에는 성층현상이 일어나고 심층에는 찬 물이 정체되어 있어 산소가 풍부한 표층수와 섞이지 않는다. 심층은 빛도 도달하지 않는 암흑세계이므로 광합성에 의한 산소 발생도 없다. 결국 겨울에 공급된 심층의 산소는 봄부터 서서히 소비되어 고갈된다. 빈영양호에서는 산소를 소비하는 물질이 적으므로 BOD가 낮고 여름에도 산소고갈이 일어나지 않는다. 그러나 부영양호에서는 표층의 플랑크톤이 죽어 가라앉아 분해되는 양이 많으므로 BOD가 높고 산소 소비속도가 빠르므로 심층의 산소가 고갈되는 것이다. 부영양호의 심층이나 부영양호의 퇴적물 속에는 산소가 없다. 여름에 부영양호의 수심이 깊은 곳에서는 높은 산소를 필요로 하는 냉수어종이 살 수 없으며 붕어, 잉어와 같이 저산소에 내성을 가진 어류만이 생존할 수 있다.

8) 저서동물과 어류

생물량은 유기물의 양에 비례하므로 부영양호에 더 많다. 그러나 부영양호에서는 산소고갈이 일어나므로 저산소 상태에 내성이 있는 종류만이 서식할 수 있어 다양성이 낮아진다. 맑은 빈영양호에서는 다양한 계류어들이 많이 서식하여 어류 군집의 다양성이 높다. 반면에 남양호라든가 평택호와 같이 부영양화가 심한 호수에서는 붕어와 잉어, 메기 등이 우점하며 서식하는 어종이 단순하다. 어류외에도 호수바닥에는 곤충의 유생, 지렁이류, 조개류 등의 저서동물이 살고 있는데 산소가 고갈된 부영양호의 심층에는 다양한 저서동물이 살지 못한다. 부영양화될수록 퇴적물의 산소부족으로 저산소에 견디지 못하는 종류는 소멸하고 이를 견디는 종류만이 살아남기 때문에 다양성이 감소한다. 그러나 생물의 총량은 오히려 더 많다. 플랑크톤이 많아 먹이가 풍부하므로 저산소에 내성이 강한 생물에게는 먹이의 경쟁자가 없는 호적조건이 되기 때문이다.

빈영양호와 부영양호의 어류군집도 차이를 보인다. 빈영양호에서는 다양한 어류가 서식하지만 부영양호에서는 소수의 어류종만이 서식한다. 어류가 생존하려면 산소가 필요하며 산란하고 부화하여 번식하려면 4mg/L 이상의 더 많은 산소가 필요하다. 어류의 종류에 따라 저산소에 대한 내성이 다르게 나타난다. 계류에 사는 냉수어종은 높은 산소를 필요로 하는데 수온이 높아지면 더욱 많은 산소를 소비하므로 견디기 어렵다. 열목어, 송어, 산천어 등의 송어과와 연어과 계류어가 이에 해당한다. 이들 냉수어종은 저온에 적응되어 있기에 여름에 수온이 높아지는 표층에서는 대사 속도가 너무 빨라져 살 수가 없다. 수온이 낮은 계곡으로 올라가거나 수온약층 이하의 찬물을 찾아 깊은 곳에 머물게 된다. 그런데 부영양호에서는 수온약층 이하의 깊은 곳에 산소가 없어 살 수가 없고 표층은 더워서 살 수가 없으니 냉수어종은 소멸할 수밖에 없다. 부영양호에서 살려면 높은 수온에 적응하여 표층에 살거나 산소가 낮은 곳에서도 견딜 수 있어야 한다. 온수어종인 붕어, 잉어 등의 잉어과 어류가 이에 해당한다.

9) 저질(sediment)의 퇴적량과 유기물함량

호수 퇴적물은 근원에 따라 육상에서 유입한 외부기원(allochthonous) 퇴적물과 호수 내 생물의 사체 등에 기인한 내부생성(autochthonous) 퇴적물로 나눌 수 있다. 부영양호에서는 유역으로부터 유입하는 유기물과 토양이 많고 빈영양호에서는 적다.

빈영양호에서는 퇴적물 표면까지 산소가 충분히 존재하므로 유기물의 산화가 잘 일어나며 퇴적물의 유기물 함량이 적기 때문에 갈색 또는 회색의 밝은 색을 띤다. 외부에서 유입하는 유기물과 토양의 양이 적으므로 퇴적량이 적다. 식물플랑크톤의 양도 적으므로 내부생성 퇴적물의 양도 적다.

부영양호에서는 퇴적물의 양도 많고 유기물의 함량도 높다. 유기물이 많으므로 이를 먹이로 하는 저서생물(benthos)의 양도 많다. 이를 스웨덴 용어로 유짜(gyttja)라 하며 copropel(분변 진흙이라는 뜻)이라고 부르기도 한다. 구성 성분은 부식질(humus), 육상식물의 파편, 진흙(clay) 등의 외부기원 퇴적물과 규조류의 껍질을 비롯한 식물플랑크톤 세포, 동물의 배설물 등의 내부생성 유기물이다.

과영양호 또는 유기물로 심하게 오염된 호수의 퇴적물은 검은색을 띠고 저서생물이 살지 못한다. 이 퇴적물을 부니(腐泥, sapropel, 썩은 진흙이라는 뜻)라 부르며, 산소 부족과 유독성 황화수소의 발생 때문에 저서생물이 살지 못하므로 구멍이나 배설물 등의 copropel 구조가 없다.

‖ 제 2 장 ‖

호수의 모양과 크기

제2장 호수의 모양과 크기

1. 호수의 모양

호수는 주위 지형과 생성 원인에 따라 모양이 다르며 다음과 같이 6가지 형태로 분류할 수 있다.

1) 원형(circular type)

화구호와 용식호는 원에 가까운 모양을 가진다. 화구호는 수심이 깊은 특성을 가지며 호수 면적에 비하여 유역 면적이 매우 작다. 따라서 유입수량도 작으나 대개 고도가 높고 수온이 낮아 증발량도 작으므로 적은 유입수량으로도 호수를 유지한다.

2) 부채꼴(fan-shape type)

계곡의 입구를 막아서 생성된 화산호와 빙하호, 소규모 저수지 등은 하류가 넓어지는 부채꼴 모양을 가진다.

3) 타원형(oval type, elliptical shape)

빙하호 가운데 바람에 의해 생성되는 호수는 주풍향의 방향과 장축 방향이 일치하는 타원형이다. levee호는 하천과 평행한 타원형으로 만들어진다. 연안의 석호도 대개 타원형이다.

4) 직사각형(rectangular type)

단층호는 단층의 방향을 따라 직사각형으로 만들어진다.

5) 나뭇가지형(dendritic type)

소양호, 충주호, 안동호 등과 같은 대규모 인공호는 좁고 길며 수몰된 계곡을 따라 뻗어 있는 만입부가 있다. 호수가 길고 좁으므로 상류와 하류의 물의 순환이 충분치 않아 수질의 차이가 있으며, 주변이 높은 산으로 둘러싸여 있어 바람에 의한 난류도 작다.

6) 초생달모양(lunate)

하천 범람원에 만들어지는 우각호는 초생달 모양을 띠며 시간이 지남에 따라 점차 퇴적에 의해 수심이 얕아지고 길이가 짧아지며 소멸한다.

2. 호수의 모양과 생태계 특성

호수 수면 모양은 물의 순환과 저층으로부터의 영양염류 용출량에 영향을 미친다. 호수 내 난류확산과 표층의 취송류(wind-driven current)는 바람에 의해 일어난다. 바람은 수면에서 shear stress를 가지므로 수면의 물을 끌고 가는 힘을 가하게 되는데 이때 바람이 수면을 끌고 가는 이송거리(fetch)에 따라 바람의 영향의 크기가 좌우된다. 수면의 크기가 크고 장축의 방향이 그 지역의 주풍향과 일치할 때에는 이송거리가 길어져 바람에 의한 물의 이동과 난류가 증가한다.

호수의 모양이 원형에 가까우면 물과 퇴적물과의 접촉 면적이 작아지고 파도의 침식을 받는 호안(shoreline)의 길이도 짧아지므로, 호안과 연안대(littoral zone)의 토양으로부터의 영양염류 용출이 작다. 반면에 만곡부가 많고 호안이 길면 호안 토양의 침식과 물질 용출이 많으며 주변 삼림으로부터 토양과 낙엽의 유입도 많아진다.

수심은 호수생태계에 미치는 영향이 매우 크다. 호수에 유입된 유기물과 무기현탁물, 호수 내에서 형성된 유기물 입자, 호수 내 화학적 침전 등은 호수의 저층(sediment)으로 침강하여 분해되는 과정을 거쳐 다시 상부의 수층(limnetic zone)으로 공급되는 순환과정을 거친다. 저층의 표면에서는 활발한 미생물의 작용으로 유기물은 무기물로 분해되어 무기인과 무기질소가 방출되며, 입자상무기물은 금속의 환원 등의 과정에서 용존무기물로 만들어져 용출된다. 이때 수심이 얕은 호수에서는 심층의 영양염류가 쉽게 표수층(epilimnion)으로 공급되어 식물플랑크톤의 성장에 이용될 수 있으나 수심이 깊은 호수에서는 심층의 영양염류가 표층까지 공급되지 못하므로, 같은 양의 영양염류가 유입하여도 수심이 얕은 호수에서 더 부영양화 현상이 심하게 나타난다.

소양호와 같이 수심이 100m를 넘는 호수에서는 저질 근처에서 무기영양염류 농도가 높게 나타나기는 하지만 혼합이 일어나는 겨울에도 표수층까지 공급되기 전에 재침강되며 일부 공급되더라도 식물플랑크톤의 성장이 억제되어 있으므로 식물플랑크톤에 흡수되지 않는다. 호수에서는 겨울에 표층수가 냉각되어 수온이 표수층과 같은 깊이까지 수직혼합이 일어난다. 이때 수심이 깊은 호수에서는 표수층의 식물플랑크톤이 빛이 부족한 깊은 곳까지 수직이동하므로 빛의 부족을 겪게 되고 겨울에 식물플랑크톤의 밀도가 크게 감소한다. 반면에 수심이 5m 이내인 얕은 호수에서는 수직혼합이 일어나더라도 빛이 부족하지 않으므로 겨울에도 식물플랑크톤이 높은 밀도로 나타날 수 있다.

3. 호수의 모양과 크기를 나타내는 지표

1) 수심도(bathymetric map)

호수의 크기에 관련된 요소들을 계산하기 위해서는 수심도가 필수적이다. 우리나라의 인공호에서는 댐을 건설하기 전 작성한 1 : 50,000 또는 1:25,000 축적의 지형도를 사용하면 등고선을 이용하여 해발고도별 수면적을 측정할 수 있다. 등고선 지도가 없는 경우에는 수심도를 측량하여야 한다. 수심 측량에는 음향측심기(echo sounder)를 사용하고, 위치 확인을 위해서는 GPS를 사용한다. 일정 간격으로 횡단선을 설정하고 일정 속도로 측심기를 끌고 가는 방법으로 수심 단면을 구하고 이를 종합하여 수심도를 작성한다.

2) 길이(maximum length, L)

호수의 가장 긴 방향의 길이를 말한다. 타원형 호수에서는 장축의 방향으로 정의하고, 나뭇가지형 인공호에서는 하천의 종축 방향을 따라 굴곡된 길이로 정의하는 것이 타당하다. 장축의 방향과 바람의 방향이 일치하면 바람의 fetch가 길어져서 물의 혼합이 커진다.

3) 수면적(surface area, A)

호수의 표면의 면적을 말하는 것으로 일차생산량은 호수의 체적보다 면적에 비례하는 과정이므로 호수로 유입되는 태양에너지의 양을 결정짓는 1차적인 요인이다. 자연호에서는 수위 변동이 적으므로 거의 일정하지만 인공호에서는 수위에 따라 수면적이 변한다. 통상 수면적을 표시하는 자료에는 만수면적이 제시되어 있으나 수위 변동이 심한 우리나라에서는 만수면적을 모델링 자료로 사용하는 것은 오차가 크다. 따라서 연평균 수면적을 사용하거나 조류의 성장과 부영양화가 문제가 되는 하계의 평균 수면적을 사용하는 것이 좋다.

수위 변동이 작은 호수에서는 수면적을 측정하는 데 수심도가 필요하지 않으나 수위 변동이 큰 인공호에서 수위별로 수면적을 측정하여야하므로 수심도가 필요하다.

수면적을 계산하기 위해서는 GIS 프로그램을 사용한다. 수치 지도가 없어서 GIS 사용이 어려운 경우에는 모눈종이에 지도를 겹쳐 놓고 눈금수를 세는 방법, 면적계(planimeter)를 사용하여 측정하는 방법, 면적당 무게가 일정한 트레이싱 용지를 사용하여 호수 지도에 겹쳐 그리고 종이를 잘라 무게를 재는 방법 등을 사용할 수 있다.

4) 평균 너비(mean width, W)

호수의 장축과 직각 방향의 폭을 말한다. 평균 너비는 너비를 실측하여 평균하는 것이 아니라, 면적과 장축의 길이를 먼저 측정하고 수면적을 길이로 나누어 계산한다. 즉, 평균 너비는 호수와 동일한 면적과 장축의 길이를 한 변으로 가지는 직사각형의 짧은 변의 길이로 정의한다.

평균 너비 W＝수면적 A/장축의 길이 L

5) 호안길이(length of shoreline, Ls)

호안의 길이는 GIS 프로그램을 사용하여 측정한다. 또는 지도에서 바퀴가 달린 선 길이 측정기를 사용하여 측정한다. 측정기가 없는 경우에는 컴퍼스를 이용하여 호안을 일정 간격으로 잘라 측정하기도 한다.

6) 호안발달지수(shoreline development index, SDI)

호안이 굴곡진 정도를 말한다. 호안의 길이를 호수면적과 동일한 면적을 가진 원의 원주의 길이로 나눈 비로서 정의한다. 호수가 원형에 가까운 화구호와 용식호에서는 SDI가 1에 가깝다. 호안이 길면 호안의 침식이 많고 인근 삼림으로부터 유입되는 낙엽, 꽃가루 등의 육상기원 물질 유입이 많다. 또한 심수층에 대한 표수층과 연안대의 비가 커져서 체적에 대한 일차생산량의 비가 높아진다.

$$SDI = Ls/(2\sqrt{\pi A}) \geq 1$$

7) 최대수심(maximum depth, Zm)

호수에서 가장 수심이 깊은 곳의 수심을 말한다. 자연호에서는 대개 중앙부에 해당하고 인공호에서는 댐 앞의 최하류에서 나타난다. 취수장 등의 특별한 지점이 없는 경우에는 수질을 대표하는 지점으로서 최심부를 선정한다. 인공호에서는 수위 변동에 따라 최대수심이 변하므로 실측 자료는 수위를 고려하여 보정하여야 한다. 실측 자료가 없으면 만수위의 해발고도와 댐 기저부의 해발고도의 차이로서 최대수심을 구한다.

8) 수심-면적 곡선 (hypsographic curve)

수심별 수 면적을 구하여 그래프를 그리면 수심-면적 곡선을 얻는다. 〈그림 2-1〉의 그래프 아래의 면적이 그 구간의 층에 해당하는 물의 부피가 된다(〈그림 2-1〉).

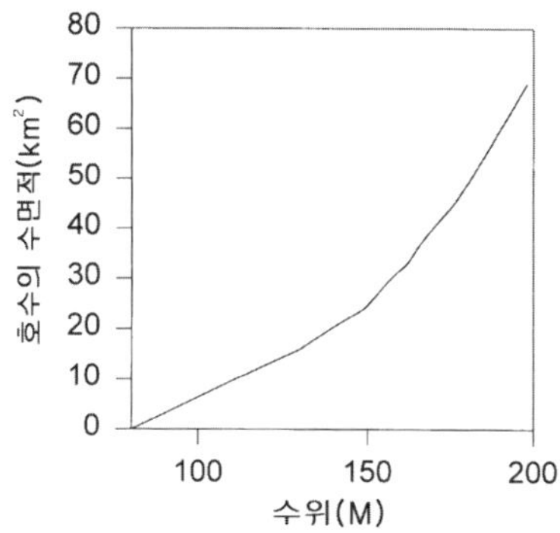

* 수 면적은 대략 수심의 제곱에 비례한다.

〈그림 2-1〉 소양호의 수위(해발고도)별 수면적(hypsographic curve)

9) 저수량(volume, V)

저수량은 각 수위별 수면적 자료로부터 계산한다. 각각 수면적 A_{z0}, A_{z1}를 가지는 수위 Z_0, Z_1 사이의 저수량은 다음과 같이 원뿔체적공식을 사용하여 구한다.

$$V_{zo-z1} = (A_{zo} + A_{z1} + \sqrt{A_{zo}A_{z1}})(Z_0 - Z_1)/3$$

10) 평균수심(Mean depth)

호수의 평균수심은 실측하여 평균하는 것이 아니라 저수량과 수면적으로부터 다음과 같이 구한다. 이는 같은 부피와 수면적을 가지면서 수심이 균일한 가상의 호수의 수심에 해당한다. 수심은 수질을 크게 좌우하는 요인이다. 수심이 얕은 호수가 저층으로부터의 영양염류의 용출이 많고 수초대가 발달하며 조류 성장에 유리하므로 더 부영양한 경향이 있다. 평균수심은 경험적 호수수질 모델링에서 인자로 활용된다.

평균수심(Z) = 저수량(V)/수면적(A)

11) 체류시간(hydraulic residence time)

호수에 유입된 물이 평균적으로 호수 내에 머무르는 시간으로서 수리학적 체류시간 또는 교체 시간(turnover time)이라고 부른다. 호수의 물을 비운 후 다시 완전히 채우는 데 걸리는 시간의 개념으로도 설명할 수 있다. 유입수량은 유역면적에 비례하므로 체류시간은(유역면적/저수량)의 비에 비례하는 수치이다.

체류시간 = 저수량(V)/유입수량(Q)[Time] [day] [yr]
= 1/교환율(flushing rate)

대개 연평균 유량과 연평균 저수량을 사용하여 계산한다. 그러나 연중 유량의 변동이 작은 지역에서는 연평균이 의미를 가지지만 우리나라에서는 홍수 시에 다량의 물이 유입되며 연간 저수량의 변동이 크므로 연평균 체류시간보다는 모델의 대상이 되는 시기의 체류시간을 사용하는 것이 적절하며 체류시간이 짧은 호수에서는 홍수기 자료를 제외하는 것이 수질 예측에 더 유용하다.

자연호에 비하여 인공호에서는 체류시간이 짧다. 댐을 만들 때 대개 체류시간이 3개월 이내가 되도록 만드는 것이 보통이나 유역 면적에 비하여 큰 댐이 만들어진 소양호와 안동호의 체류시간은 9개월 이상으로 긴 편이며 팔당호, 의암호 등은 체류시간이 1주일 이내로 짧다.

12) 교환율(flushing rate)

교환율은 체류시간의 역수로서 연간 물교환 횟수의 개념을 가지며 flushing rate 또는 turnover rate라고 부른다.

교환율 = 유입수량(Q)/저수량(V) [Time^{-1}] [yr^{-1}]
= 1/체류시간

13) 수리학적 표면부하량(surface hydraulic loading rate, HLR)

수질모델링에 사용되는 인자이다.

HLR=유입량(Q)/수면적(A) [m/yr]

14) 해수면하층(cryptodepression)

호수의 수체 중에서 해수면 이하의 부분을 말한다. 해안지방의 호수에서 흔히 나타나며 저층의 모래 사이로 해수가 침투할 가능성이 많다. 저층에 침투한 해수는 염분이 높아 밀도가 크므로 표층과 혼합이 억제되는 부분혼합(meromixis)을 유발하기도 한다. 건조지대에서는 호수의 수면이 해수면 이하인 곳이 나타날 수 있다.

15) 유역(미국에서는 watershed 또는 drainage basin; 유럽에서는 catchment)

호수로 물이 흘러드는 경계선 내의 호수 면적을 제외한 구역을 말한다. 호수로 유입되는 물은 지표수와 지하수의 형태로 나눌 수 있는데, 지하수 면의 구배와 흐름 방향은 지표의 지형구배와 일치하지는 않으므로 지하수의 경우에는 유역 구분이 지표수와 일치하지 않을 수 있다. 호수로 유입하는 수량과 물질의 양은 유역 면적에 비례하므로 유역 면적이 큰 호수는 영양염류의 부하량이 더 크고 부영양화도가 높아진다.

4. 호수 크기의 계절적 변동

인공호에서는 수위 변동이 크고 따라서 호수 크기가 계절에 따라 변동한다. 일반적으로 우리나라에서는 장마 전에 이를 대비하여 수위를 가장 낮추므로 호수의 크기가 가장 작고, 홍수 후에 가장 커진다. 계절적으로 변동하는 호수 크기에 대해 대표치로서 어느 지표를 사용

〈표 2-1〉 전국 주요 인공호 현황(만수면적과 최대저수량을 적용하여 계산한 것임)

수계명	지천명	호소명	위치	건설 연도	유역 면적 (㎢)	만수 면적 (㎢)	총 저수량 (106m^3)	연간 유입량 (106m^3)	저수지 체류기간 (일)	평균 수심 (m)
한강	북한강	파로호	상원화전	39-44	3,901	38.15	1,018	3,231	115	26.7
	소양강	소양호	강원춘성	67-73	2,703	70.0	2,900	1999	530	41.4
	북한강	춘천호	강원춘성	61-65	4,736 (835)	14.32	150	3,837	14	10.5
	북한강	청평호	경기가평	39-43	9,921 (2,212)	17.6	186	7,992	8.5	10.6
	달천강	칠성지 (괴산댐)	충북괴산	52-57	671	5.8	15.3	502	11	2.6
	남한강	충주호	충북충주	78-85	6,648	97.0	2,750	5,027	200	28.4
	한강	팔당호	경기양주	66-74	23,800 (6,560)	37.5	244	16,528	5.4	6.5
낙동강	본류	안동호	경북안동	71-76	1,584	51.5	1,248	974	468	24.2
	남강	진양호 (남강댐)	경남진주	62-70	2,285	30.1	136	1,853	27	6.3
	금호강 (자양천)	조양호 (영천댐)	경북영천	74-80	235	5.0	96.4	126	279	20.6
금강	본류	대청호	충남대덕	75-80	4,134	72.8	1,490	2,717	200	19.1
영산강	본류	영산호 (영산강 하구둑)	전남영암	78-81	3,371	34.6	253.2	2,740	34	6.8
	지석천	나주호	전남나주	73-76	104.7	7.8	91.3	87	383	11.7
섬진강	본류	옥정호 (섬진강댐)	전남보성	61-65	763	26.5	466	537	317	17.6
태화강	대곡천	사연호	경남울주	62-65	124.5	1.62	25	84	109	15.0
삽교천	본류	삽교호	충남마산	76-79	1,639	20	84	1,281	24	4.2

자료: 자연보호, 제12권 제6호, 1989.

할 것인지는 규정되어 있지 않다. 목적에 따라 저수량의 연간 평균치를 사용하는 것이 좋을 경우도 있고, 하계 인농도 모델링과 같이 조류 성장기에 주목할 때는 하계 평균치를 사용하는 것이 더 좋은 경우도 있다(〈표 2-1〉).

체류시간이 짧은 호수에서는 여름 홍수기에 많은 양의 물이 유입하고 유출되므로 연간 부하량의 대부분을 차지한다 하더라도 체류시간이 짧은 기간의 자료는 포함시키지 않는 것이 적절하다. 홍수기의 부하량이 크기는 하지만 이 물의 대부분이 곧바로 호수의 하류로 유출되므로 물의 양이나 오염물의 양을 평가할 때 호수 내 수질에 미치는 영향이 짧으므로 고려하지 않는 것이 타당하다. 즉, 체적, 면적, 연평균 체류시간, 평균 교환율, 평균 오염부하량 등의 계산에서 홍수기의 자료를 제외하는 것이 좋다. 반면에 대형 댐에서는 홍수기 유입수가 저수되므로 홍수기의 유입수량에 의한 영향이 크며 호수의 크기를 평가할 때에도 홍수기의 유량과 체류시간 등이 포함되는 것이 좋다(〈그림 2-2〉).

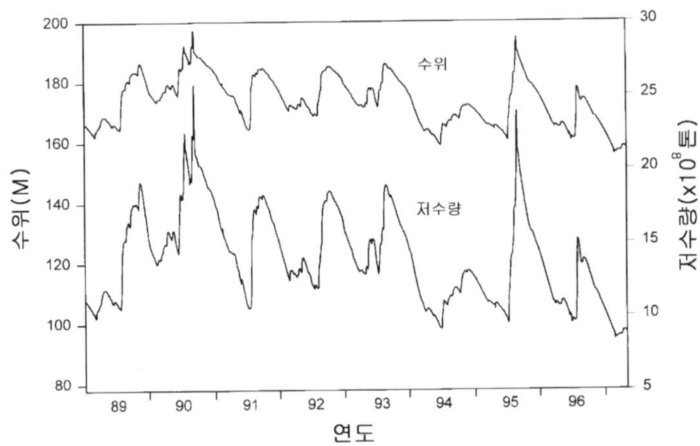

* 수위는 장마기 직전에 최저가 되며 장마기에 급격히 상승한다. 연간 수위 변동은 최대 30m에 이르며, 저수량은 최저 10억 톤에서 최대 27억 톤까지 변동한다.

〈그림 2-2〉 수위변동이 큰 대형 인공호(소양호)의 수위(해발고도)와 저수량의 계절 변동

수위 변동이 큰 인공호에서는 pre-reservoir(부댐)를 설치하여 수위가 낮아질 때 수변의 담수 상태를 유지하여 수변식생대를 보호하고 동물의 다양성을 높이는 서식처 개선 방안이 사용되고 있다. 우리나라에서는 파로호의 지류 유입부에 2곳(양구군 양구읍, 화천군 간동면)의 부댐이 설치되어 수변식생대를 개선하였다(〈그림 2-3〉).

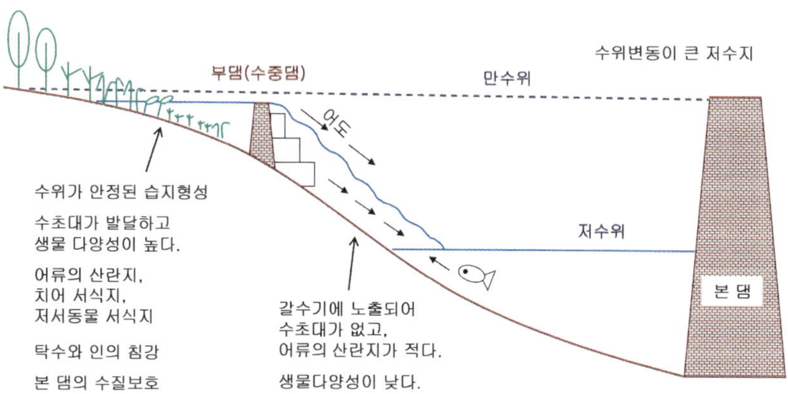

〈그림 2-3〉 수위변동이 큰 인공호에서 전처리 부댐을 설치하여 탁수를 침전 정화하고 수변서식지를 개선하는 방법의 모식도

‖ 제 3 장 ‖

물의 밀도와 성층현상

제3장 물의 밀도와 성층현상

1. 호수물의 밀도 결정 요인

1) 수온

호수와 해양에서 물의 밀도 차이의 가장 큰 요인은 수온이다. 물은 4℃에서 최대 밀도를 가지며 수온이 이보다 높거나 낮으면 밀도가 작아진다(〈그림 3-1〉). 특히 고온으로 갈수록 1℃당 밀도변화율($\Delta\rho/\Delta T$)이 크기 때문에 같은 양의 에너지가 공급되더라도 저온보다 고온에서 더 밀도차이가 크고 안정한 성층을 형성할 수 있다. 예를 들면 표층의 수온이 10℃, 심층의 수온이 5℃인 경우보다 표층수온이 25℃이고 심층이 20℃인 경우에 상하층의 밀도차가 더욱 크다. 따라서 성층현상은 주로 수온이 높은 여름에 강하게 일어난다.

물의 밀도가 4℃에서 최대가 되는 성질은 호수의 결빙이 표면에서 일어나고 심층까지 얼지 않도록 단열하는 효과를 가져온다. 표층수온이 4℃ 이상에서 냉각될 때에는 수온이 낮을수록 밀도가 커지므로 냉각된 물이 침강한다. 그러나 4℃ 이하에서는 수온이 낮을수록 밀도가 작아지므로 냉각된 물이 수면에 머물고 결빙된다. 얼음은 더욱 더

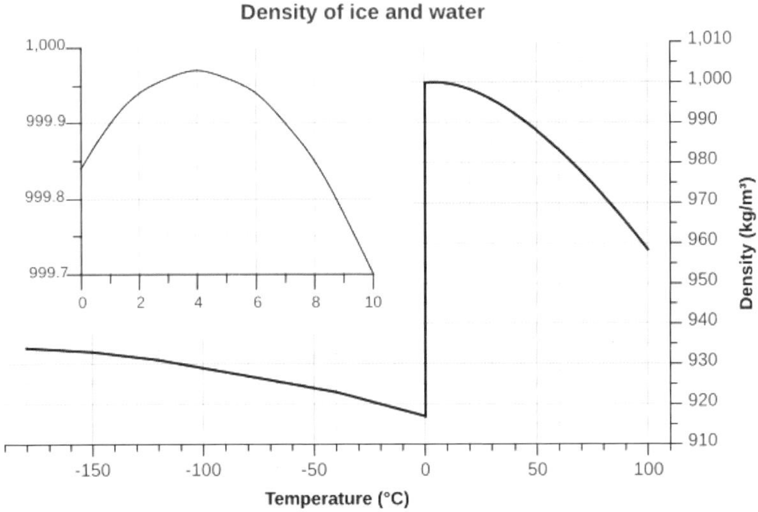

* 물의 밀도가 4C에서 최대. 온도에 따른 밀도변화 구배가 고온에서 커진다. 결빙되면 밀도가 크게 감소한다.

〈그림 3-1〉 온도에 따른 물과 얼음의 밀도

밀도가 작아지므로 수면에 덮여 단열효과를 가지며, 바람에 의한 혼합도 억제되므로 성층을 이루게 되고 심수층의 물이 얼지 않고 동물이 생존할 수 있는 조건을 제공한다. 즉 결빙기에는 표수층의 수온이 낮고 심수층의 수온이 높은 성층을 보인다.

2) 부유물질(suspended particles)

흙탕물은 물의 밀도를 높이는 효과를 가져온다. 입자가 큰 것은 곧 침강하지만 입자가 작은 것은 오랫동안 수중에 부유하며 물과의 점성 저항으로 인하여 밀도를 높이는 용질과 같은 효과를 가진다. 홍수기에 호수로 유입하는 흙탕물은 대개 수온이 호수표층보다 낮고 부유물질을 많이 포함하고 있으므로 밀도가 커지는 효과를 가진다. 일반적으로 탁수가 발생하는 지역에서는 부유물질이 물의 밀도를 결정짓는 두 번째 중요성을 가진다. 그러나 탁도가 매우 높을 때는 수온의 영향보다 부유물질의 영향이 더 크게 작용하여 수온의 역전층이 형성되기도 한다. 즉, 수온이 더 높은 물이 부유물질의 함량이 높아 같은 수온의 맑은 물보다 더 아래층으로 유입하는 것이다. 해양에서는 해저사면의 사태로 흙탕물이 발생하면 바닥을 따라 흐르는 탁도류(turbidity current)를 생성하기도 한다. 혼탁한 물은 수온성층에도 영향을 준다. 혼탁한 물에서는 빛의 투과 깊이가 감소하고 표면에서 일사의 흡수도가 크므로 수온이 상승하는 표수층이 얇아진다.

3) 염분(salinity)

염분은 물의 밀도를 크게 증가시키므로 염분이 약 35‰(=35g/kg)인 해양에서는 온도와 함께 물의 밀도를 결정짓는 가장 주요한 요소이다. 담수에서는 염분이 1‰ 이하이므로 밀도에 미치는 영향은 무시할 정도이다. 그러나 해수의 유입이 있는 해안가의 기수호에서는 염분의 차이가 심하므로 밀도 분포에 미치는 영향이 매우 크다.

염분은 밀도를 증가시킬 뿐 아니라 최대 밀도에 이르는 수온을 낮춘다. 염수에서는 4℃ 이하에서 최대 밀도가 나타난다.

4) 수압(pressure)

물은 압축률이 작은 물질로서 압력에 의한 밀도 변화가 작다. 그러므로 압축에 의한 밀도 변화는 수심 1,000m 이상에서만 고려 대상이 된다. 수심이 깊어지면 단열압축에 의한 수온 상승으로 인하여 현장 수온과 대기압으로 압력을 낮추었을 때의 수온이 달라지는 현상도 나타난다. 따라서 수심이 깊은 호수에서 수온을 측정하고 수심이 다른 층의 수온을 비교할 때는 단열압축에 의한 수온 상승 효과를 보정하여야 한다.

2. 호수의 수온성층현상(thermal stratification)

봄에 표수층의 수온이 상승하면 표수층의 밀도가 작아져 수온이 낮은 심수층과 혼합되지 않는 성층현상(stratification, layering)이 나타난다. 수심이 깊은 호수에서는 여름에 표면 수온은 25℃를 넘어가지만 심수층에는 겨울에 냉각된 찬물이 고여 있어 연중 낮은 수온을 유지한다. 표수층(epilimnion)은 바람에 의해 혼합되어 수온과 수질이 균일한 혼합층(mixing layer)을 형성한다(〈그림 3-2〉). 혼합층의 깊이는 바람의 세기와 밀도 구배에 따라 좌우된다. 초봄에 수온 상승이 시작될 때는 표면만 태양열을 흡수하여 수온이 상승하므로 혼합층이 1~2m로 가장 얕고, 여름, 가을로 갈수록 표면의 열이 전달되어 혼합층의 깊이가 깊어진다. 바람이 강한 곳이나 유속이 있는 곳에서는 혼합층의 깊이가 깊어진다.

표수층은 빛이 도달하는 유광대(euphotic zone)이지만 혼합층의 깊이는 유광대와 일치하지는 않는다. 혼합층의 깊이와 유광대의 깊이의 관계는 식물플랑크톤의 양을 좌우하는 중요한 요소이다. 혼합층이 유광대보다 깊으면 식물플랑크톤이 받는 빛의 양이 적어 성장이 저해되고, 초봄과 같이 혼합층이 얕으면 식물플랑크톤은 빛이 충분한 얕은 곳에만 머물기 때문에 성장이 촉진된다.

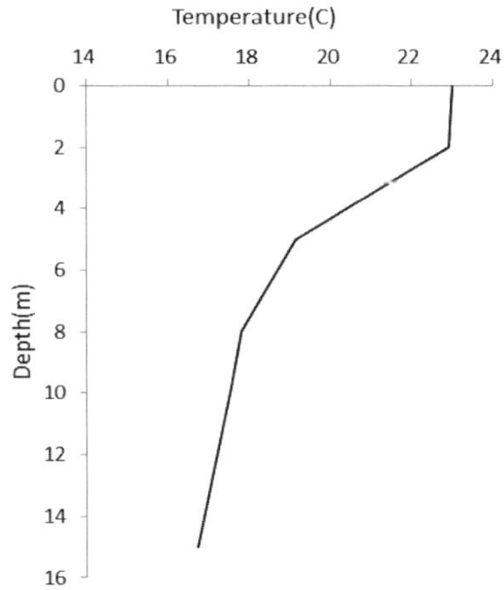

* 용계저수지 2009.9.14.

〈그림 3-2〉 수온 성층현상에 따른 수온 수직분포

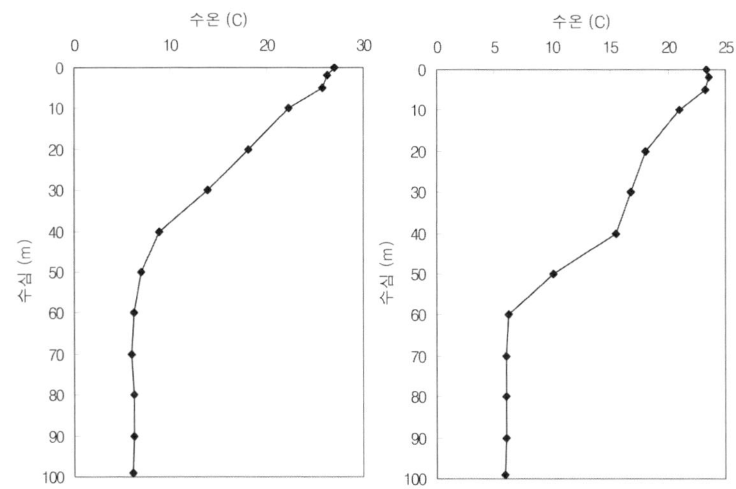

* 소양호 1993년 7월21일(좌)과 8월 21일(우): 표수층과 심수층의 수온이 큰 차이를 보인다. 8월 21일에는 수심 20m에서 40m 사이에 홍수기에 유입한 물로 인하여 수온변화가 적은 중간층이 형성되어 있다.

〈그림 3-3〉 홍수의 중층 유입에 의한 수온 성층의 변화

표수층 바로 아래에는 수온이 급격히 낮아지는 수온약층(水溫躍層, thermocline)이 나타나며 수온약층을 포함하는 수온변화가 큰 층을 변수층(變水層, metalimnion) 또는 중층이라 부르기도 한다. 수온약층은 수온 구배가 대개 1℃/m 이상으로서 가장 큰 곳이다. 우리나라에서는 여름에 홍수 시에 유입된 물의 수온이 표수층보다 낮고 수량이 많다. 깊은 호수에서는 홍수기 유입수가 중층으로 유입하여 수온약층이 위치한 수심에 수온이 규일한 새로운 층이 삽입된다(〈그림 3-3〉).

바람이 없는 여름날에는 표수층의 혼합이 일어나지 않으며, 적외선은 표면 10cm 이내에서 대부분 흡수되므로 직사광선을 받는 표수층만 수온이 높아지고 아래쪽으로 열이 전달되지 않는다. 이때에는 표면으로부터 수온이 급격히 감소하여 온도구배가 가장 높은 곳이 수면이 되고 수온약층을 정의할 수 없다.

호수의 수온은 계절 변동뿐 아니라 일주기 변동도 있으므로 깊은 곳에는 계절적 수온약층이 존재하고 그보다 얕은 곳에 일주기 변화에 의해 아침에 수온이 표면부터 상승하면서 형성되는 2차 수온약층이 일주기로 형성·소멸을 반복하기도 한다. 이때에는 하루 중에도 혼합층의 깊이가 계절 변동과 같이 변한다. 즉, 아침에는 혼합층이 얕고 밤이 되면 표면이 냉각되어 혼합층이 깊어진다.

심수층(hypolimnion)은 수온약층 이하의 수온이 낮은 층이다. 깊은 호수에서는 연중 저온을 유지한다. 대기로부터 산소가 공급되지 않아 성층기에는 산소가 감소하는 현상이 나타난다. 심수층에서는 산소가 적을 뿐 아니라 이산화탄소가 많아 pH가 낮으며, 인과 질소 등의 영양염류와 용존유기물 농도가 높다. 그러나 수심이 얕거나 체류시간이 짧아, 물의 흐름이 있고 수직혼합이 잘 일어나는 팔당호, 의암호, 진양호 등에서는 수온의 수직변이가 크지 않고 수직혼합도 잘 일어나

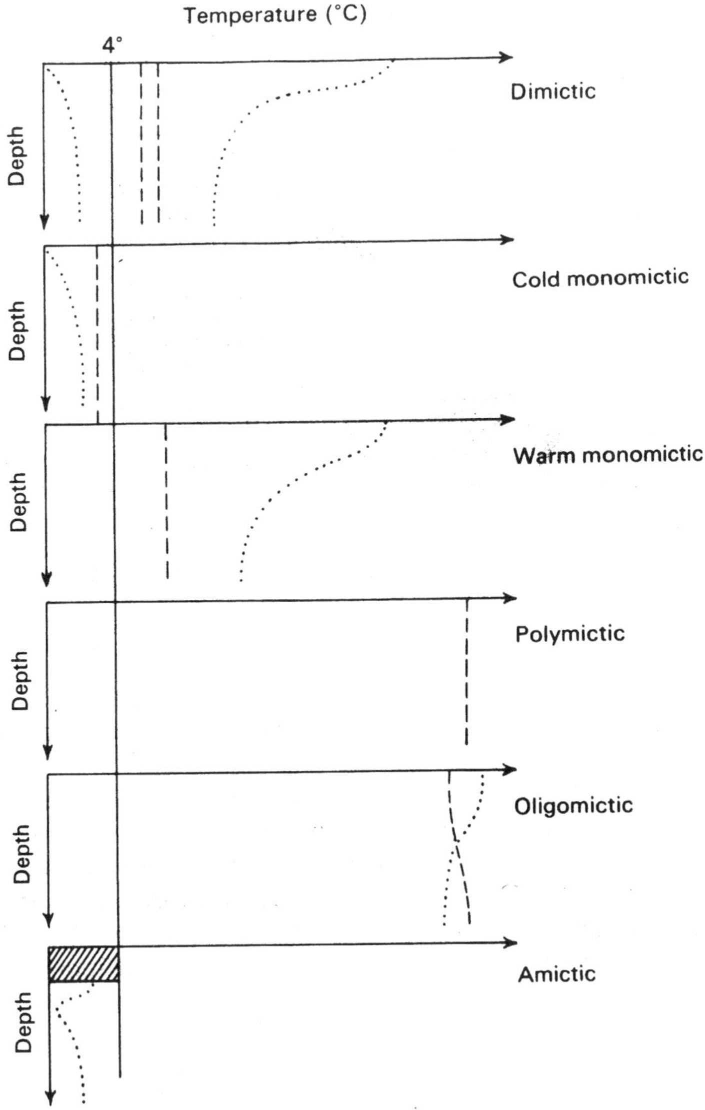

* (········· 성층기의 수온분포, -------- 순환기의 수온분포)

자료: Welch, et al., 1980.

〈그림 3-4〉 호수의 연간 순환 형태의 종류와 수온 수직분포의 계절변동

심수층의 산소고갈이 일어나지 않는다. 수심이 얕더라도 우포늪과 같이 수초가 밀생한 호수에서는 물의 움직임이 억제되어 매우 얕은 곳에서도 성층현상이 나타나고 수심 1m 이내의 얕은 저층에서도 산소고갈이 일어난다.

성층의 안정도(stability)는 밀도 차이에 의해 결정되는데 정량적으로는 [호수의 실제 무게중심으로부터 호수를 기하학적 무게중심까지 들어 올리는 데 필요한 일의 양]으로 정의한다. 밀도가 균일할 때에는 기하학적 무게중심과 실제 무게중심이 일치하며, 성층이 강할수록 심수층이 무거우므로 실제 무게중심이 기하학적 무게중심보다 낮아져 거리가 멀어지고 필요한 일의 양이 커진다.

3. 연간 수직순환형의 종류(annual circulation pattern)

표수층의 밀도가 심수층보다 높아지면 표층수가 침강하고 심층수가 상승하여 상하층의 물이 섞이는 수직순환이 일어난다. 이를 전도현상(overturn 혹은 turnover)이라고도 한다. 호수의 순환 형태는 위도에 따른 기후환경의 차이, 해발고도, 수심에 따라 다르게 나타난다(〈그림 3-5〉).

연중 수직순환이 전혀 없는 현상을 무순환(無循環, amixis)이라고 하고 이러한 호수를 무순환호(amictic lake)라 한다. 연중 얼음에 덮여 있는 극지방의 호수에서 나타난다. 그 외의 대부분의 호수에서는 호수 전체가 혼합되는데 이를 전순환(全循環, holomixis)이라 하며 호수의 상층부만 혼합되고 심수층은 혼합되지 않는 형태를 부분순환(部分循環, meromixis)이라 한다. 전순환호(holomictic lake)는 순환이 일어나는 계절과 횟수에 따라 다음과 같이 여러 가지로 분류된다.

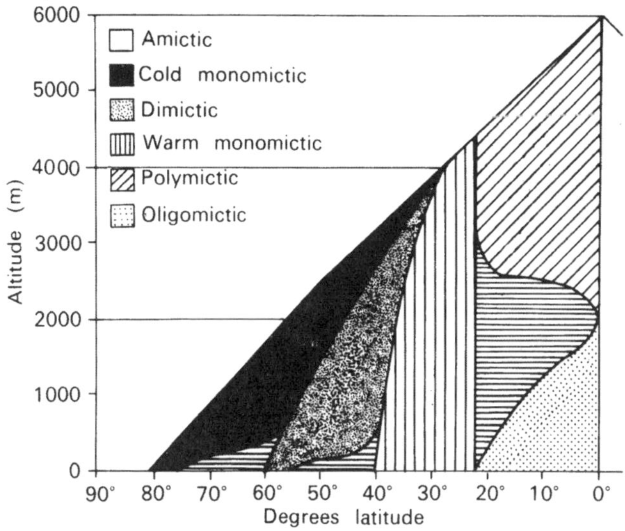

자료: Wetzel, 1975.

〈그림 3-5〉 호수의 연간 순환 형태와 위도 및 해발고도의 관계

1) 빈순환호(貧循環湖, oligomictic lake)

연중 표층수온이 높아 상하층의 밀도차가 큰 열대지방의 호수에서는 강한 성층으로 인하여 순환이 억제된다. 겨울의 냉각기가 없기 때문에 온대와 같은 계절적 순환도 없다. 강한 폭풍이 있는 경우에만 간헐적으로 순환된다.

2) 한냉일순환호(寒冷一循環湖, cold monomictic lake)

연중 수온이 4℃ 이하이며 여름에 한번 순환되는 호수이다. 겨울에는 결빙되어 있다가 여름에만 잠시 얼음이 녹는 고위도 지방의 호수이다. 수온이 4℃ 이하이므로 여름에 수온이 상승할수록 밀도가 커지며 심층으로 침강하면서 순환이 일어난다. 여름 동안 수온이 4℃ 이상까지 상승하지 못하고 다시 겨울을 맞이하게 되므로 여름이 순환기가 된다.

3) 온난일순환호(溫暖一循環湖, warm monomictic lake)

연중 수온이 4℃ 이상이며 겨울에 한번 순환되는 호수이다. 겨울에도 결빙이 되지 않으며 아열대 지방의 호수 또는 온대지방의 수심이 깊은 호수이다. 수온이 4℃ 이상이므로 수온이 하강할 때 밀도가 커지며 표층수가 침강한다. 늦가을부터 겨울이 끝날 때까지가 순환기가 되며 겨울이 지나도 수온이 4℃ 이하로 내려가지 않고 다시 봄을 맞아 성층이 시작된다. 우리나라에서는 수심이 깊어 냉각이 늦은 호수에서 나타난다. 소양호를 비롯하여 충주호, 안동호, 대청호 등의 중부지방의 깊은 호수와 남부지방의 호수들이 이에 해당한다.

4) 이순환호(二循環湖, dimictic lake)

연중 2회 봄과 가을에 순환하는 호수로서 겨울에 결빙되고 여름에는 성층이 일어나는 온대지방의 호수들이다. 겨울 결빙기에는 표층의 수온이 낮고 심층이 높은 성층이 일어난다. 봄에 얼음이 녹을 때에는 수온이 4℃ 이하이므로 수온이 상승하면 밀도가 커져 표층수가 침강하면서 순환이 일어난다. 이를 봄 순환(spring turnover)이라 하며 지속기간은 짧다. 표층수온은 곧 4℃에 도달하며 이때부터는 수온이 상승할수록 밀도가 작아져 표면에 머무르면서 성층이 시작된다. 봄에는

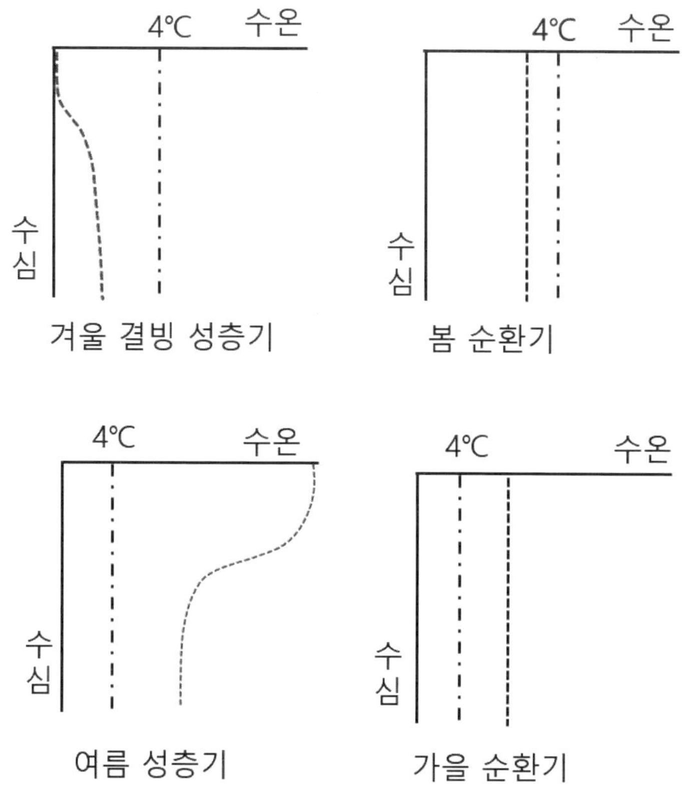

〈그림 3-6〉 온대 이순환호의 수온 수직분포 계절 변동

수심이 얕은 곳에 수온약층이 형성된다. 수온약층은 점차 깊어지며 혼합층이 두꺼워진다. 가을이 되면 기온하강과 함께 수온이 낮아진 표층수가 침강하여 혼합층이 두꺼워지고 수온약층이 깊어진다. 표층 수온이 심층과 같아지면 수온약층이 바닥에 도달하게 되고 호수 전체 수심이 순환된다. 이를 가을순환(autumn turnover)이라 한다. 가을 순

환은 수온이 4℃에 이를 때까지 지속되며 봄 순환에 비하여 지속 기간이 길다. 호수의 수체 전체가 4℃까지 냉각되면 이때부터 냉각되는 물은 밀도가 작아져 표면에 머무르게 되므로 결빙이 된다.

5) 다순환호(多循環形, polymictic lake)

연중 수시로 여러 번 순환이 일어나는 호수이다. 수심이 얕고 바람이 강한 호수에서는 바람이 약할 때는 성층이 형성되었다가 바람이 강하게 불 때는 성층이 깨지고 혼합된다. 열대지방의 고산지대나 사막과 같이 기온의 일변화가 큰 곳에서는 밤에 표층수의 냉각이 심하여 침강함으로써 순환이 일어나고 낮에는 성층이 일어나는 일주기 변화도 나타난다.

6) 빈순환호(貧循環湖, oligomimctic lake)

열대 지방의 저지대에 위치한 호수들은 연중 수온이 높고 계절 변동이 없다. 수온이 높으면 밀도 경사가 커지기 때문에 성층이 안정하여 혼합이 어렵다. 또한 계절이 없으므로 온대 지방과 같은 계절적 순환이 없어서 순환이 주기적으로 일어나지 못하며 가끔 폭풍에 의해 부정기적으로 일어난다.

7) 부분순환호(meromictic lake)

호수 전체가 순환되는 전순환호와는 달리 호수의 상층부만이 혼합되는 호수도 있다. 해수가 간헐적으로 유입되는 해안가 호수에서는 상하층의 염분 차이가 매우 커서 밀도결정 효과가 온도보다 커지고 순

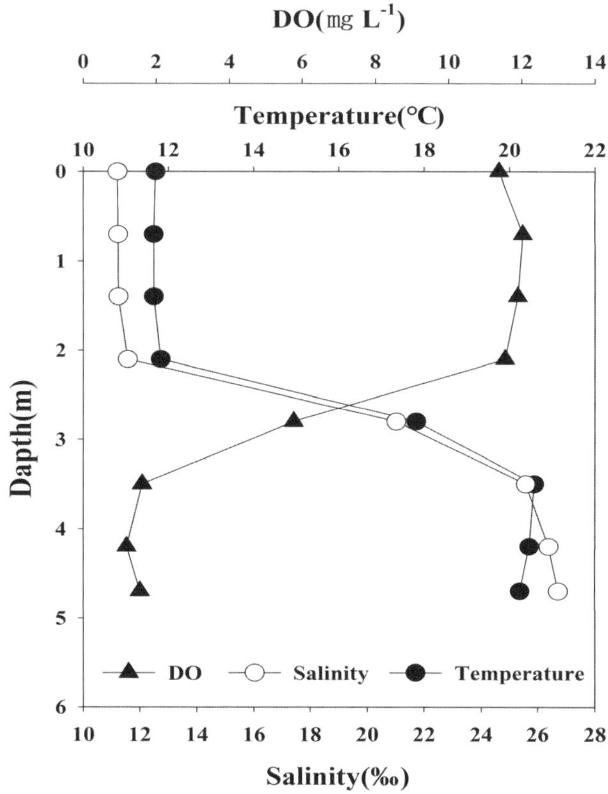

* 영랑호, 2007년 11월 5일, 김범철 미발표 자료.

〈그림 3-7〉 부분순환 사례에서 나타나는 기수호에서 염분에 의한 화학성층과 수온역전 현상

환이 억제된다. 때로는 수온의 역전현상이 나타나기도 한다. 염분에 의해 발생하는 밀도차이가 큰 면을 화학성층(chemocline)이라고 부른다.

부분순환은 해안가에 위치한 호수에서 주로 나타난다. 파도가 강할 때 유입된 해수가 호수 심층에 가라앉아 형성되기도 하며, 새로이 간척지에 만들어져 저질에서 염분이 용출되는 호수, 호수 바닥의 모래 사이로 해수가 침투하는 호수에서 나타난다. 우리나라에서는 동해안의 석호에서 염분 5~15‰의 기수호가 나타난다. 염분이 10‰을 넘으면 염분 변화에 적응력이 있는 해양생물이 많이 출현한다.

화학성층이 강하게 형성되면 상하층의 물이 혼합되지 않는 부분순환(meromixis)이 나타나며 성층이 강한 곳에서는 계절이 바뀌어도 혼합이 일어나지 않는 영구적 정체가 나타나기도 하고 수년에 한 번 폭풍이 강할 때에만 순환이 일어나기도 한다. 심수층은 정체되어 무산소 상태가 되기 쉽다. 산소가 고갈되면 심층에서는 동물이 살지 못하며 황화물로 인하여 물 색이 검은색으로 변하기도 한다.

‖ 제 4 장 ‖

물의 이동

제4장 물의 이동

1. 전달현상(transport phenomena)

유체 내에서는 유체의 움직임에 의해 힘과 물질, 열이 전달되는 현상이 함께 일어난다. 이러한 현상을 전달현상이라고 하며 다음의 세 가지로 나누어 볼 수 있다.

1) 힘 전달(momentum transport)

물의 움직임은 인접한 다른 물의 움직임을 유발하며 운동에너지를 전달한다. 서로 속도가 다른 유체의 경계면, 즉 대기와 수면 사이, 바람에 의해 움직이는 표수층과 정지하고 있는 심수층 사이 등에서는 물의 점성에 의해 마찰(shear stress)이 생기고 파도(wave), 난류(亂流, turbulence), 호류(湖流, current)가 생성된다. 난류와 랭뮈어 순환, 호류는 힘 전달과 물질 전달을 함께 일으키지만 파동은 물질 전달은 없이 힘 전달만 일으킨다.

2) 물질 전달(mass transport)

물의 이동은 물속에 포함되어 있는 물질의 이동을 수반하는데 물의 이동이 없더라도 물분자의 운동에 의해 물속에 녹아 있는 물질은 확산되어 전달된다. 그러나 분자확산 속도는 매우 느리므로 호수에서의 물질전달은 대부분 다량의 물이 이동하는 물의 이류(advection)와 호류에 의해 일어난다.

3) 열 전달(heat transport)

표면에 입사된 태양의 에너지에 의해 수온이 상승하고 이 열은 점차 심층으로 전달된다. 물의 이동이 없더라도 열의 전도현상에 의해 열이 전달될 수 있으나 속도가 매우 느리므로 열의 전달은 대부분 물이 움직이는 대류와 난류에 의해 일어나며, 따라서 물질 전달과 함께 일어난다.

2. 호수 내 물의 운동

물의 운동은 호수 내 열과 물질의 전달을 좌우한다. 물의 운동은 발생 원인과 종류에 따라 에너지의 크기와 물질 전달량이 다양하여 넓은 변이를 가진다.

1) 분자 확산(molecular diffusion)

물에 외부로부터 힘이 가해지지 않은 상태에서도 일어나는 액체의 분자운동을 말한다. 물의 운동 가운데 가장 규모가 작아 난류의 1% 수준에 불과하므로 물질 전달 능력에 있어서 무시할 정도로 미미하다. 호수의 수면으로부터 심수층까지 산소의 전달을 분자 확산에만 의존한다면 수십 년 이상이 걸릴 것이다. 실제 측정에 있어서도 난류 확산과 구분이 어려우므로 난류에 포함시켜 다룬다.

2) 난류(亂流, turbulence)

물의 주된 흐름 방향과 관계없이 불규칙하게 일어나는 움직임으로서 에디확산(Eddy diffusion)이라고도 부른다. 주로 바람에 의해 유속차이에 의한 shear stress로 생성된다. 규모는 수 cm에서 수 m에 이른다. 바람의 영향이 미치는 표수층(epilimnion)에서만 중요하고, 심수층에는 거의 영향이 미치지 않는다. 난류는 표수층에서 물질 전달과 열 전달의 중요한 기작이다. 난류의 에너지는 수심에 따라 지수적으로 감소하여 수심 수 m에 이르면 거의 소멸한다.

난류확산의 정도를 에디확산계수(Eddy diffusivity)라 하는데, 대개 모델링에서는 이류에 의해 설명되지 않는 부분을 뭉뚱그려 난류에 포함시키므로 분자확산과 난류, 랭뮈어 순환 등이 구분되지 않고 하나의 확산계수(dispersion coefficient)로 통합된다. 성층기에는 수평 방향 난류의 크기는 크고 수직 방향의 난류의 세기는 이보다 매우 작다. 그러므로 호수의 물질확산은 수평 방향으로는 활발히 일어나지만 수직 방향으로는 제한되어, 수질이 수평 방향으로는 균일하지만 수직적으로는 차이가 있게 된다.

난류확산은 물질 전달과 열 전달의 결과를 가져온다. 확산 속도는 난류의 세기에 의해 좌우되며, 물질 전달은 농도 구배에 의해서도 좌우되고, 열전달은 온도차이가 클수록 커진다. 대개 물질전달과 열전달이 동시에 일어나므로 태양복사를 직접 받는 표면이 아닌 깊은 수층에서는 열전달속도를 측정함으로써 물질전달의 확산속도를 간접적으로 알 수 있다. 물질의 농도를 측정하는 것보다 온도의 수직분포를 측정하는 것이 쉬우므로 열전달속도를 측정하는 것이 난류의 세기를 측정하는 일반적인 방법이다.

3) 호류(湖流, current)

호수 내 물의 대규모 수평, 수직이동을 말하며 이류(移流, advection)의 주요 기작이다. 대량의 물질이동이 가능하므로 표수층으로부터 심수층으로, 육지로부터 수중으로의 물질이동이 일어나는 주요기작이다.

(1) 취송류(吹送流, wind-driven current)

바람에 의해 발생하는 표면 호류를 총칭하는 용어이다. 바람이 지속적으로 불고 이송거리(fetch)가 길 때에 바람이 수면의 물을 끌고 가는 힘에 의해 생성된다. 수심이 깊고 수면적이 넓어 저층의 저항이 작은 호수에서는 코리올리효과(Coriolis effect)로 인하여 수심이 깊어질수록 흐름의 방향이 오른쪽으로 편향되어 물의 주요 이동 방향이 바람에 대해 오른쪽으로 틀어지는 Ekman spiral이 형성될 수 있다.

호수에서는 흔히 바람에 의해 랭뮤어 순환이 생성된다. 취송류에 의해 표층수가 바람의 반대편에 모이게 되면 수면이 상승하는 결과를 가져오고 이 표층수는 아래로 침강하여 표층 취송류와 수온약층의 사이로 반대 방향으로 흘러가는 반류(countercurrent)를 형성한다. 우리나라에서는 편서풍이 우세하므로 표수층의 물이 동쪽으로 이동하는 예가 많으며 이에 따라 수면의 부유물이나 플랑크톤이 호수의 동쪽 연안에 밀집하기 쉽다.

가. 랭뮈어 순환(Langmuir circulation 또는 Langmuir spiral)

바람이 일정한 방향으로 부는 날에는 호수나 바다의 수면에 부유물이 줄지어 나란히 바람줄(wind row)을 형성하는 현상이 나타난다. 한 방향으로 바람이 지속적으로 불 때 수면의 물이 이동하는 호류가 형성되는데, 이때 물이 직선이 아닌 나선형으로 선회하면서 바람이 부는 방향으로 전진하는 현상으로서 이를 발견한 사람의 이름을 따서

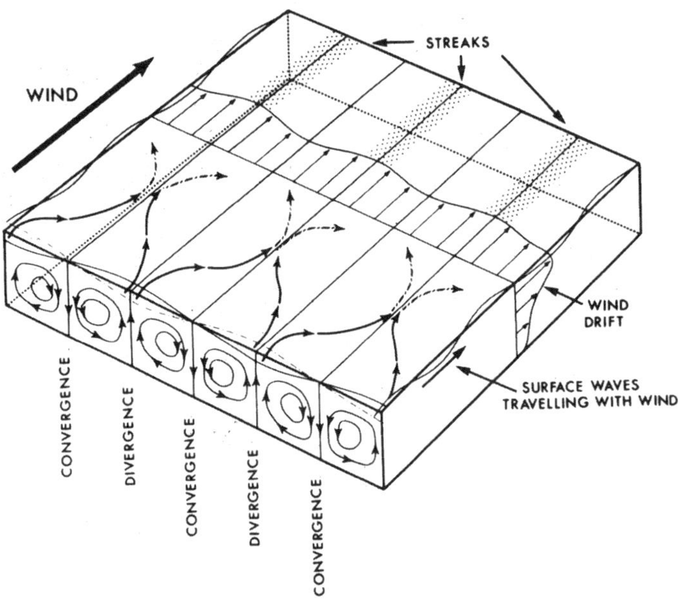

* 물이 나선형으로 전진하며 표층수가 모여 침잠하는 곳에 부유물질의 바람줄(streak)이 형성된다.

자료: Wetzel, 1983.

〈그림 4-1〉 랭뮈어 순환의 모식도

랭뮈어 순환 또는 랭뮈어 나선이라고 부르고 있다. 이 나선은 평행하게 누운 원통형으로 배열되므로 나선의 한쪽 편에서는 물이 상승하고 반대쪽 편에서는 하강한다. 나선의 하강하는 쪽에서는 두 나선의 하강하는 물이 합류하여 하강하므로 부유성 물질이 수면에 모여 물만 침강하고 부유물은 수면에 남아 바람줄을 형성하게 된다. 그러므로 바람줄의 간격은 랭뮈어 나선의 직경의 2배가 된다(〈그림 4-1〉). 랭뮈어 순환이 형성되는 기작은 바람의 shear stress와 이로 인하여 발생한 난류, 그리고 파도가 보강되어 발생하는 것으로 밝혀져 있다. 나선의 직경은 바람의 세기가 강하면 증가하며 대개 수m에 이른다. 바람이 불면 표수층에는 수온과 수질이 균일한 혼합층(mixing layer)이 형성되는데, 랭뮈어 순환이 표수층 혼합의 주요 기작이다.

(2) 밀도류(density current)

밀도가 다른 수괴(water mass)가 만나 밀도가 큰 수괴가 침강함으로써 생성된다. 외부에서 찬물이 유입되거나 수심이 얕은 곳과 깊은 곳의 수온이 다른 경우에 형성된다(〈그림 4-2〉). 유입수의 수온이 높을 때에는 수면으로 흘러 표층류(surface current)를 형성한다. 우리나라에서는 여름에 많은 비가 집중되는데 이때 유입되는 하천의 수온은 갈수기보다 5℃ 이상 낮아지며 호수의 표수층보다 온도가 낮다. 따라서 유입수는 호수 저층을 따라 물의 밀도가 자신의 밀도와 같은 수심까지 침강한 후 수평 방향으로 흘러 중층류(intermediate current)를 형성한다. 여름 홍수기에 탁류가 유입하는 경우에는 부유물로 인한 밀도 증가 효과가 있기 때문에 동일한 수온보다도 아래층으로 흘러가게 된다. 우리나라에서는 여름에 많은 하천수가 유입하므로 수심이 깊은 호수에서는 중층에 수온이 15℃ 정도의 탁수로 이루어진 중층이 형

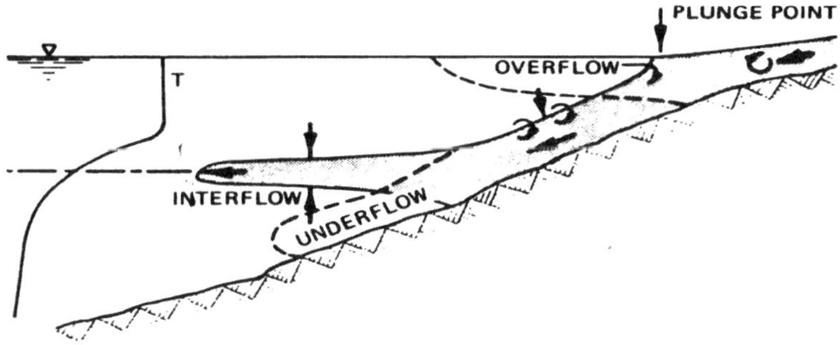

자료: Wetzel, 1983.

〈그림 4-2〉 호수에 유입하는 하천수의 유입수심에 따른 분류

성되고 표수층과 심수층에는 맑은 물이 분포한다. 겨울에는 수심이 얕은 곳의 수온이 먼저 낮아지므로 상류의 찬물이 호수의 저층을 따라 흐르는 저층류(bottom current)가 생성된다. 소양호와 같이 깊고 수체가 큰 호수에서는 저층류가 초겨울부터 초봄까지 수개월간 지속되어 심층수의 교환과 산소 공급에 크게 기여한다.

인공호에서는 대개 중층으로부터 물을 방류하여 발전하므로 방류구가 위치한 수심의 물이 흘러나가는 호류가 형성된다. 성층기에는 방류구로 흘러나가는 물의 분포가 좁고 순환기에는 방류구 상하층의 물이 포함되어 방류된다. 우리나라 대형 인공호에서는 여름에 많은 차고 혼탁한 물이 유입하고 방류량도 증가하므로 탁수의 이동 수심이 방류구의 수심과 일치하게 된다. 따라서 탁류는 표층으로 확산되지 않고 중층을 흘러 하류로 방류됨으로써 표수층에 미치는 영향이 감소한다. 그러나 중층 탁수의 배출이 지연되어 순환기에 이르러서도 완전히 탁수가 배출되지 않은 경우에는 혼합층이 탁수층에 도달하는 시점에 표수층까지 탁수가 확산된다.

수심이 얕고 길이가 긴 저수지에서는 유량이 큰 계절에는 상류에서 하류 방향으로 일관된 흐름이 형성되고 이류에 기여하며, 호수의 상류 수역에서는 수직적으로 균일하게 혼합되어 하천에 가까운 생태계를 가진다.

가. 하천유입부의 plunge point

여름에는 호수로 유입하는 하천수의 수온이 낮아 호숫가에서 저층을 따라 잠류한다. 이때 표수층이 유입수를 만나는 지점인 plunge point에서는 유입수도 함께 냉각되어 잠류하므로 표면에서는 이를 보상하는 표층류가 거꾸로 호수 중앙부로부터 하천 유입부 방향으로 흐른다. 좁은 계곡을 형성한 인공호의 지류 유입부에서는 이로 인하여 소하천 유입부에 부유물이 밀집하는 현상이 나타나고, 부유물이 많은 호수물과 부유물이 없이 맑은 하천 유입수의 plunge point가 뚜렷이 나타나기도 한다. 즉, 수면의 부유물이 역류하는 표면수를 따라 계곡 안쪽으로 흘러가고 이곳에서 물은 냉각되어 침강하지만 부유물은 그대로 수면에 남아 밀집되는 것이다. 이 표층류는 낮 동안에는 호수 중앙부에서 산 쪽으로 부는 해풍으로 더욱 강화된다.

식물플랑크톤 가운데 와편모조류는 주광성을 가지고 있어 낮이면 수면으로 밀집하고 밤이면 흩어지는 일주기 운동을 보이는데, 이러한 성질로 인하여 낮에 계곡 유입부의 수면에 밀집하여 물을 갈색으로 물들이는 담수적조를 일으키고 밤이면 흩어져 사라진다. 낮에 수면에 떠오른 와편모조류는 표층수의 이동과 함께 유입수 방향으로 이동하여 물은 침강하고 와편모조류는 다시 떠올라 계속 밀집되는 것이다 (〈그림 4-3〉).

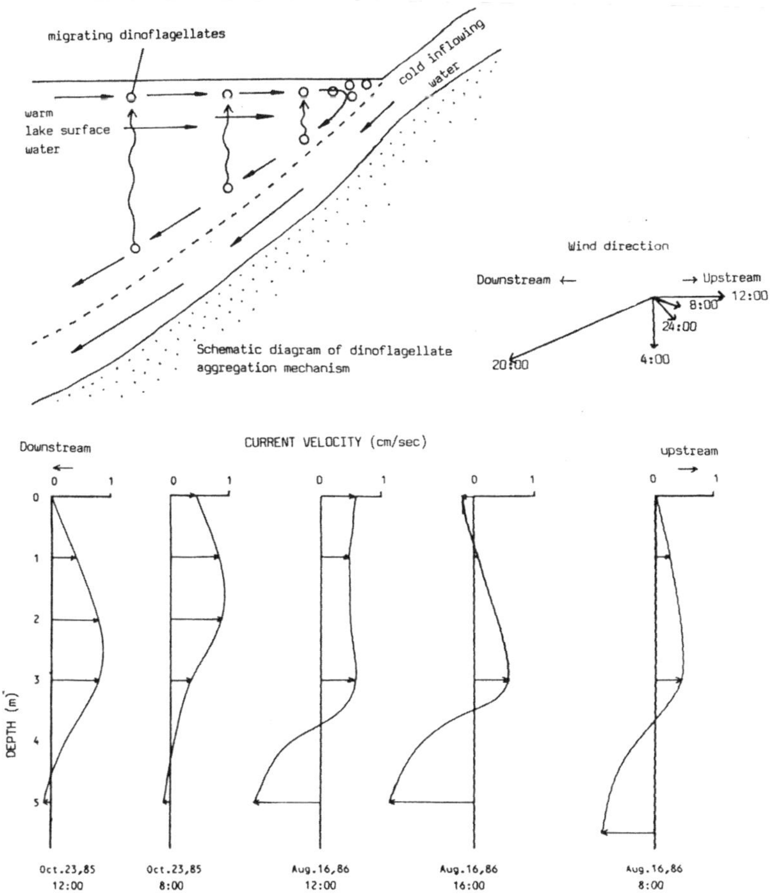

* 하천 유입수는 중층으로 유입하며 표층수는 반대로 하천유입부로 흘러 부유물질이 호수 상류의 plunge point 에 밀집한다.

자료: Kim. 1987.

〈그림 4-3〉 호수에서 와편모조류의 밀집현상을 일으키는 물의 이동 특성

4) 파도(wave)

파도는 물 분자가 제자리에서 원운동하는 현상으로서 바람에 의해 생성된다. 물 분자가 제자리에서 원운동을 하므로 파도의 에너지전달 능력은 크지만 물의 이동이 없기 때문에 물질 이동 능력은 작다. 파도의 파장과 파고의 규모는 바람의 강도, fetch의 길이에 따라 다양하다.

(1) 표면파(surface wave)

수면에서 바람에 의해 발생하는 파도로서 전달 속도가 매우 빠르다. 수심이 깊어 바닥의 저항이 없는 곳에서는 물이 원운동을 하지만 바람이 강하거나 수심이 얕아 바닥의 저항이 원운동을 방해하는 곳에서는 파도가 깨지는 현상이 나타나고 물의 혼합을 유발한다.

(2) 내부파(internal wave)

밀도가 작은 표수층과 밀도가 큰 심수층 사이의 경계면에서 발생하는 파도로서 상하층의 밀도차가 수면파보다 작기 때문에 파고가 높다. 내부파의 발생은 수온약층의 주기적 상승·하강으로 나타난다. 고정 지점에서 수온의 수직분포를 세밀한 간격으로 측정하면 내부파의 발생을 감지할 수 있다. 인공호에서는 방류를 갑자기 중단하면 하류로 흐르던 물이 반동으로 되돌아가는 역류가 발생하거나 내부파를 생성할 수 있다.

(3) 정진동(seiche, 세이쉬)

내부파의 파장이 호수의 길이와 같은 정지파동이다. 저기압이 통과하거나 강한 바람이 불 때는 바람이 부는 쪽에 물이 쌓이는 현상이 나타나 수면이 상승하고 표수층이 두꺼워지면서 수온약층은 수면과 반대의 경사를 가지게 된다. 저기압이 통과하거나 바람이 멎은 후에는 표층의 압력 변화로 수면이 원래 높이로 복귀하는 과정에서 수면과 수온약층의 수위가 변하는 정지파가 생성된다. 수면의 수위 변화는 작으므로 수면의 정진동은 감지하기 어렵지만 내부정진동(internal seiche)은 파고가 높아 수온 수직분포의 변동을 조사하면 수온약층의 깊이가 규칙적으로 변동하는 것으로 감지할 수 있다. 인공호에서는 상류에서 급격한 홍수 유입이 있거나 발전을 갑자기 중단하는 경우에 정진동이 발생할 수 있다.

정진동이 발생하면 수온약층이 저질과 접촉하는 곳에서 표수층과 심수층이 교대로 접촉하게 되므로 큰 생태학적 영향을 미칠 수 있다. 특히 심수층이 무산소 상태인 경우에는 주기적으로 호기성 상태와 혐기성 상태가 반복되는 파동이 나타나므로 저서동물에 영향을 미치게 된다. 자연호에서는 평소에 표수층이 방류되다가 내부파에 의해 수온약층이 상승하고 심수층의 물이 방류되어 하류의 하천 생태계에 큰 충격을 주기도 한다.

‖ 제 5 장 ‖

호수의 빛투과

제5장 호수의 빛투과

1. 호수에서 빛이 가지는 의의

호수에서 빛에 대한 연구는 다음과 같은 의미를 가진다. 첫째, 빛은 태양으로부터의 에너지를 받아 수온이 상승하는 주요 원인이다. 두 번째, 태양에너지의 일부는 광합성에 의해 수중의 유기물 생성에 이용되어 수중 생태계의 에너지의 근원이 된다. 셋째, 수중의 물질의 종류와 농도에 따라 흡수, 반사하는 빛의 파장이 다르고 물의 색이 다르게 나타난다.

빛이란 전자기파이며 전자기파는 파장에 따라 크게 다른 성질을 가지고 있다. 파장이 짧은 전자기파는 X선, 감마선 등과 같이 투과성이 강하여 투사에 이용되기도 한다. 이보다 좀 더 긴 파장의 400nm에서 700nm 사이의 전자기파는 동물의 눈이 감지할 수 있어 빛 또는 가시광선(visible light)이라고 부른다(〈그림 5-1〉). 동물뿐 아니라 식물도 이 파장의 빛을 이용하여 광합성을 수행할 수 있도록 적응되어 있어 이 파장대의 빛을 광합성유효광선(photosynthetically active radiation, PAR)이라고 부른다. 동식물이 이 파장대를 이용할 수 있도록 적응한

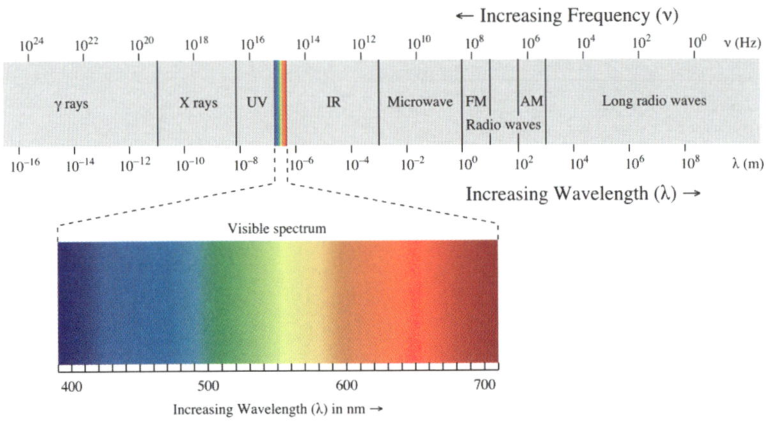

〈그림 5-1〉 전자기파의 파장에 따른 종류 구분

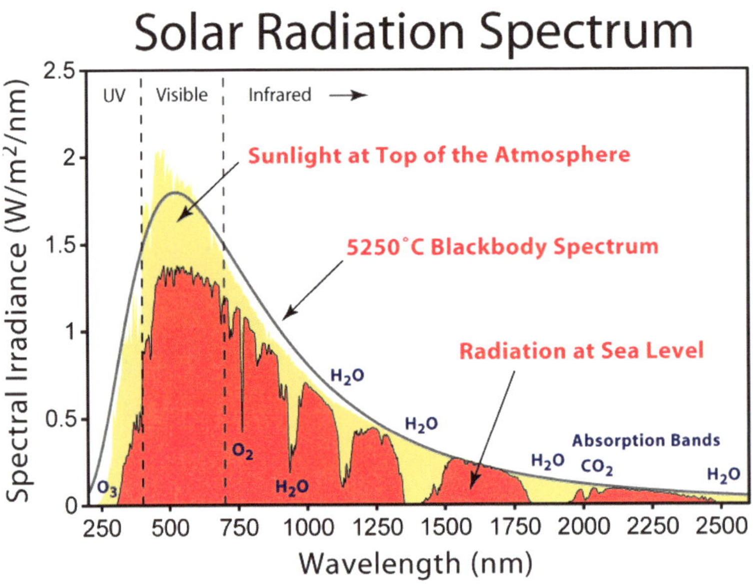

〈그림 5-2〉 지구 대기권 밖의 태양복사의 스펙트럼과 지표면에서의 복사스펙트럼 및 대기 중에서 흡수하는 물질

〈표 5-1〉 태양복사 전자기파의 파장에 따른 분류와 성질

파장		전자기파의 종류	성질
>700nm		적외선 (infrar red, IR).	사람의 눈이 감각할 수 없으며 물체의 온도를 높인다. 물에 의해 강하게 흡수되므로 수면에서 깊이 투과하지 못하고 표층의 수온만 상승하게 한다.
400-700nm		가시광선 (visible light) 광합성유효광선 (PAR)	동물이 볼 수 있고, 광합성에 이용된다. 태양광선의 45%를 점유한다. 청색빛이 가장 물을 잘 통과하며 빨간빛이 가장 적게 투과한다. 부유물은 파장이 짧은 청색빛을 가장 잘 흡수한다.
190-400nm		자외선(UV)	생물에 저해를 준다. 수면에서 플랑크톤의 광합성감소의 원인이 된다. 가시광선보다 투과도가 작다.
자외선	320-400nm	자외선-A (UV-A)	생물에 미치는 저해도는 약하나 수면에 도달하는 양이 많으므로 자외선이 생물을 저해하는 주요 원인이 된다.
	280-320nm	자외선-B (UV-B)	오존층에 의해 흡수되어 소량만이 지표에 도달하지만 오존층이 감소한 곳에서는 큰 피해를 줄 수 있다.
	190-280nm	자외선-C (UV-C)	대기에 의해 거의 모두 흡수되므로 지표의 생물에 영향이 없다.

것은 지구에 많은 전자기파를 보내고 있는 태양으로부터 오는 전자기파의 대부분이 이 파장대에 속하므로 지구상에서 가장 많은 양을 얻을 수 있는 전자기파이기 때문이다(〈그림 5-2〉, (〈표 5-1〉).

태양복사의 대부분은 파장 200nm(=0.2㎛)에서 3,000nm(=3.0㎛)의 범위에 드는데 이 가운데 약 45%가 가시광선 영역에 분포한다. 파장이 700nm보다 긴 전자기파는 적외선이라 하고 파장이 이보다 더 긴 것은 전파라고 하는데 라디오와 텔레비전 방송, 무선송신 등에 이용한다. 파장이 400nm보다 짧은 전자기파도 역시 사람이 볼 수 없으며 자외선(ultraviolet, UV)이라 한다. 자외선은 파장에 따라 UV-A(400~320nm), UV-B(320~280nm), UV-C(280nm 이하)로 나누기도 한다(〈그림 5-1〉).

적외선은 태양복사에너지의 약 40%를 차지하는 많은 양을 가지며 물에 의해 잘 흡수되기 때문에 수면 약 10cm에서 대부분 흡수되어

수면의 온도를 높이는 효과를 갖는다. 자외선은 양은 적으나 생물에 해로운 빛으로서 수면에 서식하는 생물의 성장을 저해한다. 자외선은 가시광선에 비해 수중의 투과도가 낮아 수면 1m 정도에서 흡수된다.

2. 광도의 단위

빛의 강도 즉 광도(light intensity)를 나타내는 단위는 현재 세 가지가 쓰이고 있는데 이들 3종의 단위는 정의가 다르고 측정 대상도 다르므로 서로 호환할 수 없는 단위이다. 그러나 파장 스펙트럼을 알고 있는 광원에 대해서는 기존의 자료를 사용하여 환산이 가능하다.

1) 조도 단위(illumination)

조도는 사람이 감각하는 밝기를 측정하는 것이다. 사람의 눈은 가시광선 영역에서만 빛을 감지할 수 있으며 파장에 따라 감도도 다르다. 노랑색을 가장 민감하게 감각하며 보라색과 빨강색은 감도가 떨어진다. 따라서 밝기를 나타낼 때에는 사람의 눈이 가지는 파장에 따른 민감도에 맞추어 측정하여야 한다. 조도의 기본 단위는 표준 촛불 한 개의 빛이 1㎡의 면적에 쬐어질 때의 조도를 1lux로 정의하였다. 따라서 면적이 10분의 1인 ft 단위를 사용하면 단위는 ft · cd이 되며, 1ft · cd는 약 10lux에 해당한다(〈그림 5-3〉).

조도계의 센서의 감도스펙트럼(sensitivity spectrum)은 사람의 눈을 본떠서 이와 유사하게 만들어졌다. 같은 에너지의 빛이라도 광원의 스펙트럼에 따라 조도는 다르다. 가시광선의 비율이 큰 형광등은 같은 에너지를 가진 태양빛보다 조도가 높으며, 적외선의 비율이 높은 백

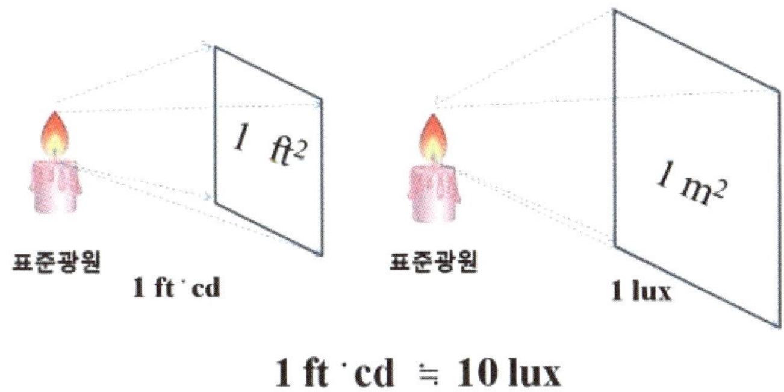

〈그림 5-3〉 조도의 단위 비교

열등은 조도가 낮다.

조도의 감도스펙트럼은 동물의 감각뿐 아니라 식물의 광합성 효율 스펙트럼과도 유사하므로 광합성 분야의 연구에서 태양광선을 대상으로 연구하는 경우에는 조도계를 사용하여 광도를 측정하여도 좋다.

2) 에너지 단위

빛의 강도를 나타내는 단위로서 에너지를 사용하기도 한다. 대개 자외선과 적외선을 포함하는 태양광선의 전파장을 대상으로 측정하며 기상학 분야에서 많이 사용되는 단위로 일사량(solar radiation)이라고도 한다. 측정기는 일사계(pyrelliometer)라 부르며 간단한 측정기는 검은색 표면의 온도 상승을 측정하기도 한다. 같은 수의 광량자라도 파장이 짧은 것일수록 에너지가 크므로 파장스펙트럼이 다른 광원은 에너지가 같더라도 조도와 광량자수는 다르다. 단위로는 [cal/cm^2/min], [W/m^2(=J/m^2/sec)] 등이 사용된다.

3) 광량자 단위(photon flux 또는 quantum flux)

빛은 입자성을 띠고 있어 광량자 수를 측정할 수 있다. 광합성의 명반응에서는 광량자 하나가 반응의 최소 단위가 되어 에너지를 엽록소분자의 전자에게 전달해 주고 나머지 에너지는 열로 방출된다. 즉, 광량자가 가지고 있는 에너지의 양이 크거나 작더라도 광합성 효율은 동일하다. 그러므로 광합성에 관련된 연구 분야에서는 광합성 속도와 가장 상관이 높은 단위가 광량자 단위이다. 기본 단위는 [mole photon/㎡/sec=Einstein/㎡/sec]로 정의하였으며 보통[μE/㎡/sec]를 사용한다(〈표 5-2〉).

〈표 5-2〉 광원의 종류에 따른 광도 단위의 환산계수

단위 종류	R	에너지단위 일사량 Irradiance [Wm^{-2}]
	P	광량자 단위 Photon flux density [$\mu mol\ m^{-2}\ s^{-1}$]
	L	조도 단위 Illuminance [lx]
파장 범위	F	400 to 3000 nm 전파장
	PAR	Photosynthetically active range (400 to 700nm) 가시광선

광원 종류		환산계수		
		R/L	P/L	P/R
텅스텐램프	F	0.0538	0.645	12.00
	PAR	0.0040	0.020	5.01
형광등 (warm white fluorescent tube)	F	0.0034	0.017	4.86
	PAR	0.0033	0.016	4.81
태양광(Loch Croispol 호수수면 0m)	F	0.0043	0.020	4.69
	PAR	0.0040	0.018	4.56
태양광(Loch Croispol 호수수심 1m)	F	0.0037	0.017	4.61
	PAR	0.0035	0.016	4.55

3. 광도계의 종류

광도계의 센서의 종류는 앞의 세 가지 단위에 따라 조도측정용, 일사량 측정용, 광량자 측정용의 세 종류로 나눌 수 있다. 각각 서로 다른 원리로 측정되므로 호환성이 없으나 태양광선과 같이 파장 스펙트럼을 알고 있는 경우에는 환산이 가능하다. 열에너지의 입사를 조사할 때는 에너지 측정 센서를 사용하고 광합성 속도를 측정하는 연구에서는 광량자 센서를 사용하는 것이 좋다. 조도계는 간단히 광도를 측정하는 데 사용할 수 있으며 일사량이나 광량자 센서와 비교하여 보정함으로써 광량자 측정기 대신 사용할 수 있다.

또 센서의 기하학적 형태에 따라 측정할 수 있는 입사각이 다르다. 평면형 센서는 한쪽 면만의 광도를 측정하며 2π센서라고도 부른다. 지면의 반사율(albedo)을 측정하는 기기는 위쪽을 향한 센서와 지면을 향한 센서가 동시에 측정하여 두 광도를 비교함으로써 지면 반사율을 측정한다. 수중 생태계 연구용으로는 두 개의 센서를 사용하여 하나는 배 위에서 수면 위의 광도를 측정하고 다른 하나의 센서는 수중에 넣어 수중광도를 측정하여 수면과 비교함으로써 상대적 투과율을 측정하는 기기도 있다. 이 기기를 사용하면 구름 때문에 광도 변화나 있거나 파도가 있을 때에도 수중 광 투과도를 손쉽고 빠르게 측정할 수 있다. 수중이나 울창한 숲속과 같이 산란광이 우세한 환경에서는 모든 방향에서 입사하는 광선을 모두 측정할 수 있는 구형 센서를 사용하는데 이를 4π센서라고도 부른다.

광도계의 센서에는 가시광선만을 측정하는 것과 태양의 전파장을 측정하는 두 가지가 있다. 일사량 측정에는 전파장 센서를 사용하는 것이 좋고 광합성 연구에는 가시광선 센서를 사용하는 것이 좋다. 또한 광도계의 센서에는 대기 중에서 사용하는 것과 수중에서 사용하는 것이 있다.

4. 수면반사

태양으로부터 지구로 전달되는 복사에너지는 대기권 밖에서 2[cal/cm^2/min]이다. 대기권을 통과하는 동안 대기 중의 수증기와 이산화탄소, 먼지 등에 의해 흡수, 산란되고 나머지만이 지표에 도달한다. 구름과 먼지에 의해 산란된 빛(scattered light)은 외계와 지표로 방사된다. 지표에서는 반사되어 다시 대기와 외계로 방사된다. 호수의 수면에서의 반사율은 빛의 입사각에 따라 크게 달라진다. 직사광선(direct sunlight)의 입사각은 위도와 태양의 고도에 따라 변하므로 반사율도 변화한다. 입사각이 90°일 때에는 거의 반사가 없고 10°가 되면 35%가 반사된다. 그러나 산란광은 태양 고도에 관계없이 반사율의 변화가 크지 않다. 호수 수면의 평균 반사율은 6.5%인 것으로 보고되고 있으나 측정 방법에 따라 20~30%의 반사율을 보고한 사람도 있다. 수면의 파도는 수면 반사율을 높인다.

결빙과 적설은 수면의 빛 반사에 큰 영향을 미친다. 기포가 없는 맑은 얼음은 빛이 거의 투과하며 기포가 있는 얼음은 투과도가 작다. 눈이 덮이지 않으면 많은 빛이 얼음을 통과하므로 결빙하에서도 광합성 식물의 성장이 가능하다. 그러나 눈이 덮이면 수중으로의 빛 투과가 거의 차단된다. 갓 내린 눈은 반사율이 높아 표면 18cm 내에서 99%의 빛을 차단한다. 그러나 시간이 경과하면 눈이 녹으면서 투과도가 증가한다. 결빙 후 눈이 덮이면 수중은 암흑이 되고 광합성이 정지되어 산소의 공급이 차단된다. 이때 수중의 유기물이 많아 BOD

가 높은 호수에서는 산소 고갈이 일어나 어류의 폐사가 일어나기도 한다. 이와 같이 부영양호에서 겨울에 일어나는 어류의 폐사를 동계 어류 폐사(winter kill)라 부른다.

5. 수중의 빛투과

1) 흡광계수(light extinction coefficient 또는 light attenuation coefficient)

물의 맑기를 나타내는 방법으로서는 흡광계수, 세키투명도(Secchi disk transparency), 탁도 등을 사용한다. 물의 혼탁이란 흡수와 산란에 의해 수중으로의 빛의 투과를 방해하는 현상이다. 수면을 통과한 빛은 수중으로 투과하면서 지수적으로 감소한다. 따라서 수심 증가에 따라 일정 비율로 감소한다는 일차반응식(first order reaction kinetics)으로 나타낼 수 있다.

$$dI/dz = kI$$

이 식을 적분하면 다음과 같은 지수적 감소함수가 된다.

$$I_z = I_o e^{-kz}$$

또는 선형관계로 변형할 수 있다.

$$\ln I_z = \ln I_o - kz$$

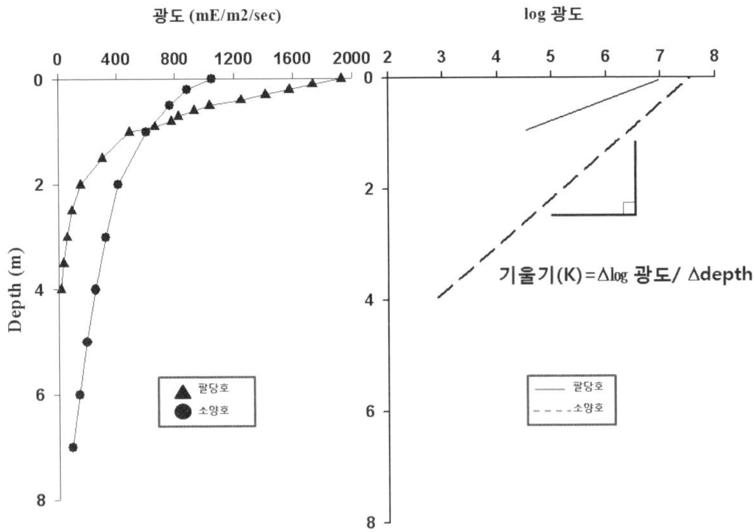

자료: 김범철 미발표 자료.

〈그림 5-4〉 혼탁한 호수(팔당호)와 맑은 호수(소양호)의 수심별 광도비교

여기서 I_o는 표층광도, Z는 수심(m), I_z는 수심 z에서의 광도, k는 흡광계수$[m^{-1}]$이다.

수심 Z와 ln(광도)는 일차 선형관계이므로 수심별 광도를 측정하고 로그를 취하여 수심에 따라 그래프를 그리면 직선을 얻게 된다. 이 직선회귀식의 기울기를 구하면 이 값이 흡광계수이다. 혼탁할수록 흡광계수가 크며, 대개 부영양호와 빈영양호의 경계는 1.0~1.5m^{-1}이다(〈그림 5-4〉).

수중광도계가 없을 경우에는 투명도로부터 흡광계수를 추정할 수도 있다. 많은 투명도측정치(SD)와 흡광계수 k의 측정치로부터 얻은 경험적 관계식;

$$K \cdot SD = 1.7 \sim 1.8$$

$$K = \frac{1.7}{SD}$$

을 이용하여 투명도로부터 흡광계수를 구할 수 있다. 즉, 투명도가 1.7m이면 흡광계수는 $1.0m^{-1}$이 된다. 이 관계식에 의하면 투명도 수심에서는 표층광도의 16%가 도달한다. 따라서 표층광도의 1% 도달 수심으로 정의한 유광대의 깊이는 대략 투명도의 2.7배가 된다.

2) 투명도(transparency)

세키디스크 투명도는 이탈리아 해양학자인 세키(Secchi)가 물의 맑기를 측정하기 위하여 고안한 것으로 세키투명도판(Secchi disk)이라는 직경 20~30cm의 흰색 원반으로 측정하는데 추를 달아서 물속에 천천히 넣어 더 이상 보이지 않는 수심을 측정하고 다시 끌어올리면서 보이기 시작하는 수심을 측정하여 평균을 취한다. 대개 0.1m 단위로 측정한다. 이를 투명도(transparency) 또는 세키디스크 투명도(Secchi disk depth, SD, Z_{SD})라고 부른다(〈그림 5-5〉).

투명도판의 직경은 투명도와 무관하지만 20cm를 표준으로 하고 있으며, 투명도가 크면 직경 50cm의 투명도판을 사용하기도 하고, 투명도가 작은 혼탁한 물에서는 직경 10cm의 투명도판을 사용하기도 한다. 투명도판이 없는 경우에는 흰색 물통이나 스티로폼에 추를 달아 집어넣으면 측정할 수 있다. 투명도는 측정 시각에 따라 태양광도가 달라 투명도에 차이가 있으며, 10시에서 2시 사이에 투명도가 가장 크므로 이 시간에 측정하는 것을 원칙으로 한다.

〈그림 5-5〉 투명도 판(좌), 호수에서의 투명도 측정(우)

또한 수면에 반사되는 직사광선의 영향을 받으므로 배의 그늘진 쪽에서 해를 등지고 측정하여 반사광을 최소화한다. 편광안경을 사용하거나 바닥에 유리를 댄 원통을 사용하여 수면반사의 방해를 줄일 수도 있다. 투명도는 시력, 투명도판과 물과의 대조성, 투명도판 표면의 빛 반사율에 의해서도 좌우되기는 하지만 그럼에도 불구하고 개인간 편차는 10% 이내이며 간단한 측정으로 호수조사에서 많은 정보를 제공하는 중요한 측정치이다.

투명도는 고안된 지 100년이 지난 아주 간단한 도구이지만 호수조사에서는 가장 기본적인 측정이며 호수의 상태를 보여주는 가장 대표적인 인자이다. 일반적으로 호수의 투명도를 좌우하는 가장 큰 요인은 식물플랑크톤의 밀도이다. 체류시간이 긴 자연호에서는 무기부유물이 모두 서서히 침강하여 제거되므로 부유물은 대부분 미생물들이다. 그러나 체류시간이 짧은 인공호에서는 부유토사가 많이 떠 있어 투명도를 감소시키는 사례들이 있다. 특히 우리나라에서는 여름에 부유토사로 인한 투명도 감소가 심하게 일어난다.

3) 투명도와 식물플랑크톤 밀도

투명도와 식물플랑크톤의 밀도(또는 chlorophyll-a의 농도)는 역비례하므로 투명도를 측정하면 간단히 엽록소의 양을 추측할 수 있다. 그러므로 투명도는 부영양화도를 평가하는 데 중요한 자료가 된다. 대개 투명도 1.5 내지 2m를 부영양호와 빈영양호의 경계로 하고 있다. 부영양화에 의한 수질 악화는 바로 투명도의 감소로 나타나므로 투명도는 수질을 간단히 모니터하는 데 꼭 필요한 측정이다. 미국의 호수수질학회에서는 일반인을 대상으로 한 사람이 한 호수씩 담당하여 투명도를 계속 장기적으로 측정하는 자원봉사운동을 Great American Secchi Dip In이라는 이름하에 전개하고 있다.

그러나 과영양호에서는 투명도와 식물플랑크톤 밀도가 상관관계를 보이지 않는 예도 많다. 투명도가 1m 이하가 될 때까지는 식물플랑크톤의 밀도와 역비례의 관계를 잘 보이지만 식물플랑크톤의 밀도가 계속 증가하여 투명도가 1m 이하가 되면 더 이상 식물플랑크톤의 밀도와 상관관계가 나타나지 않는다. 엽록소-a의 농도가 50mg/m^3 이상이 되면 이때 흔히 우점하는 남조류는 군체와 사상체를 만들므로 식물플랑크톤이 증가하여도 혼탁도는 크게 증가하지 않는다. 즉 수중의 부유물이 큰 덩어리를 이루고 있을 때는 혼탁도가 높지 않지만 고운 가루로 존재하면 혼탁도가 높아지는 것이다. 혼탁도는 부유물의 양에만 좌우되는 것이 아니라 입자 크기에도 크게 좌우되기 때문이다. 또한 남조류가 번성하는 경우에는 수면에 scum을 형성하여 막을 형성하기도 하므로 투명도가 0m가 되기도 한다. 이때는 식물플랑크톤의 밀도를 정의하기가 곤란하다.

투명도는 부영양화뿐 아니라 유역의 토목공사와 골재 채취에 의해

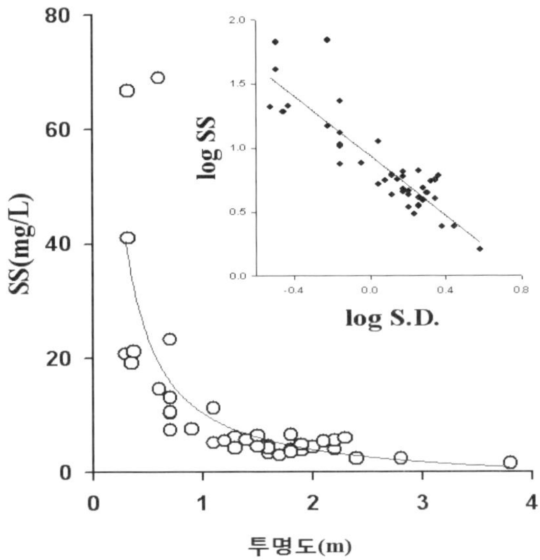

* 의암호, 김범철 미발표자료.

〈그림 5-6〉 투명도와 SS와의 관계

서 진흙입자의 증가 때문에 감소하기도 한다(〈그림 5-6〉). 우리나라 저수지에서는 홍수기에 흙탕물의 대량 유입으로 일시적으로 혼탁해지는 현상이 나타나며 골재 채취로 연중 장기간 흙탕물이 계속되기도 한다. 이러한 경우에는 투명도를 부영양화도의 지표로 사용할 수 없으며 연간 자료 중 홍수기의 자료는 제외하고 사용하여야 한다. 식물플랑크톤이 서식하기 위해서는 빛이 투과하여야 하는데 흙탕물 때문에 빛이 부족하면 식물플랑크톤은 크게 감소한다. 장마철에 작은 저수지들은 탁수의 유입으로 혼탁해지는 반면 소양호와 같이 수심이 깊은 호수에서는 탁수가 중층으로 유입되므로 표층은 맑은 상태를 유지한다.

물의 투명도를 나타내는 또 다른 방법으로 탁도(turbidity)를 사용할 수도 있다. 탁도는 수중의 부유물질이 투과광과 직각 방향으로 산란하는 빛의 강도를 측정하여 부유물의 양을 추정하는 방법이다. 흡광계수는 빛의 흡수와 산란에 의한 빛의 감소가 모두 고려되는 측정인데 비하여 탁도는 흡수광은 고려하지 않고 산란광만을 측정한다(〈그림 5-7〉). 그러므로 흡광계수나 투명도와는 정의가 약간 다르므로 부유물질의 입자 크기와 광학적 성질이 다른 물에 대해서는 호환적으로 사용할 수가 없다. 그러나 입자 크기와 종류가 비슷한 물이라면 탁도와 투명도는 높은 역상관관계를 가진다. 탁도는 입사광과 직각 방향에서 산란된 빛을 감광하는 탁도계(nephelometer)로 측정하며 단위는 1도(1 nephelometric turbidity unit, NTU)를 일정 크기의 규사질 부유물질의 농도가 1mg/L인 물의 탁도로 정의하고 있다. 수중의 부유물질의 무게를 측정하는 SS의 경우에는 크기가 큰 입자에 의해 크게 좌우되는 반면에 탁도는 빛을 산란하는 작은 입자의 수가 많으면 높아진다. 저수지에서 작은 입자들만 부유하는 경우에 SS와 NTU가 비슷한 값을 가지지만, 유속이 빠른 하천에서는 SS가 더 큰 값을 보이며,

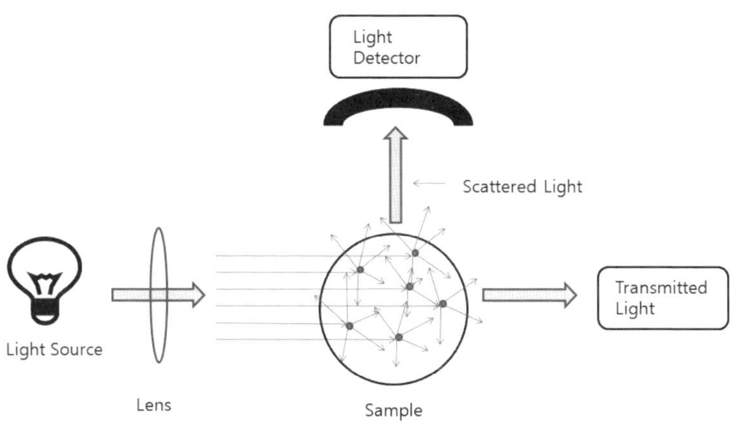

〈그림 5-7〉 탁도계의 산란광 측정원리의 모식도

오래 정체된 호수에서는 입도 분포가 매우 작으므로 탁도가 SS보다 더 큰 값을 보인다.

우리나라의 수질 기준에서는 투명도와 탁도를 사용하지 않으며 부유물질의 무게인 SS를 수질환경 기준으로 채택하고 있으나 미국에서는 담수 생태계의 위해성을 평가하는 데 탁도를 흔히 적용하고 있다. 탁도는 연속 자동 측정이 가능하므로 SS와 TP의 대리자(surrogate)로서의 활용성이 높다.

6. 호수의 색(color)

물의 색은 참색(true color)과 겉보기색(apparent color)으로 나뉜다. 참색은 용존물질에 의한 색으로서 주로 부식질과 같은 용존유기물이 원인이며 황갈색을 띤다. 겉보기색은 입자상 부유물에 의해 나타나는 색으로서 식물플랑크톤, 진흙, 박테리아 등에 의해 나타나며 식물플랑크톤이 주원인이다.

원래 순수한 물은 검푸른 색인데 부유물질이 많을수록 청색→녹색→황색으로 변해간다. 순수한 물은 붉은 빛을 강하게 흡수하고 청색 빛은 잘 투과시키므로 물속에는 청색 빛 밖에 남아 있지 않아 모든 색이 청색이 된다. 물속에서 밖으로 산란되어 나오는 빛도 청색뿐이므로 우리 눈에 비치는 호수와 바다의 색도 청색으로 보인다. 그러나 부유물은 파장이 짧은 청색 빛을 많이 흡수하고 파장이 긴 붉은 빛을 적게 흡수하므로 부유물이 많으면 청색이 흡수되어 물의 색이 녹색—황색으로 보인다. 멀리서 보아 검푸른 색을 띠는 호수는 맑은 호수이고, 녹색이나 황색을 띠는 호수는 흙탕물이 유입되었거나 플랑크톤이 많은 호수이다.

바다와 호수의 색은 표준색도용액과 육안으로 비교하여 측정한다. 색도의 표준으로는 순수한 물의 청색을 1로 하고 가장 짙은 갈색을 띠는 것을 12로 정한 Forel scale의 용액을 사용한다. 맑은 물의 색인 청색은 cuprammonium sulfate와 cobalt ammonium sulfate 용액으로 만들고 용존유기물이 많은 갈색은 potassium chromate 용액으로 만들며 이 사이의 표준은 이 두 가지 용액을 일정 비율로 배합하여 만든다. 물의 색도를 정밀하게 측정할 때는 염화백금 1mg/L를 1도로 규정한 색도 측정법을 사용하거나 흡광도법을 사용하기도 한다.

7. 식물플랑크톤과 물의 색

광합성생물은 빛에너지를 흡수하여 전자를 여기(excite)시키고 이 전자를 이용하여 ATP를 만들고 NADP를 환원하여 유기탄소를 환원하는데 사용한다. 빛을 흡수하기 위해 빛을 흡수하는 색소분자를 함유하고 있는데 색소의 종류에 따라 흡수스펙트럼이 다르다. 모든 광합성 생물이 공통으로 가지고 있고 광합성 명반응의 중심인 엽록소-a 분자는 파장 430nm의 청색과 663nm의 적색을 가장 많이 흡수하며 노란색과 초록색은 흡수하지 않는다. 광합성의 효율도 청색과 적색이 높다. 그러므로 식물은 흡수하지 않는 녹색을 반사하여 식물이 녹색으로 보이며 호수에서 식물플랑크톤이 많으면 식물플랑크톤의 색소 때문에 물이 색을 띠게 된다.

대체로 식물플랑크톤의 밀도가 5,000cells/ml에 달하면 플랑크톤이 가지고 있는 색소 때문에 물의 색이 변한 것을 육안으로 느낄 수 있다. 물의 색은 식물플랑크톤의 종류에 따라 다르다. 육상의 식물은 모두 초록색을 띠지만 수중의 조류(藻類)는 종류에 따라 함유하고 있는 색소의 종류가 달라서 녹색을 띠는 종류도 있고 다시마처럼 갈색을 띠기도 하며 적조(赤潮)생물처럼 붉은 색을 띠기도 한다. 호수에 주로 서식하는 식물플랑크톤에는 규조류, 녹조류, 남조류, 와편모조류가 있다. 규조류는 갈색을 띠며 주로 봄과 겨울에 번식하는데 호수에서는 겨울에 결빙이 되거나 식물플랑크톤의 세포 밀도가 낮아 색을 느끼는 경우가 드물다. 그러나 낙동강에서는 겨울에 물의 색이 갈색을 띨 정도로 규조류가 증식한다. 녹조류와 남조류는 여름에 주로 번식하며 초록색으로 색깔이 비슷하지만 녹조류가 좀 더 짙은 초록색을 띠며 수중에 고르게 퍼져 있는 반면 남조류는 연녹색을 띠며 수면에 송화가루처럼 떠오르고 심하면 초록색 페인트를 수면에 뿌려 놓은 것처럼 수면을 덮는다(〈그림 5-8〉).

* 경기도 왕송저수지 2008년 8월,
사진; 김범철.

〈그림 5-8〉 남조류 과다 증식으로 인하여 녹색으로 착색된 녹조현상

8. 빛과 생물의 수직분포

빛의 투과도는 수중 식물의 서식 깊이를 결정짓는다. 수중 식물이 성장할 수 있는 한계수심은 표층광도의 1%가 도달하는 수심인 유광대이다. 이 수심의 상층에서는 광합성에 의한 유기물 생성량이 호흡에 의한 에너지 소비량보다 크므로 잉여의 에너지를 이용하여 성장이 가능하지만 이 이하의 수심에서는 호흡에너지가 더 커져서 성장이 불가능하다. 이 경계수심을 보상수심(compensation depth)이라 한다.

물을 따라 이동하는 식물플랑크톤이 받는 빛의 양은 투명도뿐 아니라 혼합층의 깊이에 따라 달라진다. 성층기에는 혼합층의 깊이가 얕으므로 식물플랑크톤이 표수층의 얕은 곳에서만 머물게 되고 빛을 충분히 받아 성장이 촉진된다. 그러나 혼합층이 깊은 수직혼합기에는 식물플랑크톤이 깊은 무광대에 머무르는 시간이 많아 평균적으로 받는 광도가 매우 낮다. 따라서 식물플랑크톤이 감소하게 된다.

수초의 성장은 빛의 투과량이 필수적이므로 빛이 도달하는 유광대 수심 이내의 호수가로 서식지가 제한된다. 호변 경사가 완만하면 수초가 서식하는 유광대가 넓어지고 가파르면 좁아진다. 빈영양호에서는 투명도가 높으므로 깊은 곳까지 수초가 서식한다. 부영양호에서는 빛의 부족이 중요한 성장제한 요소가 되며 수초와 식물플랑크톤은 빛을 두고 경쟁하게 된다. 부영양호는 수초 위주의 생태계가 만들어질 수도 있고 식물플랑크톤 위주의 생태계가 만들어질 수도 있으나 영양염류가 많아지면 대개 식물플랑크톤이 우세해 진다. 식물플랑크톤이 일단 우세해지면 수초는 빛의 부족으로 성장이 어렵다. 수심이 얕고 혼탁한 호수에서는 잎을 수면에 띄워 빛을 받는 연과 같은 부엽식물은 생존할 수 있지만 침수식물은 빛의 결핍으로 생존할 수 없다.

빛은 주광성(走光性, phototaxis)을 가진 생물의 이동을 유발하기도 한다. 와편모조류와 같이 유영 능력이 있는 식물플랑크톤은 낮이면 광합성을 위하여 수면으로 부상하는 양성주광성(positive phototaxis)을 보인다. 그러므로 와편모조류는 낮에는 표층에서 밀도가 높아지고, 밤이면 흩어져 표층밀도가 낮아지는 일주기 이동(diel migration)을 보이기도 한다. 동물플랑크톤은 낮에 어류의 포식을 피하기 위하여 어둡고 깊은 곳으로 피신하는 음성주광성(negative phototaxis)을 보인다.

9. 탁도 증가가 수중생태계에 미치는 영향

수중의 탁도의 증가는 빛 투과도를 감소시켜 수중생물상에 영향을 미친다. 수생식물의 성장가능 수심이 감소함으로써 수초대의 면적이 축소되며 수생식물이 감소한다. 특히 침수수초는 탁도에 의해 크게 생장이 저해되어 **침수식물 위주**의 생태계에서 **식물플랑크톤 위주**의 생태계로 변화된다.

호수의 영양염류 농도 증가로 인한 부영양화는 빛 투과도에 따라 두 가지 방향으로 진행할 수 있다. 부유물질이 잘 침강되어 물이 맑은 경우에는 수중의 침수 수초가 증가하는 방향으로 변해가며, 수중 영양염류의 농도가 낮아지므로 식물플랑크톤은 수중 영양염류의 이용에 있어서 수생식물과의 경쟁으로 인하여 감소한다. 식물플랑크톤의 감소는 계속적인 빛 투과도의 증가를 초래하여 상승적으로 침수수초의 증가를 가져온다. 이 경우 호수물을 수자원으로 이용하더라도 수중의 부유유기물이 적어 수질악화를 유발하지는 않는다.

그러나 탁도가 높은 경우에는 침수수초가 감소하고 수중의 영양염류는 수생식물의 흡수량 감소로 농도가 증가하고 이를 식물플랑크톤이 이용하여 성장한다. 그러면 탁도가 높아져 침수식물이 더욱 성장하지 못하는 악순환을 유발한다. 이것은 물의 이용에 있어서 식물플랑크톤의 증가로 인한 수질악화 피해를 수반한다.

탁도의 증가는 먹이포획을 시각에 의존하는 동물에게 있어서 심각한 피해를 준다. 특히 시각을 이용하여 물고기를 포획하는 어식성(piscivorous) 어류는 탁도 증가는 먹이섭취 감소를 의미한다. 그러므로 탁도의 증가는 수중생물상을 크게 변형시킨다.

빛 투과도 감소는 식물플랑크톤의 이용 가능한 빛을 감소시켜 식물플랑크톤의 성장을 저해하고 수직분포 범위를 감소시킬 수 있다. 그러나 농경지에서 유출되는 부유토사는 인을 많이 흡착하고 있으므로 수중에서 인을 재 용출시켜 영양염류의 증가로 인한 조류성장증가 효과가 빛 감소 효과를 상쇄할 수 있다. 수심이 얕은 호수에서는 저질이 재부유하기 쉬우므로 호수가 혼탁한 예가 많다. 이러한 호수에서는 침수식물이 살기 어렵고 부엽식물만이 생존한다.

10. 광합성과 광도의 관계

광합성 반응속도는 광도에 따라 변한다. 광도가 낮을 때에는 광합성반응은 빛의 부족에 의해 명반응이 제한되므로 거의 광도에 비례한다. 광도가 약 100μE/m^2/sec에 달하면 광합성 속도는 빛에 포화되어 광도와 무관하며 암반응이 제한 반응이 된다. 광도가 너무 높으면 오히려 광합성 속도가 감소하는 광저해(photoinhibition) 현상이 나타난다. 자외선이 있을 때에도 광저해가 나타난다. 광도에 따른 광합성 속도의 관계는 광합성-광도(photosynthesis-irradiance, P-I) 곡선으로 나타내며 수중생태계모델에서 조류의 성장을 예측하는 데 사용되고 있

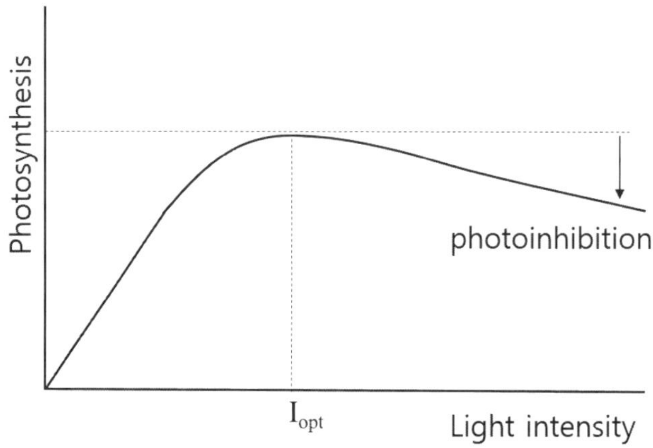

〈그림 5-9〉 식물플랑크톤 광합성 속도와 광도의 관계

다(〈그림 5-9〉).

조류의 종류와 성장 환경에 따라 광저해, I_{opt} 등 광도에 대한 적응도가 다르므로 빛 조건이 달라지면 서식하는 조류의 종류가 달라진다. 일반적으로 혼합층이 깊어 조류가 받는 광도가 낮은 환경에서는 규조류가 우세하게 되며, 여름에 광도가 높고 성층이 강할 때에는 녹조류나 남조류가 우세하다.

• 연습문제 •

소양호 2003년 3월		팔당호 2003년8월	
SD:6.2m		SD:0.85m	
수심(m)	광도(μE/m²/sec)	수심(m)	광도(μE/m²/sec)
수면 위	1240	0	1927
0.0	1054	0.1	1734
0.2	887	0.2	1576
0.5	764	0.3	1416
1.0	603	0.4	1249
2.0	409	0.5	1040
3.0	321	0.6	935
4.0	250	0.7	826
5.0	194	0.8	776
6.0	141	0.9	662
7.0	92	1.0	486
		1.5	302
		2.0	153
		2.5	93.6
		3.0	61.6
		3.5	35.2
		4.0	18.4

1. 수면의 광도를 에너지 단위와 조도 단위로 환산하시오.
2. 수면의 반사율을 계산하고 육상의 다른 토지 형태와 albedo를 비교하시오.
3. 수중의 광도 변화를 arithmetic scale과 logarithmic scale 두 가지로 그래프로 그리고, 수심에 다른 광도의 변화 과정을 논하시오.
4. 수중 흡광계수를 계산하시오.
5. 투명도(SD)와 흡광계수(K)의 관계에 K=a/SD의 모델을 적용하여 비례상수 a값을 구하시오.
6. 두 호수에서 유광대의 깊이를 계산하시오. 그리고 유광대 수심은 투명도의 몇 배인지 계산하시오.

‖ 제 6 장 ‖

용존 산소의 분포

제6장 용존 산소의 분포

1. 기체의 용해

기체 분자는 분자운동과 확산에 의해 대기로부터 수중으로 이동하기도 하고 물로부터 대기로 휘발하기도 한다. 기체분자가 대기로부터 수중으로 확산해 들어가는 것을 기체의 용해(dissolution)라고 하며 수중에 녹아 있는 기체를 용존 기체(dissolved gas)라고 한다. 기체의 용해는 염의 용해와는 다른 현상이다. 염의 용해는 분자가 잘게 쪼개지며 물속에 풀어지는 현상이지만 기체의 용해는 분자의 쪼개짐이 없고 다만 물속에 확산되어 존재하는 것뿐이다. 염의 용해는 용해도를 초과할 수 없으며 용해도를 초과하는 염이 녹아 있을 경우에는 곧 침전이 석출된다. 그러나 기체의 용해는 분자의 변형이 없는 단순한 기체의 확산이므로 압력이 높아지면 비례하여 용해도가 증가한다.

기체의 확산 과정은 대기로부터 물로의 이동과 물로부터 대기로의 이동이 동시에 일어난다. 대기 중에 기체가 많을 때는 대기로부터 물로 기체가 이동하고 물속의 기체가 많으면 대기로 이동한다. 따라서 대기와 물이 접촉하는 초기에는 대기로부터 물로 기체가 확산되어 물속의 기체 농도가 증가하지만 이 상태로 시간이 경과하면 양방향의 기체 확산 속도가 같아지는 동적 평형(dynamic equilibrium)에 도달하여 물속 농도가 더 이상 변하지 않는 정상 상태(steady state)가 된다. 이 상태를 기체가 포화되었다고 표현한다. 기체의 압력이 증가하면 물속으로의 확산 속도가 물로부터 대기로 향하는 확산 속도를 능가하므로 물속의 기체 농도가 증가한다. 따라서 기체의 용해에서는 염의 용해와는 달리 압력이 증가하면 물속의 평형 농도가 증가하며 계속 용해될 수 있다. 이를 용해도(solubility)가 증가한다고 표현한다. 평형에 도달하는 데는 시간이 필요하므로 호수에서는 일시적으로 포화 이하의 농도가 나타나기도 하고 과포화되는 경우도 나타난다.

Henry의 법칙에 따르면 기체의 용해도는 기체의 분압에 비례한다. 기체의 용해도를 c, 기체의 분압을 p라 할 때,

$$c = kp$$

로 나타낼 수 있으며 이때 비례상수 k는 용해도이다. 기체의 분압은 그 기체가 차지하는 조성비에 기압을 곱한 값이다. 용해도는 순수한 기체 1기압이 물과 평형을 이루었을 때의 수중 농도에 해당한다. 기체의 용해도는 기체의 종류에 따라 다르다. 수중에서의 안정도가 큰 CO_2와 NH_3는 수중에서 이온화되어 대기로의 확산이 억제되는 형태로 변형되므로 용해도가 크며 불활성기체인 질소(N_2)와 산소는 이에 비해 용해도가 낮다. 대기 중에 20%나 되는 산소가 수중에서는 고갈되는 경우가 많은 데 비하여 수중식물이 필요로 하는 이산화탄소는 대기 중에 0.03%만이 포함되어 있으면서도 수중에서는 광합성을 저해할 만큼 고갈되지 않는 이유는 이산화탄소가 물에 잘 녹는 기체이기 때문이다.

화학에서는 앞의 설명과 같은 순수한 기체 1기압과의 평형 농도를 나타내는 용해도의 개념이 사용된다. 그러나 호수에서는 순수한 기체와 평형을 이루는 경우가 없으며 대기와 평형을 이루고 있으므로 호수학이나 환경과학에서는 평균 조성을 가지는 1기압의 대기와 평형을 이룬 농도를 포화농도 또는 용해도라고 표현한다. 따라서 이 두 가지 용해도를 정확히 구분하여 사용하여야 한다.

호수에서 기체의 용해도를 결정하는 요인으로는 온도, 고도, 염분, 오염도 등을 들 수 있다. 이 중 가장 영향이 큰 것은 수온이다. 수온이 0℃인 겨울에는 산소가 13mg/L까지 용해되지만 수온이 30℃에 이르면 8mg/L 이하로 포화용해도가 떨어진다. 호수의 표층에서는 늘 대기와 평형을 이루고 있으므로 겨울에는 DO가 높고 여름에는 낮다. 따라서 여름에서 겨울로 가는 냉각기에는 산소가 대기에서 물로의 순이동이 있으며 봄부터 여름까지는 물에서 대기로의 순이동이 있다. 산소 소비가 적은 빈영양호에서는 여름에 표층의 DO가 낮고 심층이 높은 분포를 보이는데 이것은 표층의 수온이 상승하여 산소가 대기로 확산해 나가기 때문이다.

여름에는 겨울에 비하여 용존 산소의 용해도가 작아지는 반면에 생물의 대사활동은 체온에 비례하여 증가한다. 수온이 10도 상승하면 미생물과 수중동물의 대사는 2~3배 빨라지며 산소를 많이 소비한다. 산소를 더 많이 필요로 하는 여름에 오히려 산소의 용해도가 작으므로 수중의 산소 부족은 주로 여름에 나타난다.

해발고도가 높은 곳에 위치한 호수에서는 기압 저하로 분압이 낮아지므로 용해도가 작아진다. 해발고도 100m 상승에 따라 산소용해도는 약 1%씩 감소하여 해발 2,000m에서는 기압이 78%로 감소한다. 염분을 비롯하여 수중의 오염물은 산소용해도를 낮춘다. 20℃

에서 담수의 산소용해도가 9.2mg/L인 데 비하여 해수에서는 7.4mg/L로 낮다.

이와 같이 산소 용해도는 환경에 따라 달라지므로 산소의 절대농도만으로는 수중의 산소고갈 상태를 설명하기 어려우며 산소의 상대 포화도(relative saturation)를 함께 고려하여야 한다.

상대 포화도 = 용존 산소 농도/평형농도(포화농도)×100(%)

용존기체의 농도를 나타내는 단위로는 mg/L와 ml/L 두 가지가 쓰인다. 산소의 경우 1몰의 무게는 32g이고 부피는 24L이므로 1ml/L는 1.4mg/L이다. 호수학과 환경과학에서는 주로 mg/L 단위를 사용하고 해양학과 화학에서는 주로 ml/L 단위를 사용하고 있다.

용존 산소의 측정 방법으로는 화학 적정법인 윙클러(Winkler)법과 산소전극법을 사용하고 있다. 정확도는 윙클러법이 높으므로 전극보정 등의 표준 방법으로 사용된다. 전극법은 재현성은 좋으나 보정에 따라 정확도가 크게 달라지므로 보정에 유의하여야 한다. 전극법은 시간적으로 연속 측정이 가능하며 공간적으로도 수심과 DO가 함께 자료가 기록되는 기기들이 있다.

2. 호수의 용존기체의 근원

1) 대기

호수의 수면은 대기와 접촉하고 있으므로 기체의 교환이 끊임없이 일어나고 있다. 그러나 기체의 물에 대한 용해도가 서로 다르기 때문에 대기의 조성비와 수중 용존기체의 조성비는 다르다. 기체의 용해도는 수온에 따라 변하므로 수온이 낮아질 때는 대기로부터 수중으로의 이동이 일어나고 수온이 상승할 때는 수중으로부터 대기로의 이동이 일어난다. 수면의 파도는 기체의 확산 속도를 증가시키므로 빨리 평형에 도달하게 한다. 결빙 시에는 대기와의 교환이 차단되며, 수중의 광합성과 호흡에 의해 용존 산소의 농도가 변화한다.

광합성이 활발할 때에는 표층에서 생산된 산소가 대기로 확산되며 확산이 느릴 때는 과포화되기도 한다. 반대로 수중의 산소소비 속도가 대기로부터의 확산 속도보다 크면 수중의 산소 농도는 감소한다. 육상식물의 광합성으로 만들어진 유기물의 일부는 낙엽, 하수 등의 형태로 호수 중에 유입되어 분해되고 이때 CO_2를 방출하므로 호수는 대개 CO_2가 과포화되어 있는 상태이다. 그러므로 수면으로부터 대기 중으로 CO_2의 순방출이 일어난다.

2) 호수 내에서의 생성

산소는 광합성 과정에서 생성된다. CO_2를 유기물로 환원하기 위하여 필요한 전자를 물의 분해로부터 얻으며 이때 부산물로 물을 구성하고 있던 산소가 전자를 잃고 산소로 산화된다. 호수 내 광합성은 주로 식물플랑크톤에 의해 이루어지지만 수초대가 발달한 호수에서는 수초의 광합성도 큰 비중을 차지한다. 부영양호에서는 광합성이 활발하여 오후에는 산소가 과포화되고 CO_2는 부족해진다.

CO_2는 호수 내에서 유기물이 산화되는 과정에서 발생한다. 외부에서 유입된 유기물이나 호수 내에서 생성된 유기물이 박테리아, 곰팡이, 조류, 동물 등에 의해 산화될 때 발생한다. 호수의 저질표면에서

는 많은 유기물이 분해되므로 호수 심층으로 갈수록 CO_2의 농도는 증가하고, 산소가 없는 혐기성 상태에서는 메탄(CH_4), 황화수소(H_2S), 암모니아, N_2 등의 기체가 발생한다.

3) 유입수

하천수, 지하수, 하수 등의 유입수에 의해 외부로부터 용존기체가 유입된다. 하천수는 대개 대기와 접촉하여 산소가 포화되어 있다. 지하수에는 CO_2가 많이 함유되어 있는 경우가 있다. 오염된 하수는 산소가 부족하고 유기물 함량이 높아 산소를 소비하여 국지적으로 호수의 산소결핍을 일으킨다.

3. 용존 산소의 역할

산소는 사람과 마찬가지로 수중의 어류가 생존하는 데 필수적인 물질이다. 동물은 먹이로 먹은 유기물의 산화에서 에너지를 얻는다. 나무를 태우면 열이 발생하는 것과 같은 화학적 산화반응이다. 단지 체내에서는 서서히 연소되며 이것이 다른 화학반응과 연결되어 생명현상을 유지하는 데 이용된다는 것만이 다르다. 유기물이 산화될 때는 나무가 탈 때와 마찬가지로 산소가 필요하다. 모든 산화반응과 환원반응은 동시에 일어난다. 한쪽 분자의 전자가 다른 쪽으로 이동하는 현상을 산화환원이라고 하는데 전자를 내주는 물질은 산화되는 것이고 전자를 받는 물질은 환원된다고 한다. 생화학 반응에서 전자란 인간 경제의 화폐와 같으며 음식은 산화환원의 개념으로 볼 때 전자를 먹는 것이라고 할 수 있다.

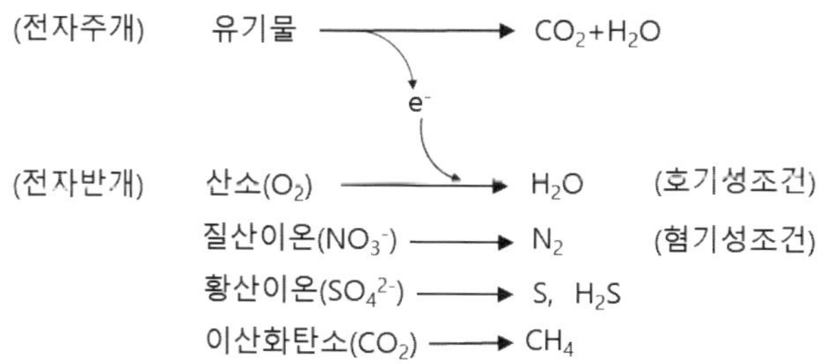

* 산소가 존재하면 산소가 전자를 받고, 산소가 없으면 질산이온, 황산이온 등이 전자를 받는다.

〈그림 6-1〉 생물체 내에서 일어나는 유기물 산화반응의 전자의 이동과 전자받개의 종류에 따라 생성되는 환원물질

동물이 먹은 먹이를 산화하여 에너지를 얻을 때 먹이는 전자주개(electron donor)가 되고 여기에서 발생하는 전자를 받아들이는 산소는 전자받개(electron acceptor 또는 전자 수용체)가 된다. 탄소(C), 수소(H) 등으로 구성된 유기물 먹이가 산화하여 이산화탄소(CO_2)와 물(H_2O)이 만들어지고 이때 산소는 환원되어 물(H_2O)이 된다(〈그림 6-1〉). 물 분자에도 산소 원자가 포함되어 있지만 산소 분자와 다른 점은 물 분자는 더 이상 전자를 받아들일 능력, 즉 다른 유기물을 산화시킬 수 있는 능력이 없다는 점이다.

산화환원반응에서 산화되는 먹이 유기물은 다양하지만 여기에서 방출되는 전자를 받아들여 환원되는 물질은 공통적으로 산소이다. 물론 전자를 받는 물질이 반드시 산소일 필요는 없다. 과거 지구에 최초로 생물이 만들어질 때는 지구 대기에 산소가 없었으며 생물이 유기물 산화에 산소를 사용하지 않았다. 지금도 미생물 중에는 산소 대신 황이나 질소 등의 다른 물질을 전자받개로 사용하여 산소 없이 살아가는 종류가 있다. 그러나 산소는 전자를 잘 받아들이는 물질이며 식물이 광합성하여 만들어 낸 산소가 대기 중에 20%나 함유되어 풍부하기 때문에 이보다 더 좋은 전자받개가 없으며 동물은 모두 산소를 전자받개로 사용하고 있다.

4. 용존 산소와 수생동물

어류에게는 산소가 필수적인데 어류의 종류와 생리활동의 종류에 따라 요구 농도가 다르다. 계류에 사는 냉수어종은 높은 농도의 산소를 요구하는 반면 온수어종은 낮은 산소에서도 잘 견딘다. 연어, 송어 등은 적어도 5mg/L 이상의 산소를 요구하는 반면에 붕어, 잉어, 미꾸라지 등은 2mg/L 정도의 농도에서도 죽지 않고 생존할 수 있다. 수온이 낮은 겨울에는 산소가 전혀 없는 물에서도 붕어가 한 달 이상 생존할 수도 있다는 보고도 있다. 오염된 하천에서 산소농도가 0을 가리키는 경우에도 붕어들이 서식하는 것을 볼 수 있다. 어류 외의 동물들도 산소를 필요로 하는데 기관(氣管)을 이용하여 공기호흡을 할 수 있는 장구벌레 등의 동물은 산소가 고갈된 수체에서 어류의 포식을 피할 수 있으므로 더 많이 번성한다.

물고기 알이 부화하거나 치어가 성장하려면 성체의 생존에 필요한 것보다 더 높은 농도의 산소가 필요하다. 대부분의 어류의 번식을 위해서는 4mg/L 이상을 요구한다. 산소가 부족하면 알이 부화되지 않고 치어의 생존율도 떨어진다. 잉어와 배스를 조사한 자료를 보면 산소농도 4mg/L 이상에서는 90%이던 치어의 부화 생존율이 2mg/L 이하에서는 20% 이하로 감소한다.

또한 산소농도가 낮아지면 유영 속도가 떨어지고, 먹이를 먹는 양도 감소하고, 먹이를 잡는 능력도 감소하는 등, 여러 가지 생리활동에 장애를 준다. 갑자기 산소가 낮은 물을 만나면 처음에는 유영 속도가 일시적으로 빨라지는데 이것은 저산소층으로부터 탈출하려는 행동으로 보인다. 그 후에는 유영 속도가 감소하게 된다. 산소 10mg/L에서는 코호연어의 유영 속도가 초속 50cm이지만 산소 2mg/L에서는 초속 25cm로 감소한다. 산소가 감소하면 어류의 유영 속도가 느려져 먹이를 잡는 능력이 감소할 뿐 아니라 먹이를 먹는 양도 감소한다. 온수어종인 배스도 DO 5mg/L 이하에서 유영 속도가 느려지고, 3~4mg/L 이하에서 성장이 감소하는 것으로 보고되었다(Miranda and Hodges, 2000). 하구에서 산소가 부족하면 어류는 저산소층을 피하는 능력이 있기 때문에 연어와 같은 소하성 어류가 하구를 통과하여 상류로 거슬러 오르지 못한다.

5. 혐기성 환경

산소가 결핍되었을 때 어류가 집단 폐사하는 사고는 산소 자체의 부족보다도 산소가 없는 곳에서 발생하는 황화수소(H_2S)와 암모니아(NH_3) 때문이다. 산소가 없으면 유기물의 산화에서 전자받개의 역할을 황산이온(SO_4^{2-})이나 질산이온(NO_3^-)이 대신하여 전자를 받고 환원하는데 그 결과 황화수소와 암모니아, 메탄(CH_4) 등의 환원기체가 생성된다(〈그림 6-2〉). 이 중 메탄은 물에 잘 녹지 않으므로 기포가 되어 수면에 떠오른다. 오염이 심한 호수 바닥에서는 기포가 많이 올라오는데 이것이 바로 메탄가스이다. 한강 하류의 안양천이 합류되는 지점에서는 물색이 시커멓고 온 수면이 마치 부글부글 끓는 것처럼 메탄의 기포가 발생하는 것을 볼 수가 있다.

메탄은 공기 중으로 확산되므로 수중동물에게 큰 피해를 주지 않으나 황화수소와 암모니아는 물에 잘 녹는 기체이므로 물에 녹아 축

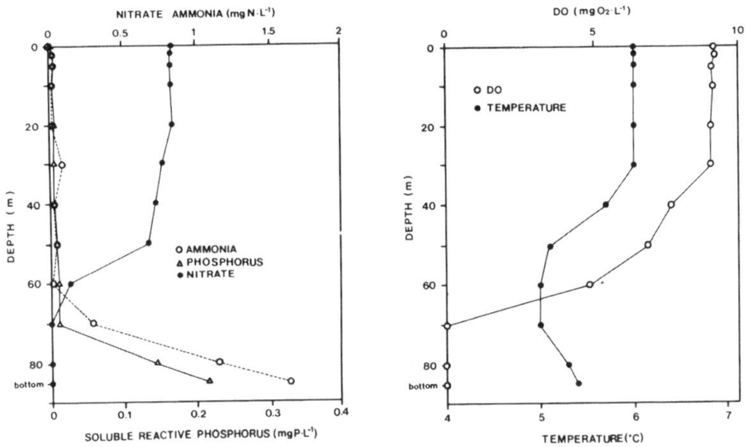

* 산소가 고갈되면 nitrate가 고갈되고 암모니아가 증가하며, 무기인의 농도가 증가하는 것을 보여준다.(1989년 1월 소양호)

자료: Cho & Kim, 1989.

〈그림 6-2〉 호수 심수층의 산소고갈과 인, 질소의 농도 수직분포

적되어 농도가 높아진다. 이 두 기체는 동물에 대해 강한 독성이 있어 어류를 죽게 할 수 있다. 호수 심층이나 유속이 느린 강의 저층에 산소가 고갈되면 유독성 환원기체가 계속 생성되어 농도가 높아진다. 어류는 산소가 없는 심층을 피해 표층에 머물게 되는데 표층에 풍부한 산소는 바람의 혼합작용에 의해 조금씩 심층으로 공급되어 환원기체를 산화 제거하는 역할을 한다. 그러나 간혹 많은 양의 환원기체가 축적된 후 폭풍 등으로 갑작스런 물의 혼합이 일어나고, 어류가 유영하는 표층으로 다량의 유독기체가 확산되는 경우에는 어류의 집단 폐사가 발생할 수 있다.

여름에 심층에 무산소층이 형성되었던 호수에서는 순환기의 초기에 심수층에 환원된 상태로 용존되어 있던 망간 등의 금속이온이 표

수층으로 이동하여 산소와 접촉함으로써 산화되어 흑갈색의 산화망간을 생성하기도 한다. 그 결과 순환기 초기에 물이 검은색을 띠는 흑수(黑水) 현상이 나타난다. 수심이 깊고 성층이 강한 소양호, 안동호, 충주호 등에서는 가을 순환기가 시작되는 시기에 이러한 현상을 볼 수 있다. 때로는 황화수소(H_2S)가 많이 생성된 곳에서는 황화수소가 표층으로 이동하여 표층수의 철 또는 망간 등의 금속이온과 결합하여 황화철(FeS), 황화망간(MnS) 등의 검은색 침전을 만들 수도 있다. 특히 지하수가 용출되는 호수에서는 많은 금속이 공급될 수 있다. 지하수에는 산소가 없으며, CO_2 농도가 높아 pH가 낮으므로 아연, 망간, 철 등의 금속 용해도가 크지만, 지표에 용출된 후에는 대기의 산소에 의해 산화되어 침전을 만든다. 이온의 농도가 높은 곳에서는 금속 침전이 호변이나 돌의 표면에 침적하여 검은색으로 변색되기도 한다. 산성의 광산폐수가 발생하는 곳에서도 금속이 침전되어 하천의 돌 표면이 변색되는 유사한 현상이 나타난다.

6. 하천과 호수의 산소 분포

호수의 산소의 근원은 대기와 광합성이다. 대기와 물 사이의 순이동 방향은 온도와 용존 산소농도에 의해 결정된다. 물속에 산소가 과포화되어 있으면 물로부터 대기로 산소가 이동하고 부족한 경우에는 대기로부터 물로 이동한다. 평형에 도달하기까지의 시간은 수면의 물의 이동에 따라 다르다. 바람이 강하고 호류가 강할 때에는 빠른 시간에 평형에 도달하지만, 물의 유동이 적으면 평형에 도달하는 시간이 오래 걸리고 과포화나 부족 현상이 나타난다.

광합성은 표수층과 호숫가 수초대에서 중요한 산소 공급 기작이다.

식물플랑크톤이 번성한 계절에는 표수층의 산소가 과포화 상태를 유지한다. 특히 광합성에 의해 생성된 산소가 누적되는 오후에 산소농도가 최고에 달하는 일주기 변화를 보인다. 수초대가 발달한 호수에서는 낮에 수초가 많은 가장자리에서 산소농도가 높아지는 수평적 변이를 보인다.

산소를 감소시키는 기작은 대기로의 확산과 생물의 호흡이다. 수중의 유기물분해가 많아 BOD가 높아지면 산소가 부족해지기도 한다. 수중의 산소농도는 수중으로의 유입과 대기로의 배출 사이에 형성되는 평형에 의해 좌우되므로 수중의 소비율이 크면 낮은 농도에서 평형이 이루어진다. 즉 산소공급 속도에 비하여 산소소비 속도가 크면 수중 DO는 낮아진다. 표수층에서는 식물플랑크톤이 분비하는 유기물로 인하여 심층보다 유기물이 많고 분해가 많이 일어난다. 따라서 산소소비가 크지만 대기로부터 산소가 공급되므로 산소고갈이 일어나지 않는다. 호수에서 유기물의 분해가 가장 많이 일어나는 곳은 저질의 표면이다. 수중의 입자상 유기물이 침강하여 쌓인 후 미생물의 활동에 의해 분해되므로 산소소비율이 크고 산소 고갈이 가장 먼저 일어난다.

하천은 대개 유속이 빠르고 혼합이 충분하여 대기와 충분히 접촉하기 때문에 산소가 부족해지는 경우가 드물다. 산소 용해도는 수온에 반비례하므로 겨울에는 높고 여름에는 낮아지면서 항상 대기의 산소에 의해 포화되어 있다. 그러나 수질오염이 심한 경우에는 하천에서도 산소고갈이 일어난다. 유기물을 많이 함유한 하수가 배출되면 유기물이 산화되는 과정에서 산소가 소비되는데 이러한 현상을 생물학적 산소요구량(BOD)이 높다고 말한다. 음식 찌꺼기가 많은 가정하수, 식품, 피혁 공장폐수, 가축배설물 등이 BOD가 높은 폐수들이다.

하천의 수면에서 대기로부터 계속 산소가 공급되고 있기는 하지만 수중의 산소소비속도가 이 공급 속도를 초과하면 산소가 고갈된다. 하수가 배출되는 곳의 바로 하류에 산소고갈 현상이 나타나고 이후 며칠을 흘러 내려가면 유기물이 거의 분해되어 다시 산소농도가 높아지는 자정작용이 나타난다.

7. 호수의 산소 수직분포 형태

1) 균일분포(orthograde)

빈영양호에서는 심층의 산소소비속도가 작으므로 심층에도 연중 산소가 충분하여 상하층의 산소농도 차이가 적다. 극도의 빈영양호에서는 표층이 수온 상승으로 산소의 용해도가 작아지므로 오히려 심층보다 산소농도가 낮아지는 분포를 보이기도 한다. 즉 산소의 감소가 생물의 소비에 의한 것이 아니라 온도 상승으로 대기 중에 휘발하는 물리적 현상인 것이다. 이와 같이 호수에서 상하층의 산소 농도가 같은 분포를 균일분포라 한다.

부영양호에서도 계절에 따라 균일분포가 나타날 때가 있다. 가을이 되면 호수에서는 상하층의 물이 혼합되는 수직혼합(또는 전도현상, overturn)이 나타난다. 표층의 물이 점차 냉각되어 밀도가 심층수보다 무거워지면 표층수가 침강하고 심층수가 표층으로 올라오는 전도가 일어나고 심층에 산소가 풍부한 표층수가 공급됨으로써 여름 동안의 무산소 상태가 해소된다. 전도현상 초기에는 심층의 무산소층과 혼합되어 표층의 산소농도가 급격히 낮아지는 변화를 보이며 수직혼합이 계속됨에 따라 심층산소농도는 계속 증가한다. 혼합이 충분한 호수에서는 이때 포화수준까지 산소가 증가하지만 수심이 깊어 혼합이 충분하지 않은 호수에서는 포화에 이르지 못하고 다시 성층기를 맞게 되기도 한다.

2) 경사분포(clinograde)

호수의 산소분포는 수질오염의 정도에 따라 영향을 많이 받을 뿐 아니라 계절에 따라 성층현상이 나타나고 물의 혼합 정도가 달라지므로 하천보다 큰 변이를 보인다. 여름에는 성층현상으로 상하층의 물이 혼합되지 않고 심층의 산소고갈이 잘 일어난다. 표층에는 수온이 높고 산소가 풍부하다. 대기와 접촉하고 있으므로 대기 중의 산소가 항상 공급될 수 있다. 또한 빛이 풍부하여 수초와 식물플랑크톤의 광합성이 활발히 일어나고 산소가 발생하여 실제로는 오히려 호수에서 대기로 산소가 공급된다(〈그림 6-3〉).

반면에 심층에는 겨울에 냉각된 찬물이 머물러 있는데 대기와의 접촉도 불가능하고 빛이 없어 광합성도 불가능하므로 산소는 생성되지 않고 계속 소비되기만 한다. 이때 심층의 산소소비속도는 표층의 유기물 생산 속도에 비례한다. 표층에서 식물플랑크톤이 많이 번성하면 광합성으로 산소를 발생하면서 유기물을 생성하고, 이 식물플랑크톤은 가라앉아 심층에서 분해되므로 심층의 산소소비속도가 커진다. 따라서 표층이 부영양화되어 광합성량이 많을수록 심층의 산소는 감소하며 산소가 완전히 고갈되어 심층이 무산소 상태가 되기도 한다. 이와 같이 상하층의 용존 산소 농도가 차이가 나는 현상을 경사분포라 한다.

부영양호에서는 심층의 산소가 부족하여 냉수 어종이 서식하기 어

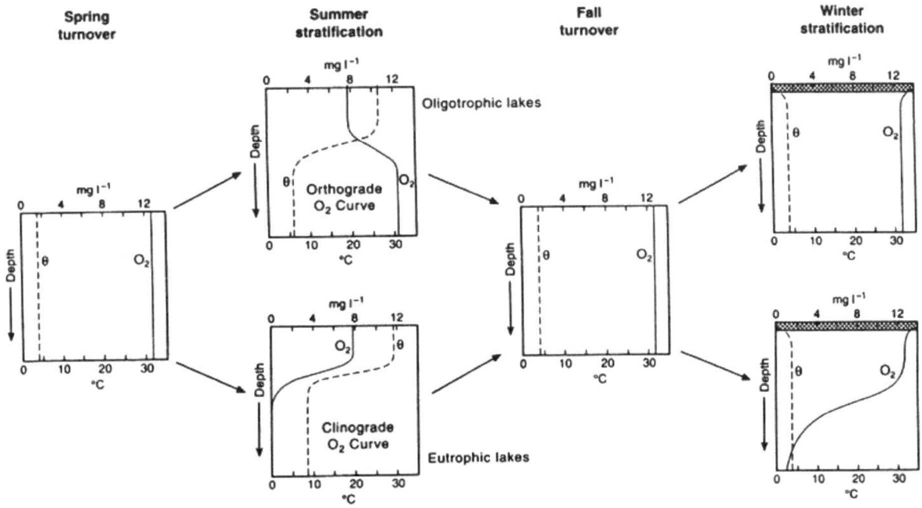

* 빈영양호와 부영양호는 여름과 겨울의 성층기에 DO의 차이를 보인다.

자료: Wetzel, 1993.

〈그림 6-3〉 온대 이순환호에서 DO 수직분포의 계절 변동

렵다. 냉수 어종은 여름에 표층의 수온이 높아 살 수 없으므로 심층의 찬물로 피신하여야 하는데 이곳에 산소가 없으니 살 수가 없는 것이다. 우리나라 농업용 저수지는 대부분이 부영양호이며 여름에는 심층에 산소가 없는 경사분포를 보인다.

산소고갈은 주로 여름에 발생하지만 겨울에 발생하는 경우도 있다. 결빙이 되면 대기와의 기체교환이 차단되므로 수중의 산소는 수초와 플랑크톤의 광합성에만 공급되는데, 투명한 얼음은 빛이 잘 투과하므로 얼음 밑에서도 광합성이 충분히 이루어질 수 있다. 그러나 눈이 덮인 경우에는 빛이 거의 반사되어 투과하지 못하고 수중은 암흑세계가 된다. 물론 광합성은 정지하고 산소도 생성되지 않고 소비되기만 한다. 이 상태가 장시간 지속되면 호수는 무산소 상태가 되고 무산소

에 견딜 수 없는 어류는 모두 죽는다. 이렇게 결빙 후 고기가 죽는 현상을 영어로 winter kill(동계어류폐사)이라고 부른다. 캐나다 같이 눈이 많이 내리는 나라에서 볼 수 있는데 winter kill이 일어나는 부영양호에서는 매년 겨울 물고기가 죽기 때문에 큰 물고기가 없다. 우리나라에서도 얼음 위에 덮인 눈이 오랫동안 녹지 않는 경우에 산소를 측정해 보면 크게 감소하거나 또는 고갈이 일어나는 것을 관찰할 수 있다. 이때 눈을 치워 빛을 투과시키거나 얼음을 깨뜨려 주면 산소를 공급하여 어류의 폐사를 막을 수 있다.

3) 이상분포(heterograde)

성층기에는 때로 중층에서 최대의 산소농도를 보이기도 한다. 이를 positive heterograde 또는 metalimnetic oxygen maximum이라 부른다. 그 원인은 광합성 생물의 밀집, 산소를 많이 가진 유입수의 중층 유입 등이다. 반대로 중층에서 최소를 보이는 예도 있는데 이를 negative heterograde 또는 metalimnetic oxygen minimum이라 부른다(〈그림 6-4~6〉).

수심이 깊은 저수지에서 전형적으로 나타나는 형태이며 우리나라에서도 흔히 관찰된다. 그 원인으로는 여러 가지를 들 수 있다. 첫째, 성층기에 난류의 세기가 약해 혼합층이 얕은 호수에서 나타날 수 있다. 표수층에서는 광합성에 기인하는 유기물이 많아 산소소비가 많으므로 산소의 공급이 없다면 산소가 심층에 비해 적을 것이다. 그러나 표면 혼합층에서는 대기로부터의 확산과 광합성에 의해 산소가 공급되므로 혼합층까지는 산소가 공급되고 그 바로 아래에서 산소 최저가 나타나는 것이다. 이 기작은 산속에 위치하여 수심이 깊고 바람의 교

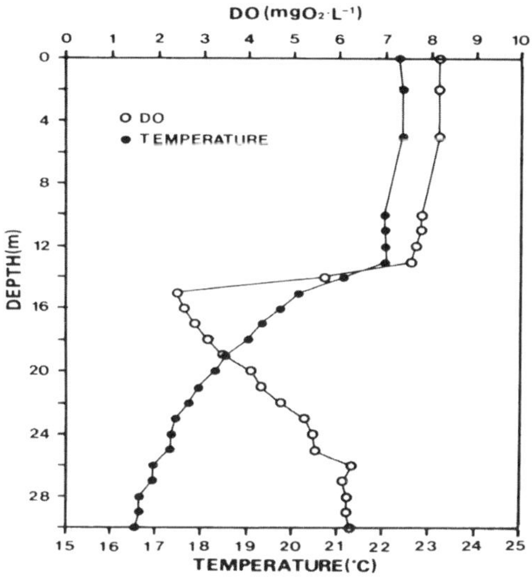

* 수심 14m까지 혼합층이고 그 바로 아래에 중층 최저층이 형성되는 모습을 보인다 (소양호 1988년 9월 28일).

자료: Kim & Cho, 1989.

〈그림 6-4〉 중층 산소 최저층의 형성에 따른 수온과 DO의 수직분포

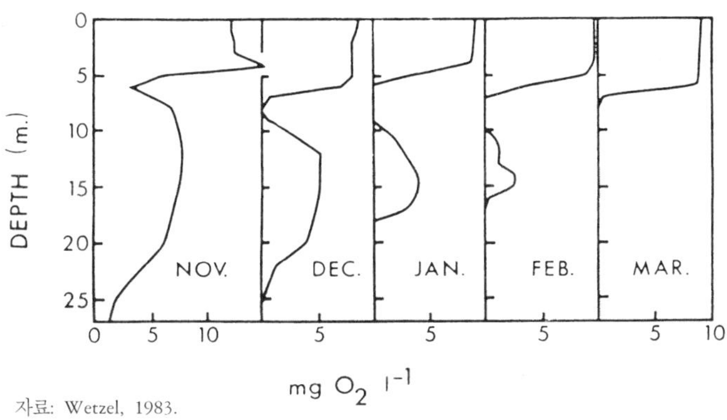

자료: Wetzel, 1983.

〈그림 6-5〉 부영양호인 뉴질랜드의 Lake Johnson에서 중층 산소 최저층 형성과 진행 과정

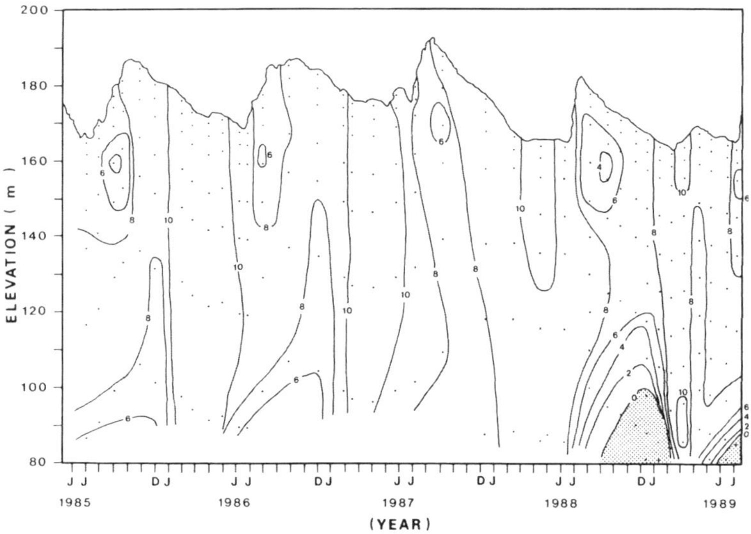

* 수위 변동이 있으며 여름 우기 후에 중층산소 최저층이 형성되고 심층에는 무산소층이 형성된다.

자료: Kim & Cho, 1989.

〈그림 6-6〉 소양호의 용존 산소 등 농도선의 시간-수심 분포

란이 적은 인공호에서 나타나는 현상으로서 우리나라의 소양호, 파로호, 대청호 등에서 흔히 나타나고 있다. 둘째, 유기물 분해가 저질 표면에서 주로 일어나므로 호수의 수층에 따라 (저질표면적)/(물의 부피)의 비가 큰 수층에서는 산소소비가 상대적으로 많아지고 산소가 소비된 물이 수평 방향으로 확산되어 중층 최소층을 형성할 수도 있다. 저수지의 중상류부에는 외부로부터 유입한 유기부유물이 많이 침강하므로 하류부보다 유기물 함량이 높고 산소소비율이 높다. 따라서 이곳과 접촉한 수층에서 산소고갈이 많이 일어나고 산소최저층이 상류 저층에서 발생하여 중층을 통하여 하류로 이동한다. 셋째, 표수층의 유기물 입자가 침강하다가 밀도가 큰 찬물을 만나 침강 속도가 감

소함으로써 수온약층 근처에 유기물 입자가 모이는 현상이다. 넷째, 동물플랑크톤이 중층에 밀집하여 산소를 소모함으로써 나타나기도 한다. 다섯째, 유기물을 많이 함유하여 BOD가 높은 유입수가 중층으로 유입하여 중층의 산소가 소비되어 나타나기도 한다.

8. 용존 산소의 일주기 변동(Diel variation)

호수 표수층의 DO는 광합성량의 변동에 따라 밤낮의 변화를 보인다. 해가 뜨고 태양광도가 보상점 이상으로 높아지면 광합성량이 호흡량보다 많아지므로 수중산소가 증가하며, 오후가 되어 광도가 보상점보다 낮아지면 다음날 아침까지 산소는 계속 감소한다. 이때 대기와의 산소교환도 함께 일어난다. 낮에는 수중 산소가 과포화되어 있으므로 물로부터 대기로 산소가 확산되어 방출되고 밤에는 반대로 대기로부터 수중으로 산소가 이동하게 된다.

산소의 일주기 변화량은 광합성량과 확산 속도에 의해 좌우된다. 부영양호에서는 광합성량이 크므로 일주기 산소 변화가 커진다. 부영양호의 오후에는 광합성에 의한 산소 발생이 누적되어 200% 이상 과포화되기도 한다(〈그림 6-7〉). 바람이 강한 곳에서는 대기와의 교환이 증가하므로 산소의 일주기 변화량이 작아지며 바람이 적은 날이나 지형적으로 바람의 교란이 적은 호수에서는 산소의 일주기 변화가 크게 된다.

이러한 산소의 일주기 변화의 특성을 이용하여 바람이 약한 날 또는 바람이 불지 않는 날을 택하여 DO의 일주기 변화를 측정하면 일차생산량을 측정할 수 있다. 이때 대기와의 기체 교환을 보정하기 위하여 시간에 따른 DO의 변화에 수면에서 대기와의 확산량을 더해준

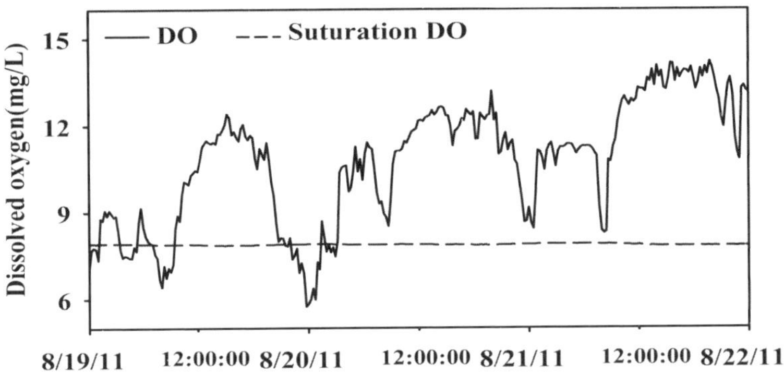

* 표층에서 과포화되어 있다(영랑호 수심 1m에서 연속측정. 자료; 김범철).

〈그림 6-7〉 부영양호의 용존 산소 일주기 변동

다. 하천의 일차생산량도 이러한 방법으로 측정하기도 하는데 이때는 상·하류의 DO 차이를 측정하고 여기에 대기와의 확산량을 더하여 계산한다.

9. 심층산소소비율(oxygen deficit rate)

성층기에 심수층의 산소는 표수층으로부터의 공급 없이 계속 감소하기만 한다. 심수층의 산소소비속도(hypolimnetic oxygen consumption rate 또는 hypolimnetic oxygen deficit rate)는 표층으로부터의 유기물 공급량에 비례하므로 빈영양호에서는 산소소비속도가 작고 부영양호에서는 크다. 부영양호의 표층에서 풍부하게 서식하는 식물플랑크톤의 사체가 침강하여 분해되기 때문이다.

DO 결핍량 계산에는 산소의 농도만 계산하는 방법도 있고 산소 대신 전자수용체 역할을 한 메탄, 황화수소 등의 환원기체의 발생량도 고려할 수 있다. DO 감소량만 계산한 결핍량을 apparent oxygen deficit이라 하고, CH_4, sulfide 등의 환원물질량을 산소소비로 환산하여 계상한 결핍량을 real deficit이라 한다.

또한 DO의 결핍량을 나타내는 방법으로서 봄 수직혼합기의 수온인 4℃에서의 DO 포화농도와 여름의 DO와의 차이를 나타내는 절대결핍량과 봄 수직순환기의 실제 DO와 여름의 DO와의 차이를 나타내는 상대결핍량의 두 가지가 있다. 두 지표가 순간결핍량은 다를 수 있으나 산소소비율은 같은 결과를 얻게 된다.

absolute deficit=(4℃에서의 DO 포화농도) − (여름의 DO)
relative deficit=(춘계 수직혼합기의 실제 DO) − (여름의 DO)

호수의 수심에 따라 심수층의 체적이 다르므로 산소소비량을 계산할 때는 산소 감소량에 각 수심별로 수층의 체적을 곱하여 산소소비량을 계산한다. 수위 변동이 큰 호수에서는 수층을 수심으로 나누는 것보다 해발고도로 나누는 것이 좋으며 중층으로 방류하는 인공호에서는 중층 유입수에 의해 산소가 공급되므로 방류구 이하의 수층을 심수층을 정의하고 산소소비율을 계산하여야 한다. 유기물의 생산과 침강은 심수층의 수면적에 비례하므로 심수층의 산소소비량을 심수층의 수면적으로 나눈 단위 면적당 산소소비율을 심층산소소비율의 지표로 사용한다.

심층산소소비율[$mgO_2/cm^2/day$]=(심수층의 산소소비량)/(심수층 수면적)/(경과시간)

Hutchinson(1957)은 심층산소소비율 0.017mgO_2/cm^2/day 이하를 빈영양호, 0.033 이상을 부영양호로 분류하였다. 소양호에서는 1986년에 0.032이던 산소소비율이 가두리 양식장이 들어선 후 1989년에 0.094까지 증가하였다(김범철 등, 1989; Cho et al., 1991).

심층산소소비율은 순간의 수질을 나타내는 지표가 아니라 장기간 누적된 유기물 분해량을 보여주므로 단기적으로 변화가 큰 순간 수질 변화에 비하여 부영양화도를 나타내는 지표로서 많은 장점을 가지고 있다. 또한 대개 월 1회 산소 수직분포 측정으로 충분히 계산할 수 있으므로 측정이 쉽다. 단, 성층이 강하여 심수층의 물교환이 없는 곳에서만 적용 가능하며 체류시간이 짧고 유입수에 의한 이류와 바람

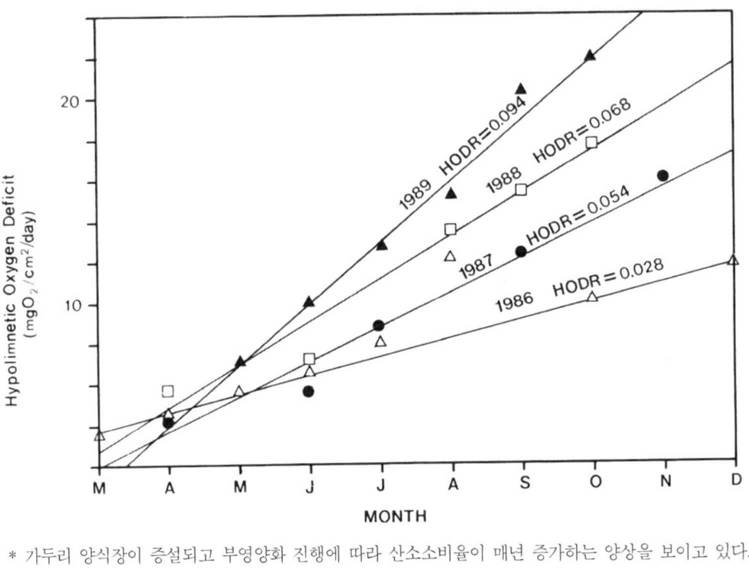

* 가두리 양식장이 증설되고 부영양화 진행에 따라 산소소비율이 매년 증가하는 양상을 보이고 있다.

자료: 김범철 등, 1989.

〈그림 6-8〉 소양호의 심층산소소비율(HODR)의 다년간 변동

에 의한 난류가 강하여 성층기에도 심층까지 산소 공급이 있는 호수에서는 적용할 수 없다(〈그림 6-8〉).

10. 용존기체 과포화(dissolved gas supersaturation)의 피해

용존 산소는 농도가 너무 높을 경우 수중동물에 해를 줄 수 있다. 산소가 과포화되면 체내에 활성산소가 증가하는데 활성산소는 세포조직을 파괴하여 성장을 저해하거나 서서히 죽게 한다. 어류나 저서동물의 종류에 따라 민감도는 다르며, 민감한 종은 15mg/L 이상의

* 2007년 12월 인북천,

자료: 김범철.

〈그림 6-9〉 부영양하천에서 부착조류의 광합성에 의한 산소과포화와 기포 발생 현상

산소에서 저해를 받는다. 산소 과잉은 특히 수심이 얕고 부착조류가 많은 부영양 하천에서 심각하게 발생할 수 있다(〈그림 6-9〉). 부착조류의 광합성이 활발한 낮에 용존 산소의 농도가 높아져 과포화되어 수중동물에 해를 줄 수 있다. 수심이 깊은 호수에서는 산소가 과포화된 얕은 곳을 피할 수 있지만 수심이 얕은 하천에서는 피할 곳이 없으므로 어류와 저서동물에게 스트레스를 줄 수 있다. 이러한 부영양화 현상은 특히 유량이 작은 갈수기에 현저히 발생한다.

산소뿐 아니라 질소도 과포화되면 수중동물에 해를 줄 수 있다. 질소는 산소보다는 독성이 작지만 질소를 포함하여 모든 용존기체는 과포화되면 어류의 혈관 내에 기포를 만들어 gas bubble disease를 발생시킬 수 있다. 혈관 내의 기포는 혈행에 장애를 주어 어류 폐사의 원인이 되며, 부레가 부풀어 올라 어류가 수면에 떠오르고 스트레스를 가하여 서서히 죽게 하기도 한다. 용존기체의 총량은 총증기압(total gas pressure)으로 측정한다. 담수에서 용존기체의 분압은 N_2, O_2, CO_2 순으로 기여도가 크다. 용존질소의 과포화는 대형 댐의 심층 방류수에서 흔히 나타나며, 호수나 하천의 부영양 수역에서 광합성이 활발한 시기에는 산소 과포화가 나타난다. 대형 댐에서는 대부분 심층에서 방류되는데 수층 10m가 증가할 때마다 1기압씩 압력이 증가하므로 높은 농도의 기체가 용해되어 있다가 방류되어 압력이 낮아지면서 과포화 현상을 나타낸다. 수온이 낮을 때는 기체의 용해도가 높으므로 많은 양의 질소와 산소가 용해된다. 이 물이 호수 심층에 저장되어 있다가 기온이 높을 때 방류되면 기체의 용해도에 큰 차이를 보이므로 과포화 현상이 나타난다. 호수의 표층에서는 대기와 서서히 기체의 교환이 이루어지므로 질소의 과포화가 발생하지 않으나 호수 심층의 냉수가 방류되어 갑자기 높은 기온을 만나 수온이 급상승하면 수중의 용해도가 급격히 저하하면서 기체의 과포화 현상이 나타난다.

캐나다에서는 용존기체 과포화도를 수질 기준으로 제안하고 있다. 수심이 깊은 곳에서는 수심 1m당 약 76mmHg의 수압이 증가하며, 용존기체의 과포화가 발생하더라도 어류가 깊은 곳으로 피신하여 피해를 줄일 수 있다. 그러므로 수심이 1m 이상인 수역에서는 최대 허용과포화를 76mmHg(약 10% 초과)로 규정하였으며 수심 1m 이하의 수역에서는 수심에 비례하여 24~76mmHg 더 강화된 기준을 제시하였다. 미국 EPA는 총 용존기체 포화도 110%를 권고 기준으로 제시하였다.

‖ 제 7 장 ‖

수중의 이산화탄소와 pH

제7장 수중의 이산화탄소와 pH

1. 이산화탄소의 역할

이산화탄소(carbon dioxide, CO_2) 농도는 호수에서 알칼리도와 pH를 좌우하는 요인이다. 수중의 이산화탄소는 대부분 free CO_2가 아니라 이온으로 존재한다. 물속에서 이온화되면 휘발성이 없어 안정화되므로 물에 대한 용해도가 크다. 대기 중의 농도는 작아 육상식물의 광합성을 제한하는 예도 있으나 수중에서는 풍부하여 광합성 생물의 성장을 제한하는 경우는 거의 없다(〈그림 7-1〉). CO_2는 호수의 pH와 완충 능력을 좌우하는 요인이므로 산성비가 내리는 지역에서는 호수의 산성화를 좌우하는 중요한 요인이다.

2. 이산화탄소의 근원

1) 대기

이산화탄소는 대기 중에 존재하며 빗물에 용해되어 pH를 낮춘다. 빗물은 대기를 통과하는 동안에 대기 중의 이산화탄소와 평형을

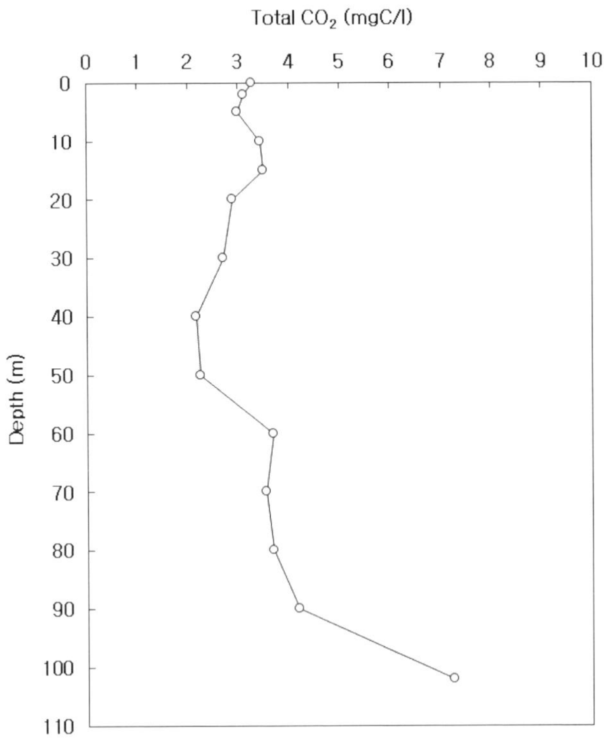

* 저질 부근의 심층에서 높은 농도를 보인다(소양호 1999년 8월 27일, 자료; 김범철).

〈그림 7-1〉 호수 내 총 무기탄소(total CO_2) 농도의 수직분포

이룬다. 대기와 평형을 이룬 빗물은 pH 5.5 정도의 약한 산성을 띤다.

2) 토양과 지하수

토양에서는 육상식물의 분해가 많이 일어나고 이 과정에서 이산화탄소가 많이 발생한다. 빗물이 토양을 통과하는 도중에 토양 중 이산

화탄소가 용해되므로 지하수에는 대개 많은 이산화탄소가 포함되어 있다. 지하수가 지표로 용출되어 대기와 접촉하면 수중의 이산화탄소가 휘발한다. 지하수가 호수 내에서 용출되는 경우에는 많은 양의 이산화탄소를 공급하게 된다.

3) 암석

암석 중에는 탄산염(carbonate)을 포함하는 종류가 있으며 지하수가 이 암석 사이를 통과하면 탄산염이 용해되어 포화된다. $CaCO_3$로 이루어진 석회암이 대표적인 예이며 이외에도 $MgCO_3$, Na_2CO_3 등이 탄산염을 포함하는 광물이다. 영월 인근의 남한강 상류 지역에는 석회암 지대가 넓게 분포하므로 남한강 물은 탄산염의 농도가 높고 이에 따라 알칼리도가 높다. 탄산수소이온(bicarbonate)과 탄산이온(carbonate)은 수중에서 가장 양이 많은 음이온이며 칼슘이온도 가장 양이 많은 양이온이므로 담수는 탄산칼슘의 묽은 용액이라고 할 수 있다. 따라서 탄산이온이 많이 용해된 물에는 전반적으로 이온의 총량이 많고 전기전도도가 높다.

4) 수중생물의 호흡

생물이 유기물을 산화할 때에는 이산화탄소가 발생한다. 호수 표수층에서는 CO_2를 환원하는 광합성이 일어나고, 이 유기물을 분해하는 곳에서는 이와 반대로 탄소를 산화하는 호흡이 일어난다. 호흡은 호수 전체에서 일어나며 특히 유기물이 퇴적되어 분해되는 저질 표면에서 활발히 일어난다. 수층에서는 식물플랑크톤의 광합성에 기인하는 유기물이 분비되고 생물의 양이 많은 표수층에서 심수층보다 활발히 일어난다. 하수 형태로 외부로부터 많은 유기물이 유입하는 곳에서는 유기물의 분해가 많아 수중의 이산화탄소 농도가 높아진다.

3. 수중에서 CO_2의 해리평형

대기 중의 CO_2가 물속에 확산되어 용해되는 과정은 다른 불활성 기체과 같으나 CO_2는 이후에 물과의 반응이 일어난다. CO_2는 물과 결합하여 수화(hydration)된 후 탄산(carbonic acid, H_2CO_3)이 된다. 이 CO_2와 H_2CO_3를 자유이산화탄소(free CO_2)라 부른다. 탄산은 약산으로서 중성조건에서 탄산 대부분은 해리되어 탄산수소이온(bicarbonate, HCO_3^-)이 되지만, pH 4.5 정도의 산성이 되면 모두 탄산이 된다. 그러나 반대로 pH가 높을 때에는 탄산수소이온이 2차 해리되어 탄산이온(carbonate, CO_3^{2-})이 된다.

자유 이산화탄소는 대기 중으로 휘발할 수 있으나 이온화된 이산화탄소는 휘발할 수 없으므로 대기와의 확산평형에 관여하지 않는다. 수중에 용해된 이산화탄소는 주로 이온 형태로 존재하여 수중에서 안정화되므로 이산화탄소는 다른 기체에 비하여 물에 대한 용해도가 크다. 탄산은 약산이므로 해리평형이 pH에 따라 크게 이동하는데 pH

	수화 (hydration)		1차해리 평형 (K_1')		2차해리 평형 (K_2')	
$CO_2 + H_2O$	$\longleftrightarrow$	H_2CO_3	$\longleftrightarrow$	$HCO_3^- + H^+$	$\longleftrightarrow$	$CO_3^{-2} + 2H^+$
Free CO_2		carbonic acid 탄산		bicarbonate 탄산수소이온		carbonate 탄산이온

〈그림 7-2〉 수중에서 CO_2의 용해와 해리과정

가 낮아지면

탄산이온 → 탄산수소이온 → 탄산 → 자유 이산화탄소

의 방향으로 평형이 이동하여 주로 자유 이산화탄소로 존재하며 pH가 높아지면 역방향으로 평형이 이동하여 주로 탄산이온과 소량의 탄산수소이온으로 존재하며 자유 이산화탄소의 양은 극히 적어진다. 따라서 pH가 낮아지면 물로부터 대기로 이산화탄소가 휘발해나가고 pH가 높아지면 물속으로 이산화탄소가 녹아들어 간다.

탄산과 탄산의 해리산물인 탄산수소이온 및 수소이온은 일정한 존재비를 가지며 평형을 이룬다. 이때 탄산의 평형상수를 구할 때 CO_2와 H_2CO_3의 평형은 구분하여 측정하기가 어렵고 분리의 의미가 없으므로 이 두 가지를 합쳐서 평형상수를 나타낸다. 따라서 탄산의 첫 번째 해리 평형상수는 다음과 같이 나타낸다.

$$K_1 = \frac{(HCO_3^-)(H^+)}{(CO_2 + H_2CO_3)}$$

해리평형은 온도의 영향을 받으며 20℃에서 K_1은 4.15×10^{-7}이다(〈표 7-1〉). 이 값에 상용대수 log를 취하여 pK_1로 나타내면 6.4가 되며 해리평형식은 다음과 같이 나타낼 수 있다.

$$pK_1 = pH + \log[(CO_2 + H_2CO_3)/(HCO_3^-)]$$

〈표 7-1〉 온도에 따른 탄산과 탄산수소이온의 해리상수의 변화

구분	0℃	5℃	10℃	15℃	20℃	25℃	30℃
$K_1' \times 10^7$	2.63	3.02	3.47	3.80	4.17	4.47	4.85
pK_1'	6.59	6.52	6.46	6.42	6.38	6.35	6.33
$K_2' \times 10^{11}$	2.34	2.75	3.24	3.72	4.18	4.68	5.13
pK_2'	10.63	10.56	10.49	10.43	10.37	10.33	10.29

물의 pH를 알면 이 평형관계로부터 탄산의 해리도를 계산할 수 있다. pH=pK일 때 자유 이산화탄소의 농도와 탄산수소이온의 농도가 같아진다. 즉, 약산은 50% 해리한다. pH가 7.4, 즉 pH=pK+1일 때에는 약 90%가 해리되어 탄산수소이온과 자유이산화탄소가 혼재하며, pH가 8.4에 이르면 약 99% 해리되어 대부분 탄산수소이온으로 존재하며 자유 이산화탄소는 없어진다. 이것은 자유 이산화탄소를 요구하는 광합성 생물의 성장을 저해하게 된다. pH가 8.4보다 높아지면 2차 해리가 중요해지기 시작된다. 2차 해리의 평형상수는 다음과 같이 나타낼 수 있다.

$$K_2 = \frac{(CO_3^{2-})(H^+)}{(HCO_3^-)}$$

또는 $pK_2 = pH + \log[(HCO_3^-)/(CO_3^{2-})]$

pK_2는 10.4이므로 pH=10.4일 때 50%가 해리하여 $(CO_3^{2-}) = (HCO_3^-)$가 된다. 결론적으로 CO_2는 pH 4.5에서는 탄산으로 존재하고, pH 8.4에서는 탄산수소이온으로, pH 12.4에서는 탄산이온으로 존재한다.

4. 이산화탄소 시스템의 완충 능력

이산화탄소로부터 생성되는 이온평형은 중성 pH에서 완충 능력을 가질 수 있으며 탄산수소이온은 호수 중에서 가장 많은 음이온이므로 호수에서 완충 능력의 주요 인자이다. 이산화탄소가 녹아 있는 물에 산이 첨가되면 탄산이온과 탄산수소이온이 탄산으로 변하면서 산을 중화한다. 반대로 알칼리 물질이 첨가되면 탄산이 해리되어 알칼리를 중화한다.

- $CO_3^{2-} + H^+ \rightarrow HCO_3^-$
- $HCO_3^- + H^+ \rightarrow H_2CO_3$
- $H_2CO_3 \rightarrow HCO_3^- + H^+$

물에 산이 첨가될 때 이를 중화하는 능력은 동일한 물질 농도에서는 pH가 높을수록 커진다. 그러나 양방향 완충 능력은 약산 용액의 pH가 pK와 같을 때 최대가 된다. 이때는 산과 알칼리의 어느 쪽이 첨가되더라도 pH의 변화가 가장 작다. 호수에서는 이산화탄소 시스템이 주요 완충 물질이며, 탄산의 pK가 6.4이므로 pH 5.4~7.4의 범위에서는 탄산수소이온의 완충 능력이 크게 작용하지만 pH가 5.4 이하로 낮아지면 크게 감소한다. 그러므로 호수가 산성화될 때에도 pH 5.4까지는 서서히 진행되지만 5.4 이하에서는 급격히 진행된다.

5. 알칼리도(alkalinity)

물의 알칼리도란 물속에 가해지는 산을 중화하는 능력(buffering capacity)을 말한다. 알칼리도라는 명칭은 pH와 혼동하기 쉬우나 pH와 직접 관계되는 것이 아니며 pH가 낮더라도 알칼리도가 더 높을 수도 있다. 알칼리도는 'pH 4.5까지 낮추는 데 필요한 산의 양'이라고 정의한다.

알칼리도의 원인 물질은 중성 근처에서는 해리되어 있으나 pH가 낮아지면 중화되는 성질을 가진 약산의 짝염기들이다. 강산의 짝염기는 pH가 4.5까지 낮아져도 중화되지 않으므로 알칼리도에 기여하지 않는다. 호수에서 알칼리도에 기여하는 물질 중 양이 가장 많은 것은 탄산수소이온이며 pH가 8.4 이상인 경우에는 탄산이온도 존재하므로 알칼리도에 기여한다. 이외에도 pH가 10 이상인 경우에는 수산이온(OH^-)의 기여도도 고려할 만하며, 농도가 높은 경우에는 인산이온(HPO_4^{2-}, $H_2PO_4^-$), 규산이온, 붕산이온 등도 알칼리도에 기여할 수 있으나 대부분 탄산수소이온과 탄산이온에 의해 기여되므로 다음과 같이 표현할 수 있다.

$$\text{알칼리도} \fallingdotseq [HCO_3^-] + 2[CO_3^{2-}]$$

우리나라의 지표수는 전체적으로 알칼리도가 낮은 편에 속하나 유역의 기반암의 종류에 따라 지역 간 차이가 있다. 소양호와 같이 기반암이 화강암인 호수에서는 알칼리도가 낮고 남한강 상류, 충주호와 같이 기반암이 석회암인 지역에서는 알칼리도가 높다. 석회암의 성분인 탄산칼슘은 불용성이며 이산화탄소를 함유한 물과 접촉하면 다음 과정에 의해 용해된다.

$$CaCO_3 + H_2O + CO_2 \leftrightarrow Ca^{2+} + 2HCO_3^-$$

불용성 탄산칼슘(석회암) 용해

알칼리도는 산을 중화할 수 있는 능력이므로 산성비가 지속되면 완충 능력이 소모되어 알칼리도가 점차 감소한다. 이산화탄소는 광합성의 재료가 되지만 수중에 풍부하므로 알칼리도는 생물의 활동에 큰 영향을 주지는 않는다. 그러나 일반적으로 알칼리도는 일차생산력에 비례하는 경향이 있다. 알칼리도가 높은 지역은 퇴적암 지대이므로 화강암 지대에 비해 암석으로부터 칼슘, 인 등의 용해량이 크다. 따라서 알칼리도가 높은 지역에서 영양염류의 자연 발생량이 크고 일차생산량이 커진다.

6. 알칼리도 측정과 CO_2 농도

호수의 알칼리도는 주로 CO_2의 농도와 pH로 결정되므로 알칼리도와 pH, 온도로부터 탄산수소이온, 자유 CO_2, 탄산이온의 농도를 계산할 수 있다. 호수의 일차생산 측정에서 수중의 총 CO_2 농도 $(=[(CO_2)+(H_2CO_3)+(HCO_3^-)+(CO_3^{2-})])$ 측정에 흔히 사용된다.

$$\underset{(\text{mmol/L})}{\text{Total CO}_2} = \underset{(\text{meq/L})}{\text{Carbonate alkalinity}} \times \frac{(H^+)^2 + (H^+)K_1' + K_1'K_2'}{[(H^+) + 2K_2'] \times K_1'}$$

정수장에서 부유물을 제거하거나 호수의 인을 침전시키기 위하여 황산알루미늄을 첨가하기도 한다. 이때 알칼리도 측정이 필요하다. 황산알루미늄은 pH를 낮추는데 pH가 6 이하로 낮아지면 인과 알루미늄이 침전되지 않으므로 과다하게 첨가하지 않도록 미리 알칼리도를 측정하여 적정 투여량을 산정한다.

7. 알칼리도 측정 방법

알칼리도는 산을 첨가하여 완충 효과가 나타나는 정도를 측정한다. 보통 적정액으로는 염산 용액을 사용하며 pH를 4.5까지 낮추는 데 필요한 산의 양을 측정한다. 종말점의 pH는 지시약 또는 pH 미터를 사용하여 측정하는데 CO_2의 농도에 따라 당량점의 pH는 약간씩 다르다.

알칼리도 측정에 가장 많이 사용하는 방법은 Gran 적정법이다. 일정 농도의 염산 용액을 자동 피펫을 사용하여 일정량씩 주입하면서 pH의 변화를 측정하여 수소이온농도를 계산하는 방법이다. 당량점에 도달하면 더 이상 수소이온을 중화할 수 없으므로 급격히 수소이온농도가 증가한다. 수소이온의 양을 산첨가량에 대하여 그래프를 그리면 당량점까지는 수소이온농도의 증가가 없으나 당량점에서 급격히 증가하므로 정확하게 당량점을 찾을 수 있다.

TOC 분석기가 있는 경우에는 총 이산화탄소 농도를 빠르게 측정할 수 있다. 이때는 반대로 총 이산화탄소 농도와 pH로부터 알칼리도를 계산할 수 있다.

8. 호수의 pH 분포

호수의 pH는 대부분 7~8의 분포를 보인다. 화강암 지대인 북한강 수계의 호수에서는 7~7.5의 분포를 보이고, 석회암 지대인 남한강에서는 8~8.5의 분포를 보인다. 부영양 수역에서는 광합성이 활발한 오후에 이산화탄소의 고갈로 인하여 pH가 9 이상으로 높아지기도 한다. 성층기에는 표수층의 pH가 높고 심층으로 갈수록 CO_2 농도가 증가하여 pH가 낮아지는 수직분포를 보인다(〈그림 7-3〉).

북아메리카의 동북부와 유럽 북부 지방에서는 산성비로 인하여 호수가 산성화되고 동물이 살지 못하는 곳이 많이 있다. 호수물의 산의 근원은 첫째, 빗물의 CO_2이다. 그러나 탄산은 약산이므로 탄산만으

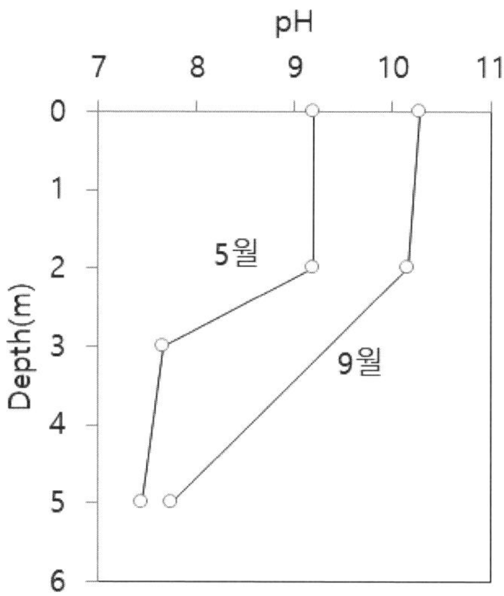

* 왕송저수지 2009년,

자료; 김범철.

〈그림 7-3〉 부영양호의 여름 성층기의 pH 수직분포

로는 pH가 5.5 이하로 내려가지는 않으며 산의 양이 적기 때문에 토양에 의해 쉽게 중화된다. 그러나 대기오염으로 SO_2, NOx가 많이 함유된 산성비가 내리면 SO_4^{2-}와 NO_3^-가 생성되어 산성화된다. 빗물의 산성화는 토양의 완충 능력을 소비하여 결국 토양이 산성화되고 이어서 하천이 산성화된다.

산성화 초기에는 비가 내린 직후, 토양의 완충 시간이 짧을 때만 간헐적으로 하천이 산성화되지만 점차 산성기간이 길어지며 궁극적으로 호수도 산성화된다. pH가 5 이하로 낮아진 호수에서는 동물플랑크톤, 어류 등의 동물이 살지 못한다. 식물플랑크톤은 산성화의 영향을 덜 받으므로 pH 4.0까지는 서식할 수 있으나 pH 4.0 이하로 내려가면 특수한 내산성 조류만이 생존할 수 있다. 그러나 산성화된 호수에서는 토양으로부터 알루미늄 용출이 증가하여 호수에 유입한 알루미늄이 인산과 결합하여 침전함으로써 인의 결핍에 의하여 식물플랑크톤이 줄어드는 빈영양화 현상이 일어나고 물이 맑아지기도 한다.

우리나라에서는 pH 4~5의 산성비가 내리고 있지만 아직 산성화된 호수는 보고되지 않고 있다. 그 원인은 확실치 않으나 토양의 완충 능력과 산성비의 양의 관계, 산성비의 역사가 짧은 점, 인위적 오염에 의한 부영양화, 황사에 의한 중화 등이 원인으로 거론되고 있다. 그러나 소양호에서 장기간 측정된 자료에 따르면 알칼리도가 점차 감소하고 있으므로 완충 능력이 작은 호수는 산성화의 우려가 있다.

화산지대에서는 지하로부터 용출된 HCl이나 황산에 의해 산성화되는 곳이 있다. 석탄 중에는 혐기성 조건에서 H_2S와 함께 생성된 pyrite (FeS_2)가 포함되어 있다. 이것이 석탄과 함께 출토되어 미생물의 산화로 황산이온을 생성하므로 탄광폐수는 산성화되어 있다. 유기물이 많이 포함된 물도 산성화되는 예가 있다. 습지호 같이 식물의 사체가 축적되어 있는 곳에서는 부식질(humic substances)이 많다. 부식질 가운데 부식산(humic acid)은 카복실기(-COOH)를 가지고 있기 때문에 pH를 낮추어 부식질이 많은 물은 pH 5~6의 산성을 띠기도 한다.

호수의 pH는 수직적 변이를 가진다. 산성물질의 유입이 없는 호수에서는 pH가 CO_2의 농도에 의해 결정된다. 호수 표층의 CO_2는 대기와 평형을 이루고 있으나 심층의 CO_2는 과포화되어 있다. 저질에 침강한 유기물이 분해되면서 CO_2가 발생하기 때문에 심층의 CO_2 농도가 높고 pH가 낮다. 표층에서는 식물플랑크톤의 광합성에 의해 CO_2가 흡수되지만 심층에서는 CO_2가 유기물로부터 방출되는 역과정이 일어난다. CO_2가 과포화된 심층수는 대기와 접촉하면 CO_2가 휘발하면서 pH가 상승한다.

1) 광합성과 pH

식물플랑크톤은 광합성 과정에서 CO_2를 흡수하므로 pH에 변화를 가져온다. 광합성이 활발하면 식물플랑크톤이 자유 CO_2를 흡수하므로 자유 CO_2의 농도가 낮아지고 〈그림 7-2〉의 CO_2 평형은 좌측으로 이동한다.

$$CO_2 + H_2O \leftarrow H_2CO_3 \leftarrow HCO_3^- + H^+ \leftarrow 2H^+ \ + CO_3^{2-}$$

그 결과 pH가 상승한다. 호수의 pH는 하루 중 광합성 속도의 변화에 따라 일주기 변동을 가진다. 아침부터 광합성이 증가하여 pH는 상승하기 시작하고, 오후에 최고에 도달한다. 일차생산력이 매우 높은 부영양호에서는 오후에 pH가 10 이상으로 상승하기도 한다. 늦은 오후부터 밤 동안에는 호흡량이 광합성을 능가하여 pH가 하강한다. 빈영양호에서는 광합성에 의한 CO_2 흡수가 적기 때문에 pH의 일주기 변동 폭이 작다. pH의 상승은 $CaCO_3$의 침전을 유발하는데 이 과정이 석회암을 생성하는 과정이다.

2) 산성화(acidification)

근래 미국과 유럽에서는 많은 호수들이 산성화되어 동물이 살지 못한다. 완충 능력 이내의 소량의 산성물질은 중탄산염에 의해 중화되어 pH의 하강을 막을 수 있다. 그러나 산성물질이 많이 유입하여 완충 능력이 고갈되면 급격히 pH가 낮아진다. 호수를 산성화시키는 산성물질의 종류로서 황산, 질산, 염산, 유기산 등을 들 수 있다. 주요 근원으로는 질산이온과 황산이온을 함유하는 산성비를 들 수 가 있다. 그 외에 습지에서는 부식산에 의한 산성화가 나타나며, 탄광지역의 갱내수가 유출되는 곳에서는 석탄 중의 황이 산화되어 만들어진 황산이 많아 산성화된다.

pH가 5 이하이면 어류와 동물플랑크톤의 성장이 저해되고, pH가 4 이하면 식물플랑크톤도 저해를 받아 특수한 내성종만이 살 수 있다. pH가 높으면 수중의 자유 CO_2가 줄어들고 HCO_3^-로 존재하므로 자유 CO_2를 선호하는 녹조류는 감소하고 HCO_3^-를 이용할 수 있는 남조류가 우점하게 된다. pH가 낮은 환경은 남조류보다는 녹조류와 규조류에 유리한 조건이다.

산성비는 먼저 토양의 완충 능력에 의해 중화되는데 토양의 완충 능력이 고갈되면 지표수가 산성화된다. 강우 시에는 빗물이 빨리 유출되어 토양과 접촉하는 시간이 줄어들므로 pH가 낮아진다. 산성화의 초기에는 하천수가 간헐적으로 강우 시에 산성화되었다가 회복되는 변동을 보인다. 이후 산성화가 지속되면 호수 전체가 산성화된다. 토양이 산성화되면 토양의 알루미늄이온이 용출되므로 산성화된 호수에서는 알루미늄이 수중생물에 저해를 준다. 첫째 알루미늄은 어류의 아가미 표면에 침착된다. 호수물은 산성이더라도 물고기의 체내는 중성을 유지하고 있는데 아가미 표면은 중성인 체액과 산성인 호수물이 접촉하는 곳이며, 이곳에 산성 호수물에 용해되어 있던 알루미늄이 침전되어 아가미의 고화를 일으키고 호흡을 방해하여 죽게 한다. 또한 알루미늄이온(Al_3^+)은 인산이온과 결합하면 불용성의 $AlPO_4$ 침전을 만들기 때문에, 인의 결핍이 발생하며 육상의 식물과 수중의 식물플랑크톤의 성장이 억제된다. 그 결과 산성화로 인한 식물플랑크톤의 감소 현상(oligotrophication)이 나타난다.

• 연습문제 •

1. pH 4에서 11까지 수중의 이산화탄소의 존재 형태비를 계산하고 그래프로 나타내시오. pH의 변화에 따라 이산화탄소의 형태가 어떻게 변화하는지에 관하여 논하시오.

2. Calculation of total CO_2(ΣCO_2) from carbonate alkalinity.

   $K_1=(HCO_3^-)(H^+)/(CO_2+H_2CO_3)$ ―――――― (1)

   $K_2=(CO_3^{2-})(H^+)/(HCO_3^-)$ ―――――― (2)

   $\Sigma CO_2=(CO_2+H_2CO_3)+(HCO_3^-)+(CO_3^{2-})$ ―――――― (3)

   $CA=(HCO_3^-)+2(CO_3^{2-})$ ―――――― (4)

   식 (1), (2), (3), (4)로부터 ΣCO_2를 CA(carbonate alkalinity)의 함수로 계산하는 계산식을 유도하시오.

3. 호수의 pH는 대개 7.0~7.5이지만 광합성이 활발한 여름 일부 수역에서는 9.0을 초과한다. 어느 호수의 alkalinity가 0.25meq/ℓ이고, pH가 7.4, 8.4, 9.4일 때 free CO_2, HCO_3^-, CO_3^{2-}의 농도를 계산하시오($pK_1=6.4$, $pK_2=10.4$로 가정). 오전에 비하여 광합성이 많이 일어난 오후에 이산화탄소의 형태가 어떻게 변화하는지 논하시오.

‖ 제 8 장 ‖

호수생태계의 인

제8장 호수생태계의 인

1. 조류 성장의 제한영양소

인(燐)은 세포막과 핵산의 주요 성분이며 생물에 필수적인 원소이다. 인이 부족하면 세포분열을 못하므로 성장이 정지된다. 생물 체내의 인 함량은 약 0.1~0.2%이며 생물의 종류와 주변 환경에 따라 함량이 크게 다르다. 인 농도가 높은 수역에서는 인의 함량이 높아지며, 조류와 박테리아 중에는 세포 내에 인을 과잉흡수하여 저장하는 종류도 있다.

인은 기체상이 없으므로 호수에 유입된 인은 탄소나 질소와 같이 대기로 방출될 수 없으며 반드시 호수 내에 퇴적되거나 하류로 유출된다. 산화가 쉬운 물질이므로 산소와 결합된 인산염(phosphate)의 형태로 존재한다. 그런데 담수에서는 수중의 오르토인산염은 Ca^{2+}, Al^{3+}, Fe^{3+} 등과 결합하여 용해도가 낮은 침전물을 만들며, 토양에 쉽게 흡착되어 수중의 농도는 낮게 유지된다. 따라서 대부분의 호수에서 생물에 필요한 원소 가운데 가장 결핍되어 있으며 조류성장의 제한영양소(limiting nutrient)로 작용한다.

리이비히의 최소의 법칙(law of minimum)에 의하면 생물의 현존량은 가장 결핍되어 있는 영양소의 양에 의해 제한된다. 이때 원소의 결핍도는 총량에 따라 좌우되는 것이 아니라 (수중의 존재량/생물의 요구량)의 비에 따라 좌우된다. 일반적으로 토양에서는 질소가 제한영양소로 작용하며 인은 토양에 흡착되어 있으므로 질소에 비하여 상대적으로 풍부하다. 그러므로 육상에서는 질소 비료를 가장 많이 사용하며 칼륨과 인은 그보다 적은 양을 사용한다. 담수에서는 인의 용해도가 낮아 대부분 인이 수중생물의 성장에 제한영양소가 되며 바다에서는 인의 용해도가 커서 인은 풍부하고 질소가 제한영양소가 된다. 담수에서도 일차 제한영양소는 인이며 인의 농도가 증가하면 질소가 다음 이차 제한영양소로 작용한다.

일반적으로 조류의 원소함량비는 원자비로 C: N: P=106: 16: 1이고 무게비로 C: N: P=40: 7: 1인 것으로 보고되며 이를 Redfield ratio라 한다. 탄소가 제한영양소가 되는 경우는 드물며 주로 인과 질소가 제한영양소가 된다. 따라서 N/P의 비가 제한영양소를 결정하는 주요인자가 된다. N/P비가 생물체 조성비인 7(원자비로는 16)을 기준으로 이보다 크면 인의 부족이 나타나고, 이보다 작으면 질소가 부족하다. 그러나 조류의 종류에 따라 N/P 생체 조성비가 2~12로 변이가 크며 영양염류의 가용성에 따라서도 변하므로 대략적으로 N/P비가 10 이상이면 인이 제한하는 것으로 볼 수 있다. 한국의 호수의 N/P비는 대개 100 이상으로 인이 부족하다.

호수의 인 농도가 제한영양소이며 식물플랑크톤의 양을 좌우한다는 사실은 여러 나라에서 인과 식물플랑크톤 현존량의 상관관계로부터 확인되고 있다. 특히 한국 호수는 다른 나라에 비해 질소의 자연배경 농도가 높은 편이어서 거의 모든 호수에서 인이 일차 제한영양소이다. 인의 농도 증가는 조류의 증가를 가져오며 따라서 동물과 미생물의 양도 증가한다.

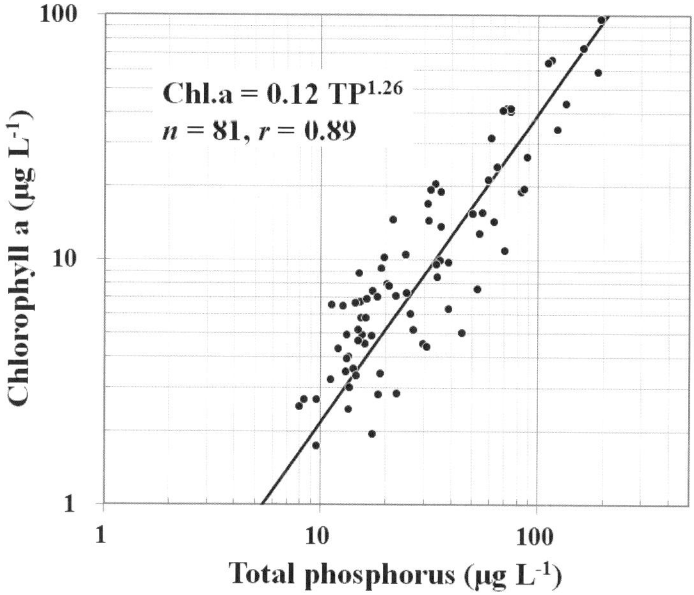

* 자료: 공동수와 김범철, 2019.

〈그림 8-1〉 우리나라 호수의 총인 농도와 식물플랑크톤 밀도의 상관관계

2. 수중 인의 존재 형태 분류

인의 분자 형태에 따라 유기인(organic phosphorus)과 무기인(inorganic phosphorus)으로 나눈다. 무기인은 orthophosphate, polyphosphate 등이고, 유기인은 인지질, 핵산 등과 같이 유기물, 즉 유기탄소와 결합되어 있는 인을 말한다. 유기물이 분해될 때 유기인은 무기인을 방출한다.

입자 크기에 따라 입자상인(particulate phosphorus)과 용존인(dissolved phosphorus 또는 soluble phosphorus)으로 분류하기도 한다. 입자 크기의

구분은 0.45㎛의 막여과지를 통과하는지의 여부로 정의한다. 그러나 막여과지는 막힘이 심하므로 실제로는 대부분 유효구경이 0.7~1.0㎛인 유리섬유여과지를 사용한다. 인의 종류는 이 두 가지 분류를 적용하면 다음 네 종류로 분류된다.

- 입자상 유기인(particulate organic phosphorus, POP)
- 입자상 무기인(particulate inorganic phosphorus, PIP)
- 용존 유기인(dissolved organic phosphorus, DOP)
- 용존 무기인(dissolved inorganic phosphorus, DIP)

이 중 PIP는 암석과 같이 불활성하여 분석 시 측정되지 않으므로 이를 제외한 나머지를 모두 합하여 총인(total phosphorus, TP)이라 한다. 용존총인(dissolved total phosphorus, DTP)은 DIP와 DOP의 합이다.

TP=DIP+DOP+POP

DTP=DIP+DOP

인의 각 존재 형태별 특성은 다음과 같다.

1) DIP

주로 orthophosphate(PO_4^{3-})이며 TP의 10% 정도를 차지한다. 실제로 DIP 측정 시에는 몰리브덴산염과 반응하는 인을 측정하는 것이므로 오르토인산염이 아닌 다른 형태의 인도 일부 포함되기 때문에 이를 DIP 대신 반응성인(reactive phosphorus)이라고도 한다. 시료를 여과한 후에 측정한 반응성인은 soluble reactive phosphorus(SRP)라 하고, 여과하지 않은 시료의 반응성인을 total reactive phosphorus(TRP)라 한다. 조류가 흡수하는 형태이므로 생물이용가능인(biologically available phosphorus, BAP)의 대부분을 차지한다. 따라서 BAP와 DIP, SRP, TRP의 양은 비슷하다.

DIP는 암석의 용해, 비료, 세제의 보조성분 등에 기인한다. 수중에서 유기물이 분해되면 DIP가 생성되므로 유기물 분해가 활발한 퇴적물 근처에서 농도가 높다. 조류가 흡수하는 형태이나 DIP의 수중의 농도는 1～20 mgP/m^{3}으로 낮으므로 생물정장에 부족 상태에 있으며 식물플랑크톤과 박테리아가 경쟁적으로 빠른 속도로 흡수한다. 하수 중에 많이 포함되어 있으며 유기물이 하수처리장에서 분해되는 과정에서 입자상인은 무기인으로 분해되므로 인을 제거하지 않은 하수처리장방류수에는 많은 양의 무기인이 포함되어 있다. DIP는 토양입자에 잘 흡착되므로 비료를 많이 사용한 농경지의 토사유출 시에는 토양에 흡착된 비료 성분이 함께 유출된다.

2) DOP

세포의 파괴 등으로 유출된 유기인은 수중에서 50% 정도를 차지하여 가장 양이 많다. 육상식물의 분해, 동물배설물, 하수 등 유기물이 함유된 곳에 함께 포함되어 있다. 수중의 무기인이 결핍되면 조류(藻類)와 박테리아는 세포 표면에 alkaline phosphatase라는 가수분해효소를 생성하여 세포 결면에 부착시키고 수중의 유기인을 가수분해하여 무기인으로 분해한 후 흡수한다. 따라서 용존유기인은 용존무기인의 거대한 잠재적 저장고의 구실을 한다.

3) POP

살아 있는 조류세포, 죽은 조류세포, 육상식물의 낙엽에 기인하는 detritus 등의 대략 1㎛ 이상의 크기를 가진 입자이다. 호수 내에서 생성되기도 하고 유역으로부터 유입되기도 한다. 총인의 30~60%를 차지하며 계절과 수심에 따라 존재량이 다르다. 식물플랑크톤의 성장기에는 표층에서 식물플랑크톤에 기인하는 내부 생성 POP의 양이 많고, 식물플랑크톤이 쇠퇴하고 분해되는 계절에는 적어진다. 폭우시에는 육상식물의 낙엽과 작물의 잔해, 축분과 퇴비 등에서 기인하는 detritus가 외부기원 POP로서 많이 유입된다. 도시하수에는 음식물찌꺼기, 배설물 등의 POP가 많이 함유되어 있다. 수심이 깊고 성층을 이루는 호수에서는 탁류가 유입하는 홍수기에 수온이 낮은 탁류가 중층으로 유입하여 중층에서 높은 POP 농도를 보인다.

3. 인 농도 측정 방법

호수의 인 농도 측정은 모두 인산이온(phosphate)과 몰리브덴산 암모늄의 반응을 이용하는 흡광광도법을 사용한다. 반응산물인 phosphoammonium molybdate는 연한 노란색을 띠는데 여기에 ascorbic acid, stannous chloride 등의 환원제를 가하면 강한 청색으로 발색되어 감도가 높아진다. 이와 같이 molybdate와 반응하는 인이라는 뜻으로 반응성인(reactive phosphorus)이라고 부르기도 한다. 시료에 ammonium molybdate을 가하면 용존무기인인 orthophosphate와 반응하는데 일부의 무기인은 입자상 물질에 흡착되어 있다가 발색시약의 산성에 의해 유리되어 ammonium molybdate와 반응할 수 있다. 따라서 용존

인을 측정하기 위해서는 시료를 미리 여과하여 입자상물질을 제거한 후 측정하며, 여과하지 않은 시료를 측정하는 경우에는 반응성인이 여과한 시료보다 높게 나타나며 총반응성인(total reactive phosphorus)이라고 부른다.

유기물과 결합된 인은 유기물을 산화하여 인산이온(phosphate)을 유리시킨 후 이를 측정한다. 유기물의 산화에는 persulfate 산화, perchloric acid 분해, 켈달 분해 등이 사용되는데, 입자가 작고 농도가 낮은 호수시료에는 주로 persulfate 분해법이 쓰인다. 저질이나 입자가 큰 생물체 등을 분석할 때에는 켈달 분해법을 사용한다. DOP는 여과한 시료의 총인을 측정하여 얻은 DTP와 여과한 시료의 DIP의 차이로부터 구한다.

빈영양호의 인 농도는 매우 낮아 검출 한계 수준이다. 인은 세제와 용기 등으로부터의 오염이 발생하기 쉬우므로 저농도의 인을 측정하기 위해서는 세심한 주의가 필요하며 흡광도 측정에는 길이가 긴 5cm 또는 10cm의 큐벳을 사용한다.

4. 호수생태계에서의 인 순환

1) 유역으로부터의 유입

유역으로부터 유입되는 인은 유역의 환경에 따라 DOP, DIP, POP의 비율이 다르다. 자연과 식생이 잘 보존된 곳에서는 주로 DOP의 형태로 유출되는데 인의 자연배경농도는 매우 낮다. 그러나 도시하수, 하수처리장 방류수, 비료 등이 유출되는 곳에서는 DIP의 유출이 많으며 높은 인농도는 인간활동의 결과이다. 유역의 토양침식이 크고

〈표 8-1〉 호수 표층에서의 인 농도

	소양호-여름 표층		소양호-가을 표층		왕송지-여름 표층		왕송지-가을 표층	
	농도 (mg/m^3)	%	농도 (mg/m^3)	%	농도 (mg/m^3)	%	농도 (mg/m^3)	%
DIP	3.0	27	3.0	25	17.0	8	36.0	18
DOP	3.0	27	4.0	33	17.0	8	17.0	8
POP	5.0	45	5.2	43	169.8	83	152.0	74
T-P	11.0	100	12.0	100	203.8	100	205.0	100

〈표 8-2〉 하천에서의 인 농도

	한강 하류		금강 하류		영산강 하류		낙동강 하류	
	농도 (mg/m^3)	%	농도 (mg/m^3)	%	농도 (mg/m^3)	%	농도 (mg/m^3)	%
DIP	5.0	12	21.5	21	104.0	66	18.0	20
DOP	5.2	12	10.5	10	10.0	6	24.0	26
POP	32.3	75	63.0	62	45.0	28	42.5	46
T-P	43.0	100	101.0	100	158.0	100	92.3	100

퇴비, 축산 분뇨 등의 비점오염원이 많은 곳에서는 POP도 많이 배출되며 DIP와 함께 많은 양이 유출된다. 하천수는 호수보다 DIP의 조성비가 더 크다. 호수에서는 인을 이용하여 조류가 성장하므로 POP의 비율이 하천에 비해 높아진다(〈표 8-1~2〉).

2) POP의 침강

외부에서 유입하는 POP는 대부분 detritus이며 표면에 박테리아와 곰팡이가 부착하여 서식하면서 서서히 입자를 분해하여 DOP와 DIP를 생성한다. 호수에 유입한 detritus는 저질 표면에 침강한 후 저질 표면에서 박테리아의 작용으로 분해된다. 입자가 크고 침강 속도가 빠른 입자는 호수의 상류부에 침강하고 작은 입자는 멀리까지 이동하며 콜로이드 크기의 입자는 수개월이 지나도 침강되지 않고 부유한다.

표수층에 서식하는 식물플랑크톤에 기인하는 POP는 식물플랑크톤의 성장에 따라 증가한다. 식물플랑크톤은 비중이 작아 침강 속도가 느리지만 동물플랑크톤이 식물플랑크톤을 먹은 후 배설하는 입자상 배설물 fecal pellet은 빠르게 침강한다. 어류의 배설물도 같은 역할을 한다. 동물플랑크톤은 식물플랑크톤과 박테리아를 먹은 후 분해산물을 배출함으로써 POP는 DIP로 변환된다. 섭식 과정에서 세포가 파괴되면서 DOP가 유출되기도 하고 완전히 소화되지 않은 DOP가 배설되기도 한다. 소화 흡수된 유기물은 동물의 체내에서 DIP로 분해되어 배설되는 재생산(regeneration) 과정에 의해 생태계에 무기인을 재공급한다. 새우, 지렁이, 우렁이, 조개 등의 저서동물도 저질의 유기물을 용존인으로 재생산하므로 저서동물의 활성은 인의 순환을 가속화한다.

3) DIP의 흡수

DIP는 대부분의 호수에서 농도가 낮아 생물 성장을 제한하는 정도로 결핍되어 있다. 수중의 광합성 생물과 박테리아는 낮은 농도의 무기인을 효율적으로 흡수하는 능력을 갖추고 있다. 수중의 DIP는 농도는 낮으나 빠른 속도로 DOP로부터 재생 공급되어 생물에 흡수되고 있으므로 전환속도(turnover rate=변화량/존재량)가 매우 빠르다. DIP는 주로 DOP의 분해로부터 공급되며 일부는 입자상 무기현탁물의 표면에 흡착되어 있다. 또한 비료, 축산분뇨, 하수 등의 유입이 있는 곳에서는 농도가 높다.

4) DOP의 분해

DOP는 수중의 생물 또는 육상식물의 세포의 파괴로부터 생성된 유기탄소와 결합된 인으로서 인을 함유하는 용존유기물의 형태로 존재한다. 유기탄소의 알코홀기와 인산이 에스터 결합(ester bond)을 이루고 있으며 에스테라아제 효소에 의해 가수분해되어 무기인을 분리시킨다. 박테리아와 곰팡이 등의 미생물은 용존유기물을 세포 표면에서 흡수하여 영양원으로 이용하며 잉여의 인은 무기인으로 배출된다. 즉, POP → DOP → DIP의 형태로 변환되고 DIP는 곧 조류에 의해 흡수되는 순환을 거친다.

식물플랑크톤도 수중의 DIP가 부족할 때는 DOP로부터 오르토인산을 분리시켜 흡수한다. 식물플랑크톤과 박테리아는 세포막의 바깥쪽에서 체외의 기질을 분해하는 여러 종류의 체외 효소(exoenzyme)를 분비할 수 있다. alkaline phosphatase는 유기인으로부터 인산이온을 분리시키는 esterase로서 생물체 내에는 여러 종류의 alkaline phosphatase가 존재한다. 그중에는 세포막의 외측에 부착하여 있거나 세포 밖으로 분비하여 체외의 유기인의 에스테르 결합을 가수분해하는 것도 있다.

이 효소는 세포 내의 인이 고갈되었을 때 수중의 유기인을 가수분해하여 무기인을 이용하기 위하여 생성된다. 수중에 인이 풍부할 때는 생성되지 않으므로 alkaline phosphatase의 활성도를 측정하여 인의 결핍도를 추정하고 부영양화도를 평가하는 데에 이용하고자 하는 시도도 이루어졌다. 또한 alkaline phosphatase의 isozyme들은 서로 Km이 달라 인이 결핍되면 Km이 낮은 효소가 생성되어 저농도의 유기인을 이용하는 것으로 보고되었다.

유기인은 박테리아에 흡수되면 유기탄소가 에너지원으로서의 역할을 가진다. 수중의 박테리아의 흡수와 조류의 phsophatase의 작용으로 DOP는 계속 분해되어 무기인을 공급한다. DIP의 농도는 낮지만 교환율이 높은 것은 DOP의 계속되는 분해 때문이다. DOP는 존재량이 많으므로 계속 조류에게 DIP를 공급하는 인의 저장고의 역할을 한다고 볼 수 있다.

5) 저질로부터의 인의 용출

저질 표면에서는 POP가 분해되어 DIP와 DOP가 생성되는데 이때 DIP는 물속과 저질토속의 철(ferric ion, Fe^{3+}), 알루미늄, 칼슘 등과 결합하여 용해도가 낮은 불활성의 침전을 형성한다. 그러므로 저질은 인을 흡착하여 영구 퇴적시킴으로써 호수 중 인을 제거하는 배출구(sink)로서 작용하며 그 결과 저질토와 저질의 간극수의 인 농도는 수층에 비해 매우 높아진다(〈그림 8-2〉).

그러나 저질 표면이 무산소 상태가 되면 산화 환원 전위가 낮아져, ferric 이온(Fe^{3+})이 ferrous이온(Fe^{2+})으로 환원되는데 이 ferrous 이온은 ferric 이온과 달리 인산과의 용해도가 크기 때문에 수중의 DIP 농도가 높아진다. Al과 결합된 인은 높은 pH에서 용해도가 커지는데 무산소 상태에서 SO_4^{2-}가 H_2S로 환원되면서 pH가 높아져 인의 용출의 원인이 된다.

여름에 부영양호의 성층기에 나타나는 현상으로서 혐기성 저질속의 간극수(pore water or interstitial water)의 무기인 농도는 수층에 비해 10^2~10^3배 높으며, 이 무기인이 확산되므로 저질 표면 바로 위의 무산소층에서는 DIP 농도가 표수층의 수백 배에 이르기도 한다. 수직

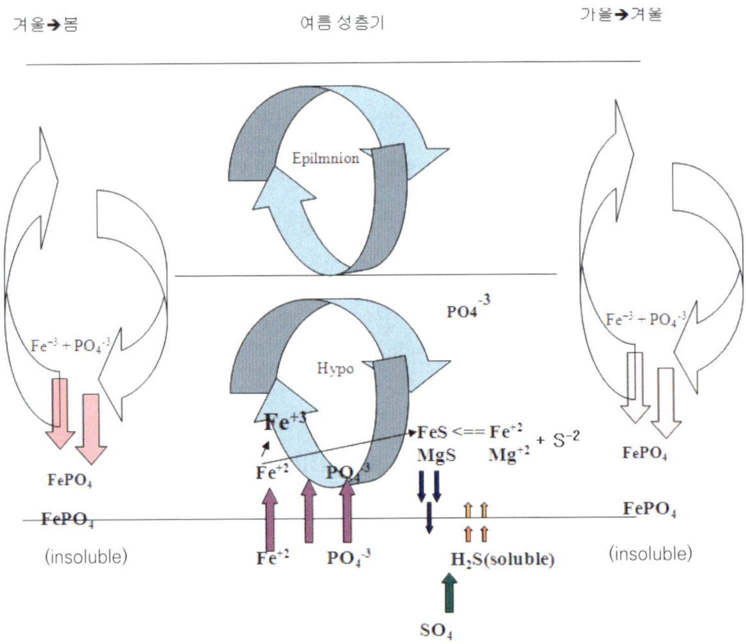

〈그림 8-2〉 호수 바닥에서 인 용출 기작

혼합기에 심층에 산소가 다시 공급되면 철이 산화되면서 용해도가 작은 ferric 이온이 생성되고 DIP는 다시 침전된다. 따라서 저질 표면이 유산소 상태인 경우와 무산소 상태인 경우를 비교하면 무산소 상태에서 더 빠른 속도로 인이 용출되어 수층으로 공급된다.

철(Fe^{3+})과 인산이온의 침전기작으로 호수의 Fe : P 비가 인의 용출과 관련이 있다. Fe : P 비가 15~20 이상이면 인의 용출이 억제되고 이 비가 10 이하이면 용출이 쉽다. 저질의 인용출은 황산이온의 농도와도 관련이 있다. 그 이유는 황산이온이 혐기성조건에서 H_2S로 환원되는데 H_2S가 철(Fe^{2+})과 결합하여 불용성의 FeS를 만들기 때문이다. 그러나 황산이온의 농도가 높은 호수에서는 pH가 높아서 인산알루미늄이 용해되어 저질의 인 용출량이 더 많을 수도 있다.

저질 표면에는 수중의 유기물이 침강하여 미생물에 의해 분해된다. 호수의 인 순환 과정 연구 초기에는 철과 관련된 화학적 침전이 저질로부터의 인의 용출을 좌우하는 것으로 제안되었으나 근래에 들어 미생물의 분해가 저질로부터 인이 용출되는 과정의 주요 기작인 것으로 인정되고 있다. 박테리아는 침강된 유기물을 분해하여 용존 유기인, 또는 용존 무기인으로 변환하여 배출한다. 또한 세포 내에는 용해되기 쉬운 polypohosphate 등의 인이 존재하므로 세포가 파괴될 때에는 용존인이 수중에 방출된다. 미생물의 분해는 호기성 조건에서 인이 용출되는데 중요한 기작이 될 수 있다. 간혹 저질이 혐기성 조건임에도 불구하고 인의 용출이 많지 않은 호수들이 보고되고 있는데 산화환원뿐 아니라 다른 요인도 작용하고 있음을 보여준다.

저질의 pH도 저질의 인 용출을 좌우하는 요인의 하나이다. pH가 9 이상으로 높아지면 알루미늄과 결합한 인의 용출이 증가하는데 호수 표층에서는 광합성이 활발할 때 CO_2의 감소에 의해 pH가 높아지는 현상이 나타난다. 혐기성 저질 표면에서는 황산이온이 환원되어 제거됨으로써 pH가 상승하고, 인의 용출이 증가하는 예도 있다.

저질로부터의 인의 용출을 줄여 호수의 부영양화를 억제하는 방안으로 심수층이 무산소 상태가 되는 부영양호의 성층기에 심수층에 산소를 공급하는 인공폭기(artificial aeration)를 실시하기도 한다. 또는 산소가 없을 때 산소를 대신하여 전자수용체의 역할을 하는 NO_3^-를 첨가하여 산화환원 전위를 높이기도 한다. 이러한 방법은 철이온의 환원을 막고 인의 용출을 억제하는 효과를 갖는다.

수초대는 저질로부터 수층으로의 인의 용출과 침강에 큰 역할을 한다. 수초는 대개 저질 속에 뿌리를 박고 있다. 수층에 비해 저질

간극수의 인농도는 100~1,000배가량 높으므로 수초는 수층보다는 저질로부터 인을 흡수한다. 수초의 잎이 고사하거나 동물에 의해 먹히면 수초 내의 인이 수중으로 용출되어 결국 저질의 인을 수층으로 용출시키는 펌프의 역할을 할 수 있다. 그러나 수초의 잎 표면에 부착된 부착조류(periphyton)의 흡수에 의해 수초로부터 용출되는 영양염류의 많은 부분이 잡히게 된다. 또한 수초가 고사하는 가을에는 체내의 영양물질이 뿌리로 이동하여 저장되므로 인 함량이 낮은 고사체가 분해되더라도 수중으로의 손실은 크지 않다.

게다가 수초대에서는 물의 유동이 감소하므로 수중의 부유물질이 침강 퇴적되어 입자상 인을 제거하는 역할을 한다. 호수 중앙부의 물이 수초대에 들어와서 입자상 물질을 침강시키고 정화된 물이 방출되므로 호변수초대는 호수 중 인을 붙잡아 퇴적시키고 표수층의 인 농도를 감소시키는 결과를 가져올 수 있다. 따라서 근래에는 호수의 부영양화를 막고 인의 농도를 감소시키기 위하여 호변수초대를 복원하는 시도가 이루어지고 있으며 인공습지를 만들어 호수로 유입하는 유입수 중의 인을 제거하기도 한다.

호수는 물이 고여 있는 곳이며 외부로부터 유입된 물질이 차츰 퇴적되어 메워지는 운명을 가지고 있다. 모든 호수에서 유입되는 인의 양이 유출되는 인의 양보다 많다. 호수 내 인의 퇴적률(retention rate, 인퇴적량/인부하량)은 호수의 체류 시간에 따라 다르다. 체류 시간이 긴 호수에서는 입자가 침강할 수 있는 시간을 가지므로 체류 시간이 짧은 호수에 비하여 더 많은 양이 호수 내에 퇴적된다. 결론적으로 저질과 수층은 끊임없이 인을 주고받는 순환과정을 가지고 있으나 순 이동방향은 저질로의 퇴적이며 저질은 인의 sink 역할을 하고 있다.

5. 호수의 총인과 식물플랑크톤의 현존량

인은 호수의 제한영양소이므로 인의 양은 호수의 식물플랑크톤의 현존량을 결정짓는 요인이다. 일반적으로 총인농도와 식물플랑크톤 밀도가 양의 상관관계를 가지는 사실이 이 관계를 뒷받침한다. 그러나 체류시간이 짧은 하천형 저수지나 부유물이 많아 빛의 투과율이 낮은 호수에서는 인의 농도에 비해 식물플랑크톤의 밀도가 낮다. 일반적으로 총 인 농도가 0.03 mgP/L 이상이면 부영양호가 되는 것으로 분류한다.

6. 생태계의 인 순환과 인간에 의한 변형

인은 궁극적으로 유역의 기반암에서 유래한다. 암석은 풍화에 의해 소량의 인을 용출시키고, 이 용존무기인은 수중 생태계로 유입되며, 수중의 인은 화학적으로 침전되고, 생물학적 과정에 의해 생물의 사체와 배설물로서 퇴적되어 암권으로 되돌아간다. 용존무기인은 플랑크톤에 이용되고, 플랑크톤은 다시 어류에 이용되고, 어류는 새들의 먹이가 되어 배설물의 형태로 바닷가에 퇴적되어 암석이 되기도 한다. 이것이 정상적인 지구생태계에서의 순환이며 암석화된 인이 지각변동으로 다시 지표에 노출되어 침식되는 데에는 오랜 지질학적 시간이 필요하다.

그러나 근래 인간은 새의 배설물이 퇴적되어 만들어진 구아노(guano)와 인광석 등을 캐내어 비료로 사용하고 있다. 그 결과 정상적인 생태계의 순환에 비하여 인의 침식과 용출을 크게 증가시켰으며 많은 담수 생태계가 부영양화되었다. 잘 짜여진 육상 생태계에서는 수중

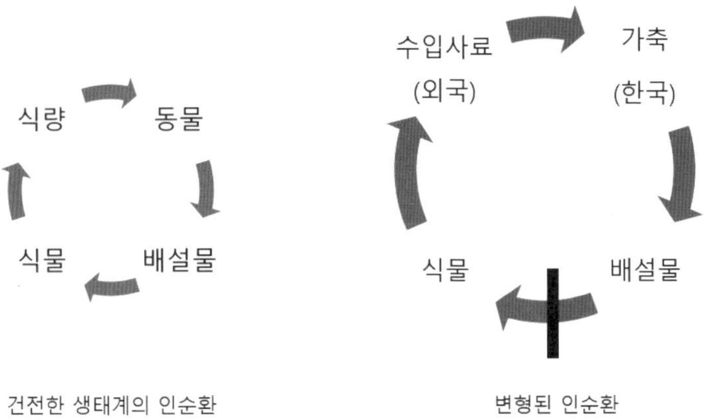

〈그림 8-3〉 건전한 생태계의 인순환과 변형된 인순환

생태계로의 영양염류 유출이 적다. 동물의 배설물은 식물에 의해 다시 흡수되며 거의 유출되지 않는다. 그러나 근래 도시화와 인구 증가로 다른 지역으로부터 식량, 사료, 비료 등이 수입 및 이용되고, 여기에 포함되어 있는 인이 지역을 옮겨 배출된다. 따라서 그 지역의 생태계가 흡수할 수 있는 용량 이상의 영양염류가 배출되어 수계가 부영양화되고 있는 것이다(〈그림 8-3〉). 인간활동이 없는 곳에서는 인농도가 빈영양호 수준을 보이며 인의 농도가 높아지는 것은 대부분 인간활동의 결과로 보면 된다.

7. One-box 인수지 모델

호수의 인 모델은 자연호의 부영양화 관리에서 유용한 방법으로 이용할 수 있다. 호수의 물질순환과정을 모두 모델링하기가 어려운 경우에는 인의 농도 변화만을 모델링하여 부영양화를 예측한다. 실제 대부분의 호수에서 인이 제한영양소이므로 인의 농도와 식물플랑크톤의 밀도는 높은 상관관계를 보이며, 인의 농도만 예측한다면 호수의 부영양화를 매우 높은 신뢰도를 가지고 예측할 수 있다. 즉, 호수의 여러 수질 항목 가운데에서 인의 농도만을 모델링하고 인의 농도로부터 기타의 다른 부영양화 현상을 경험적 상관관계로부터 추정하는 방법이다. 이 방법은 인이 제한영양소인 경우에만 적용할 수 있으며, 체류시간이 짧은 인공호에서는 유량 변동에 따른 불확실성이 크다는 단점이 있으나 자연호에서는 대체적으로 유용한 모델로 인정되고 있다.

호수의 인 모델은 인의 유입과 유출을 기본 자료로 사용하는 모델이며 일반적으로 호수 전체를 완전 혼합된 continuous stirred tank reactor(CSTR)로 간주하여 하나의 box로 가정하므로 이를 one-box phosphorus model이라 부른다. 호수의 인 증가 요인은 유입수를 통한 부하량이고 감소 요인은 방류수를 통한 유출과 저질로의 퇴적이다. 여기서 퇴적은 저질로의 침강(sedimentation)에서 재용출(regeneration)을 뺀 순 퇴적량(net sedimentation)이다. 이 관계를 기초로 하여 인수지(mass balance)를 세우면 다음과 같다(Vollenweider, 1969).

인 증가량 = 유입량 − 유출량 − 침강량

$$V\frac{dP}{dt} = QP_i - QP - \sigma PV$$

Pi는 유입수의 인농도 [mgP/m^3],

P는 호수의 인농도 [mgP/m^3],

V는 호수의 체적 [m^3],

Q는 유량 [m^3/day],

t는 시간 [day],

σ 는 인의 퇴적률 [day^{-1}] (=인퇴적량/인현존량)

호수의 인 유입량과 유출량을 측정하고 퇴적률을 추정하면 이 모델을 이용하여 호수 내 인의 농도를 예측할 수 있다. 그런데 인의 퇴적률은 호수의 수심에 따라 달라지는 함수이다. 즉, 수심이 깊은 호수에서는 퇴적률이 작고, 얕은 호수에서는 퇴적률이 크다. 그러므로 이를 범용성이 있는 침강 속도로 대치하는 것이 더 유용하다(Chapra, 1975).

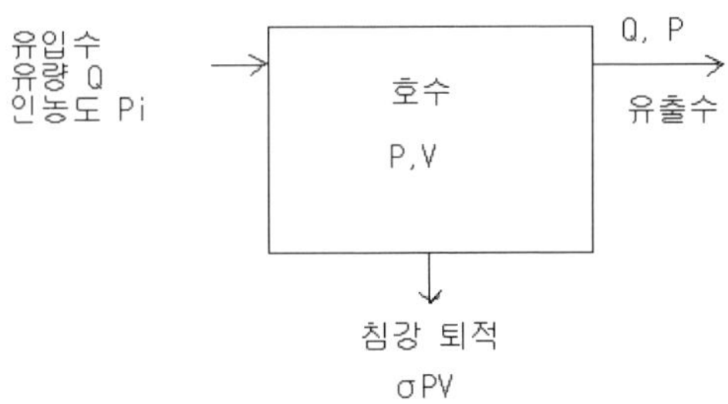

〈그림 8-4〉 호수의 one-box 인수지 모식도

퇴적률과 침강 속도, 평균 수심의 관계는 다음과 같다.

$$\sigma = \frac{v_s}{Z}$$

여기서 v_s=인의 겉보기 침강속도(apparent settling velocity[m · yr^{-1}]),
Z=평균수심[m](=V/A)
A=호수면적[m^2]이다.

$$V\frac{dP}{dt} = QP_i - QP - v_s AP$$

체류 시간이 길고 유입 부하의 계절 변동이 작은 지역에서는 장기적으로 볼 때 인 농도의 변동이 없는 정상 상태(steady state)를 가정할 수도 있다. 그러면 dP/dt=0이므로 인의 농도는 다음과 같다.

$$P = \frac{QP_i}{Q + v_s A} = \frac{L}{q_s + v_s}$$

여기서 L=수면적당 인부하량(=QP_i/A)[mg/m^2/yr]
qs=수리적 수면부하량(=Q/A)[m/yr]

침강 속도는 많은 호수의 경험적 자료에 의하여 약 10m/yr인 것으로 보고되고 있다. 그러므로 이 관계식을 이용하면 인 부하량을 예측하여 호수의 인농도를 예측할 수 있다. 그러나 체류 시간이 짧은 인공호이거나 유입 수량의 계절 변동이 큰 한국 같은 국가에서는 정상 상태를 가정할 수 없으므로 위의 모델을 적용할 수 없다.

8. 호수 내 인 농도 저감을 위한 인의 순환과정 조절

부영양화를 막는 핵심 대책은 유기물과 조류 성장의 제한영양소인 인의 농도가 증가하는 것을 막는 것이다. 유기물은 항상 인을 함유하고 있으므로 유기물이 많은 배출수에는 대개 인의 함량도 높다. 일반적으로 우리나라에서는 조류 성장의 제한영양소가 인이므로 질소 제거는 효과가 없으며, 인의 농도를 감소시키는 것이 부영양화의 근본적인 대책이다. 대도시가 없는 저수지 유역에서는 양적으로 볼 때 부영양화 원인의 기여도는 퇴비(축산분뇨), 비료, 생활하수 순이다. 그러나 대도시의 하수가 유입하는 호수에서는 생활하수와 도시지표 유출수가 큰 비중을 차지하며, 농촌 비점오염원에 비하여 모아서 처리하기가 쉬운 오염원이므로 수질 개선 대책의 우선 투자 대상이다.

일반적으로 도시하수 처리는 생물학적 처리(biological treatment) 공정에 의한 유기물 제거를 위해 만들어져 있다. 그러나 생물학적 처리의 유기물 제거 효율은 80~90%에 이르지만 인 제거율은 10~30%로 낮으므로 부영양화 방지를 위해서는 인을 제거하는 추가의 고도처리(advanced treatment) 공정이 필요하다.

하수의 인 제거율을 높이는 방법으로서는 생물학적 처리의 인 제거율을 높이는 공정(biological nutrient removal, BNR)도 연구가 많이 이루어지고 있으나 최종 처리수의 인 농도를 0.5~1.0mgP/L 이하로 낮추기는 어렵다. 그러므로 화학적 응집 침전 공정을 이용하거나 화학적 처리를 생물학적 처리와 병용하여 인을 제거하는 공정이 사용된다. 화학적 처리 공정에서는 생물학적 2차 처리의 중간 공정 또는 처리 후 공정에 인과 결합하여 불용성 침전을 생성하는 양이온을 첨가하는 방법을 사용한다. 생물학적 처리에 의해 유기물이 분해된 하수에는 무기화된 인산이온이 많이 함유되어 있으므로 여기에 철이나 알루미늄을 첨가하여 인을 응집・침전시키는 화학적 3차 처리를 거쳐야만 인을 완전히 제거할 수 있다. 선진국에서는 하수의 3차 처리에 의한 인제거가 확대되고 있다.

부영양호의 수질회복을 위해서 호수에 인을 불용화시키는 응집제를 투여하기도 한다. 주로 알루미늄을 황산알루미늄(alum, $Al_2(SO_4)_3$) 또는 polyaluminum chloride(PAC) 형태를 첨가하여 $AlPO_4$ 형태로 인을 침전시킨다. 또한 침전된 $Al(OH)_3$는 저질의 표면을 덮고 있으므로 저질로부터 용출되는 인산이온을 결합하여 불용성으로 만들고 저질로부터의 인 내부 부하량을 저감할 수 있다. 외부 부하량이 적은 자연호에서는 이와 같이 내부 부하량을 차단함으로써 장기간 수질 개선 효과를 얻고 있다. 그러나 외부 부하량이 많은 곳이나 인공호에서는 수중의 인을 침강시키고 저질 표면을 차단한다고 해도 곧 새로운 인의 유입이 있기 때문에 지속 효과가 짧다.

저질과 물의 인 교환과정은 인과 결합하여 불용성의 침전을 생성하는 칼슘, 알루미늄, 철 등의 저질 중 함량과 관련이 있다. 특히 알루미늄과 칼슘은 환원 환경에서도 재용출되지 않는 침전을 생성하여 저질의 인 흡착 능력을 높여준다.

수심이 얕고 심수층에 무산소층이 형성되는 호수에서는 호수 저질로부터의 인용출을 줄이기 위해 인공폭기로 심수층에 산소를 공급하여 산화환원 전위를 높임으로써 철의 환원에 의한 인의 용출을 억제할 수도 있다. 또는 저질 표면에 질산염($Ca(NO_3)_2$)을 첨가하여 저질표면의 산화환원 전위를 높이는 방법도 사용한다. 질산이온은 산소 대신 전자받개로 작용하여 유기물의 산화를 가능케 한다. 휘발성이 있는 산소와는 달리 질산염은 한 번에 고농도로 주입할 수 있으므로 한

번의 처리로 장기간 전자받개를 공급하고 저질의 산화환원 전위를 높일 수 있다. 이는 저질 직상부의 수층에 넣어 주기도 하고 직접 저질 표면하에 주입하기도 한다.

농경지의 퇴비와 비료 유출은 저농도로 다량 배출되는 비점오염원의 형태를 띠는 것으로써 유출 후에는 처리 방법이 없다. 따라서 적정량의 퇴비와 비료를 사용함으로써 유출을 줄이고 토양 침식을 막아 비료 유실을 억제하는 방법을 사용하고 있다. 축산 분뇨가 적절히 처리되지 않으면 강우 시 유출되므로 이를 유실하지 않도록 수거하여 보관하고 분뇨를 퇴비화하여 화학비료를 대체하고 비료 사용량을 줄일 수 있으나 퇴비도 과잉 사용하면 인의 유출이 크게 증가하므로 적정량만을 사용하여야 한다.

‖ 제 9 장 ‖

호수의 질소

제9장 호수의 질소

1. 호수에서 질소의 중요성

질소는 단백질의 구성 요소이므로 생물 성장에 필수 원소이다. 질소는 담수에서 인에 뒤어서 조류 성장의 제2제한영양소이다. 조류의 C : N : P 원자비는 106 : 16 : 1이므로 평균 N/P비는 16이다. 수중 생태계에서는 주로 인과 질소가 제한영양소이므로 N/P비로서 제한영양소를 판단한다. 이론적으로는 N/P가 16 이하이면 질소가 제한될 것으로 예상되며 동물은 먹이의 질소 함량에 따라 체 내의 질소 함량이 달라지므로 일반적으로 N/P비가 10 이하로 낮아지면 질소가 식물플랑크톤 성장의 제한영양소가 된다.

질소농도가 0.3 mgN/L 이하가 되면 조류의 성장이 제한되어 빈영양호가 된다. 질소의 자연배경 농도가 낮은 지역에서는 질소가 제한영양소로 작용하는 사례가 10~20%의 비율로 나타나는데 한국에서는 질소의 자연배경 농도가 약 1 mgN/L이므로 질소의 감소로 질소가 제한영양소가 되는 예는 적다. 그러나 인의 농도가 상대적으로 증가하면 N/P비가 작아지고 질소가 제한하는 경우가 있다.

동물의 분뇨, 퇴비, 하수 등에는 인의 함량비가 높기 때문에 하수의 유입이 많아지면 N/P 비가 작아진다. 하천의 하류의 인구 밀집 지역과 퇴비를 많이 사용하는 농경 지역의 유역을 가진 호수에서는 인의 농도가 높아 조류의 물꽃현상이 발생하는 시기에는 용존 무기질소의 일시적인 고갈이 나타난다.

암모니아는 동물에게 독성이 있다. 암모니움 이온보다 자유 암모니아가 더 독성이 강하므로 pH가 높을 때에는 암모니아의 독성이 더 커진다. 질산이온은 어린 아기의 장내에서 환원되어 청색증(blue baby)을 유발하므로 음용수의 농도를 10mgN/L로 제한하고 있다.

2. 질소의 존재 형태

질소는 다양한 산화 상태를 가지므로 여러 단계의 산화환원 과정을 가지고 있다. 가장 환원된 형태는 암모니아, 아미노산, 요소, 단백질 등으로서 -3가의 산화수를 가진다. 다음으로 질소가스(N_2)는 산화수 0을 가지는 형태이다. 암모니아 형태의 질소는 미생물에 의해 산화되면 아질산이온(NO_2^-)이 된다. 아질산이온은 +3가의 산화수를 가지는 질소인데 쉽게 질산이온(NO_3^-)으로 산화되므로 존재량이 적다(〈그림 9-1〉). 수체 내에서 단백질의 분해 과정을 보면 〈그림 9-2〉와 같다.

산화상태	-3		0		+3		+5
	NH_3, NH_4^+	→	N_2	→	NO_2^-	→	NO_3^-
	암모니아		질소		아질산이온 (nitrite)		질산이온 (nitrate)
	단백질 urea amines				HNO_2		HNO_3

〈그림 9-1〉 질소의 산화상태와 존재 형태

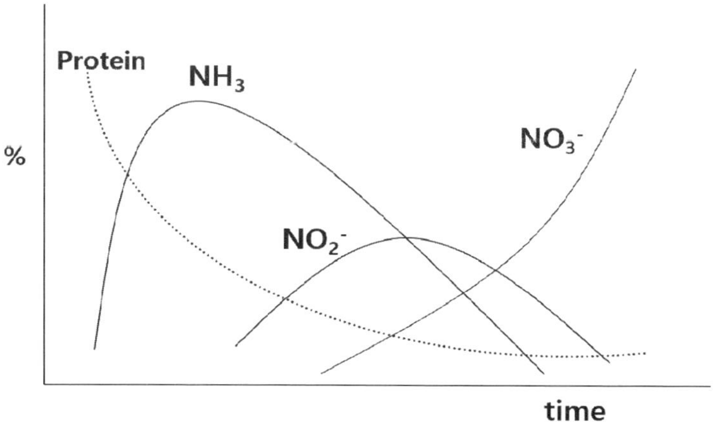

〈그림 9-2〉 수체에서 단백질의 분해 과정에 따른 질소의 존재 형태 변화

수중의 질소를 유기질소와 무기질소로 나누기도 한다. 질소가스, 암모니아, 질산이온, 아질산 이온 등은 무기질소(inorganic nitrogen)라 한다. 질소 가스는 대기의 79%를 차지하는 기체로서 수중에도 풍부하게 존재하지만 삼중 결합을 가진 생화학적으로 안정된 분자이므로 생물이 이용하기 어렵다. 그러므로 질소 가스는 일반적으로 생물권의 구성 요소로 간주하지 않으며 수중 질소의 총량을 계산할 때 제외된다. 일반적으로 수중의 무기질소는 암모니아, 아질산이온, 질산이온의 합으로 나타낸다.

$$\text{무기질소(inorganic nitrogen)} = [NH_3] + [NO_2^-] + [NO_3^-]$$

유기질소(organic nitrogen)는 유기탄소와 결합된 형태의 질소를 말한다. 주로 -3가 상태의 amine 기(-NH_2)의 형태로서 단백질, polypeptide, 아미노산, 핵산 등의 생물체 내에서 생성되는 물질들에 포함되어 있다. 암모니아는 단백질과 같은 -3가의 산화 상태로서 환원된 질소이다. 암모니아는 단백질을 만들 때 추가로 환원할 필요가 없으므로 에너지가 적게 소요되며 대부분의 조류가 선호하는 형태이다. 아질산이온은 안정성이 낮은 형태이므로 일시적으로 소량 존재하며 자연 상태에서 곧 질산이온으로 산화된다. 질산이온은 가장 산화된 형태로서 수중의 질소가 산화과정을 거쳐 궁극적으로 도달하는 형태이며 안정하므로, 수중에서 이온으로 존재하는 가용성 질소의 많은 부분이 질산이온이다.

유기질소를 측정하기 위해서는 유기물을 분해하여 암모니아나 질산이온으로 변형한 후에 측정한다. 유기질소의 분해 방법으로는 켈달(Kjeldahl)법과 과황산(persulfate)법 두 가지가 사용되고 있다. 켈달법은 황산을 첨가한 후 가열하여 유기탄소를 산화하는 분해법이며 유기질소는 암모니아로 분해되므로 분해 후 암모니아의 농도를 측정한다. 그러므로 이때 측정되는 질소는 단백질, 아미노산 등의 유기질소와 암모니아이며 이 방법으로 측정되는 질소의 양을 total Kjeldahl nitrogen (TKN)이라 한다.

TKN = 유기질소(organic nitrogen) + 암모니아

과황산법은 산화제인 persulfate를 첨가하고 가열하여 유기탄소를 산화하고, 질소는 모두 질산이온으로 산화한 후 질산이온의 농도를 측정하는 방법이다. 이 방법으로 측정된 질소의 양을 total persulfate nitrogen(TPN) 또는 단순히 총질소(total nitrogen, TN)이라 한다.

TPN(=TN) = 유기질소 + 암모니아 + 아질산이온 + 질산이온

3. 질소의 근원

수중 질소의 근원은 존재 형태에 따라 다르다. 질소 가스는 대기 중에 많이 함유되어 있으므로 대기로부터 확산되어 수중에 공급된다. 그러나 질소 가스는 불활성기체로서 생물이 이용하기 어려우므로 수중의 질소 농도는 의미가 없다.

암모니아는 질소 고정 미생물이 질소 가스를 암모니아로 환원하는 질소고정 과정에 의해 생물계에서 이용 가능한 형태로 변형된다. 토양의 질소고정 박테리아가 주요 질소고정 생물이며 수중의 시안 세균도 질소를 고정하는 종류가 있다. 암모니아는 대기 중에서 번개의 방전으로 생성되기도 한다.

인간 활동의 영향을 받는 유역에서는 동물의 배설물과 비료가 질소의 주요 근원이다. 암모니아는 대기로 휘발하여 빗물에 녹아 다른 곳에 내릴 수 있으므로 빗물이 자연배경 농도의 원인으로서 중요한 근원이다. 암모니아 일부는 토양에서 휘발하여 다른 유역으로의 이동이 가능하다.

질산이온은 대기오염에 의해 많이 공급될 수 있다. 자동차는 엔진 내에서 질소의 산화를 유발하여 대기 중에 질소산화물을 증가시킨다. 질소산화물은 빗물에 녹아 빗물을 산성화시킨다. 가정하수는 많은 유기물을 함유하고 있으므로 유기질소와 암모니아의 주요 공급원이다.

4. 호수의 질소순환

1) 질소고정

토양 속의 질소고정 박테리아에 의해 대기 중의 N_2가 암모니아로 환원된다. 수중에서는 남조류 중에 질소를 고정하는 종류가 있다. 사상체를 이루는 *Anabaena*, *Aphanizomenon* 등의 세포 가운데에는 세포벽이 두꺼운 모양이 다른 세포가 있다. 이것을 이형세포(heterocyst)라고 하는데 세포벽을 통한 산소 확산을 막고 세포 내의 생리활성도를 높여 산소를 소비함으로써 질소의 환원에 필요한 환원 환경을 만들고 질소를 고정하는 역할을 갖는다. 남조류는 주변에 질소가 풍부할 때는 질소고정을 하지 않고 질소가 부족해지면 이형세포를 만들어 질소를 고정한다. 호수에 따라 질소고정이 전체 질소 부하량의 20%에 이르는 곳도 있다. 남조류는 질소를 고정하는 능력으로 질소가 제한영양소로 작용하고 용존무기질소가 고갈된 환경에서도 성장이 가능하므로 인의 농도가 높고 조류 번성으로 수중무기질소가 고갈된 곳에서 우점하는 경향이 있다.

근대에 들어 인간은 질소비료 공장을 만들어 많은 양의 대기 중 질소를 암모니아로 전환하고 있다. 이 양은 전체 생물계에서 자연적으로 일어나는 질소 고정량과 맞먹는 양으로서 그 결과 생태계의 질소함량이 증가하고 부영양화를 초래하였다. 육상으로부터의 질소의 배출 증가는 연안 환경의 부영양화와 적조 발생의 주원인이다.

2) 조류의 흡수

식물플랑크톤은 수중의 질소를 흡수하여 단백질 합성에 이용한다. 암모니아는 단백질 합성을 위하여 환원의 필요가 없으므로 선호하는 형태이다. 암모니아가 존재할 때에는 암모니아를 우선적으로 흡수하고 암모니아가 고갈되면 질산이온으로 전환한다. 일반적으로 수중의 암모니아 농도는 낮으므로 조류는 주로 질산이온에 의존한다.

3) 암모니아화(ammonification)

유기질소는 단백질, 핵산 등과 같이 유기탄소와 결합되어 있는 형태이다. 단백질은 미생물에 의해 분해되거나 동물 체내에서 소화되면 암모니아를 유리시킨다. 즉 유기탄소 부분은 CO_2와 H_2O로 산화되고 이에 결합되어 있던 아민기는 암모니아로 유리되는 것이다. 동물은 유기물 분해 후 발생하는 질소를 암모니아, 요소(urea), 요산(uric acid) 등의 형태로 배설한다. 어류와 같은 대형 동물은 독성이 있는 암모니아를 막기 위하여 요소의 형태로 변환하여 배설한다. 요소는 수중에서 식물플랑크톤과 미생물이 분비하는 urease 효소에 의해 암모니아와 이산화탄소로 분리되어 조류에게 암모니아를 공급하는 근원이 된다.

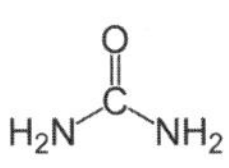

$$+\ H_2O \rightarrow CO_2 + 2NH_3$$

urea

4) 질화작용(nitrification)

암모니아는 질화 박테리아(nitrifying bacteria)에 의해 질산이온으로 산화된다. 수중의 유기탄소 에너지원이 부족해지면 질화박테리아는 암모니아의 산화로부터 에너지를 얻는 화학합성(chemosynthesis)을 한다. 이때에는 산소가 필요하므로 호기성 상태에서 일어난다. 암모니아의 산화는 두 단계로 완성된다. 첫 단계에서는 암모니아가 아질산이온으로 산화되며, 두 번째 단계에서 아질산이온이 질산이온으로 산화된다. 첫 번째 반응이 느린 반면에 두 번째 반응은 속도가 빠르므로 아질산이온은 수중에 축적되지 않으며 농도가 낮다.

$$NH_4^+ + 1.5O_2 \rightarrow 2H^+ + NO_2^- + H_2O$$
$$NO_2^- + 0.5O_2 \rightarrow NO_3^-$$

5) 탈질작용(denitrification)

질산이온은 산화환원 반응의 전자받개로서 이용되어 질소로 환원될 수 있으며 이를 탈질작용이라 한다. 탈질작용은 질산이온이 아질산이온과 N_2O를 거쳐 질소가스로 환원되는 과정이다.

$$NO_3^- \rightarrow NO_2^- \rightarrow N_2O \rightarrow N_2$$

발생한 N_2O와 N_2는 수중에 용해되었다가 궁극적으로 대기로 휘발하여 수권으로부터 대기권으로 이동한다. 탈질작용은 수중의 질소를 다시 대기로 되돌려 보내는 역할을 하므로 생태계의 질소순환의

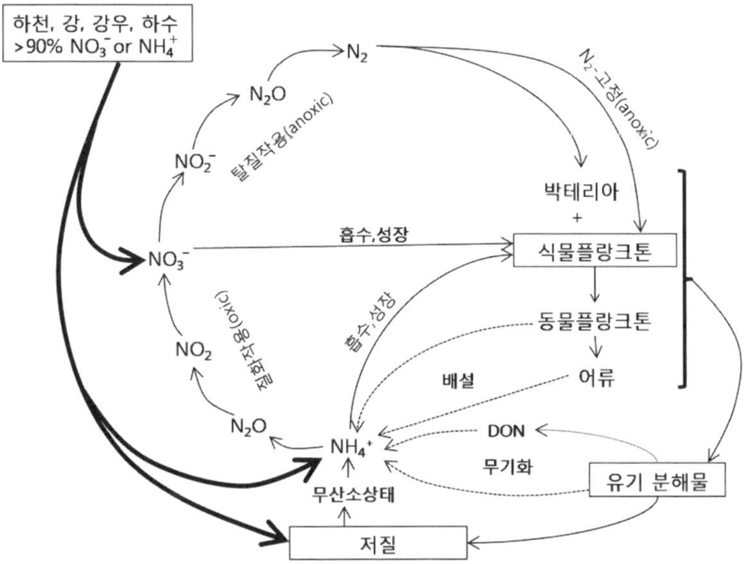

자료: Horne and Goldman, 2001.

〈그림 9-3〉 질소 순환

고리를 이어주는 중요한 작용이다.

탈질박테리아에 의해 이루어지며 유기물 에너지원이 풍부하나 산소가 부족한 곳에서 주로 일어난다. 미생물이 수중의 유기탄소를 기질로 사용하여 호흡할 때 산소의 역할을 질산이온이 대신하는 것이다. 이러한 조건은 부영양호의 심층에서 산소가 부족할 때 나타난다.

탈질작용은 부영양호의 성층기에 질산이온이 풍부한 유산소층과 산소가 결핍된 무산소층의 경계에서 일어난다. 질산이온이 산소의 역할을 대신하므로 수중의 호흡에 있어서 첫 번째 전자받개는 산소이고 두 번째 전자받개로서는 질산이온이 이용되는 것이며 그보다 산화환원전위가 더욱 낮아지면 황산이온과 이산화탄소가 전자받개로 이용된다. 따라서 산소의 고갈은 곧 이어 질산이온의 고갈로 이어진다(〈그림 9-3〉).

5. 호수의 질소분포

표층에는 산소가 충분하므로 질산이온이 많이 존재하며, 산소가 없는 심층에서는 질산이온이 환원되어 고갈된다. 저질 표면 가까이에서는 저질의 유기물 분해에서 발생하는 암모니아의 농도가 높다. 암모니아가 산화되기 위해서는 산소가 필요하므로 계절에 따라 조류가 많이 성장하는 계절에는 유기질소의 양이 증가하고 무기질소의 양이 감소하며, 조류가 적은 계절에는 조류의 흡수가 없으므로 무기질소의 양이 증가한다. 부영양호에서 여름에 조류의 물꽃현상이 일어나면 무기질소의 고갈이 발생하기 쉽다(〈그림 9-4〉, 〈표 9-1〉).

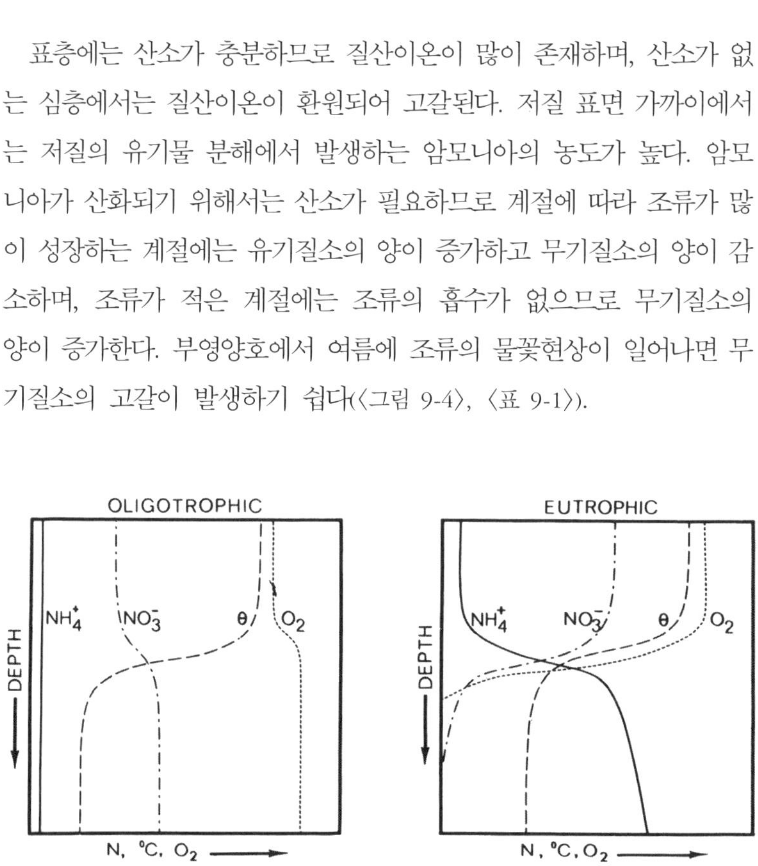

* 부영양호의 심층에서는 질산이온이 고갈되고 암모니아가 증가한다.

자료; Wetzel, 1983.

〈그림 9-4〉 빈영양호와 부영양호의 질소의 형태별 수직분포 비교

〈표 9-1〉 빈영양호와 부영양호에서 질소의 형태별 농도 비교 사례

	소양호		왕송지	
	농도(mg/L)	%	농도(mg/L)	%
NO_3^- - N	1.05	81	2.35	49
NH_3 - N	0.112	9	0.307	6
TN	1.30	100	4.79	100

우리나라에서는 질소의 자연배경 농도가 높아 청정지역에서도 TN이 1mgN/L 정도로 나타난다. 따라서 청정지역에서는 질소가 상대적으로 풍부하며 무기질소의 고갈이 나타나지 않는다. 우리나라에서 질소의 자연적인 근원은 빗물이다. 대기 중에는 육지에서 휘발한 암모니아, 자동차 배기가스에 기인하는 질소산화물 등이 함유되어 있어 빗물 중 질소는 약 1mgN/L에 이른다. 인구밀도가 높은 지역에서는 수중 TN은 주로 하수와 비료의 양에 의해 좌우된다. 하수처리장의 방류수는 많은 양의 암모니아를 함유하고 있으며, 농경 지역의 하천에서는 비료를 시비하는 여름에 질소 농도가 증가한다. 우리나라 하천의 경우에는 대개 하류에 대도시가 위치하고 있으므로 하류로 내려갈수록 질소 농도가 증가하는 경향이 있다.

‖ 제 10 장 ‖

주요 이온과 기타 용존물질

제10장 주요 이온과 기타 용존물질

1. 수중의 용존물질과 부유물질

호수의 물속에는 유역의 토양을 지나오는 과정에서 많은 물질이 용해되어 있다. 물 이외의 물질로서는 입자가 큰 부유물질, 입자가 작은 용존물질, 휘발성 기체 등을 들 수 있다. 물에 용해된 물질의 양은 105℃에서 증발시킨 후 남는 물질의 무게로 측정하며 증발잔유물(residue) 또는 고형물(solids)이라고 부른다.

용존물질은 0.45㎛ 여과지를 통과하는 물질로 정의하였지만, 통상 여과지 폐색이 적게 일어나고 화학적으로 불순물 용출이 적은 유리여과지를 사용한다. GF/C 유리 여과지를 사용하는 경우 약 1㎛ 이상의 입자가 걸러진다. 1L 중 용존물질의 총량을 호수학과 환경과학에서는 총 용존고형물 total dissolved solids(TDS)라고 부르며 해양학에서는 염분(salinity)이라고 부른다.

용존물질은 이온화된 것과 이온화되지 않은 것으로 나눌 수 있으나 무기이온의 양이 대부분을 차지하며 평균적으로 120mg/L 정도 존재한다. 이온화되지 않은 무기물질은 silica 등으로서 10mg/L 정도만 존재하며, 유기물은 아세트산 같은 이온을 가진 것이 많고 2-10mg/L

정도 존재한다.

용존물질의 측정에는 입자의 크기가 1㎛ 미만인 콜로이드 입자도 포함된다. 고분자 유기물, 생물 세포의 파편, 세포 크기가 작은 박테리아, clay, 무기침전물 등이 해당한다.

여과지에 걸러지는 입자상물질(particulate material)은 clay와 같은 무기물, 식물의 파편, 플랑크톤, 박테리아 등으로 구성되어 있다. 1L 중의 입자상 물질의 총량을 부유물질(suspended solids, SS)이라고 부른다. 부유물질의 양은 맑은 호수에서는 2mg/L 이하이나 폭우로 탁류가 유입한 경우에는 20mg/L 이상이 되기도 한다.

2. 전기전도도와 용존고형물

용존고형물이 주로 이온으로 구성되어 있기 때문에 TDS의 양은 전기전도도(electric conductivity)와 높은 상관관계를 보인다. $1cm^2$의 면적을 가진 백금판이 수중에서 1cm 떨어져 있을 때의 전기저항의 역수를 전기전도도로 정의하며 이를 비전도도(specific conductivity)라고도 부른다(〈그림 10-1〉).

TDS는 무게를 측정하는 지표이고 전도도는 전하의 당량 농도에 비례하는 지표이므로 이온의 종류에 따라 비례상수가 달라지기는 하지만 이온의 조성이 일정한 수체에서는 일정한 비례상수를 가지므로 측정이 간단한 전도도로부터 TDS의 추정치를 구할 수 있다. 해양에서 사용하는 염분계 salinity meter는 해양의 성분비가 일정하다는 성질을 이용하여 전도도를 측정하여 염분을 측정하는 기기이다.

우리나라 산간의 오염되지 않은 하천수의 전도도는 20㎲/cm로서 매우 낮지만 하류로 갈수록 오염물의 유입으로 전도도가 높아진다.

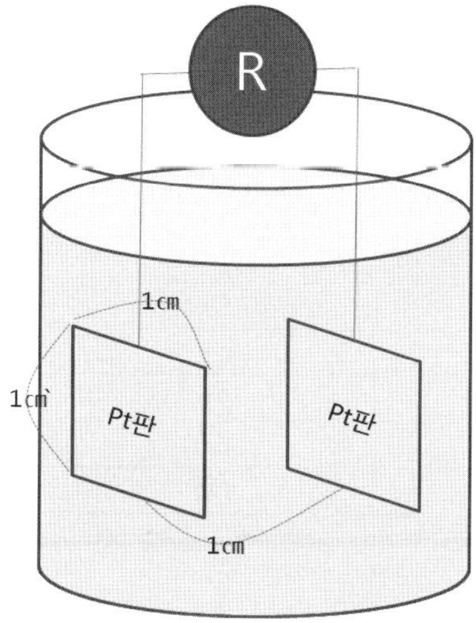

〈그림 10-1〉 비전기전도도의 정의 : 1cm²의 백금판이 1cm 간격일 때 저항의 역수

한강의 하류에서는 전도도가 200~600㎲/cm의 변이를 보이며 낙동강 하류에서는 300~800㎲/cm의 변이를 보인다. 해수의 전도도는 약 70,000㎲/cm으로서 매우 높으므로 해수의 영향이 미치는 하구에 이르면 전도도가 급격히 높아진다.

3. 담수의 주요 이온

수중의 용존물질의 대부분은 이온으로 존재한다(〈표 10-1〉). 수중의 양이온의 당량수와 음이온의 당량수는 동일하므로 이온의 분석에서 정량의 정확성을 검토하는 자료의 하나로서 당량수를 비교하기도 한다. 양이온으로서 담수에서 양이 가장 많은 것은 칼슘이온(Ca^{2+})이고, 마그네슘이온(Mg^{2+})과 나트륨이온(Na^{+})이 다음으로 많이 존재하며 칼

〈표 10-1〉 세계 하천의 주요 이온의 평균조성

이온	% (meq)	농도(mg/L)
음이온		
CO_3^{2-}	72.4	58.4
SO_4^{2-}	16.1	11.2
Cl^-	11.5	7.8
양이온		
Ca^{2+}	60.9	15.0
Mg^{2+}	19.0	4.1
Na^+	16.6	6.3
K^+	3.5	2.3

자료: Livingstone, 1963.

륨이온(K^+)이 네 번째를 차지한다. 음이온으로서 가장 양이 많은 것은 탄산수소이온(bicarbonate, HCO_3^-)으로서 70%를 차지하며, 황산이온(sulfate, SO_4^{2+})이 두 번째로 많으며, 세 번째는 염소이온(chloride, Cl^-)이다.

가장 양이 많은 양이온이 칼슘이고 가장 양이 많은 음이온이 탄산수소이온이므로 해수에서 염화나트륨이 생성되듯이 담수의 증발 잔유물로서는 탄산칼슘(calcium carbonate)이 가장 많이 생성된다. 따라서 해수를 염화나트륨의 용액이라고 표현한다면 담수는 탄산칼슘의 용액이라고 표현할 수도 있다.

그러나 유역의 기반암 조성에 따라 이온의 조성이 달라지므로 칼슘보다 마그네슘이나 나트륨이 더 많은 호수도 있으며, 황산이온이나 염소이온이 가장 많은 음이온이 되는 호수도 있다. 이러한 호수에서는 황산마그네슘($MgSO_4$), $MgCl_2$, $NaHCO_3$ 등이 증발 잔유물의 주성분이 될 수 있다.

바다와 담수의 이온 조성이 다른 것은 담수가 증발에 의해 농축되는 과정에서 용해도가 작은 이온들이 침전되기 때문이다. 즉, 용해도가 작은 칼슘과 마그네슘의 염이 침전되고 나트륨이온은 남게 되며, 음이온으로서는 탄산수소이온과 황산이온이 칼슘, 마그네슘과 침전을 만들어 제거되기 때문에 용해도가 큰 염소이온이 남는 것이다.

1) 칼슘

칼슘은 세포의 생리활동에 필요하므로 모든 생물에 필수적인 원소이며, 척추동물의 골격, 조개껍질, 식물플랑크톤의 껍질 등에 이용되기도 한다. 그러나 수중에 풍부하게 존재하므로 생물 성장의 제한영양소가 되는 경우는 없다.

칼슘은 화강암과 석회암의 성분이므로 이들 암석의 용해에 의해 공급되는데 특히 석회암에서 많이 용출된다. 광합성에 의해 CO_2가 감소하면 반대로 탄산칼슘($CaCO_3$)이 침전된다. 칼슘이 많은 물은 pH가 높아지며 산성비를 중화시키는 능력이 있다. 산성호에서는 산을 중화하기 위해 석회암을 호수에 넣어 주기도 한다.

자연적으로는 칼슘이 많은 퇴적암에서는 칼슘뿐 아니라 인도 함께 용출되므로 칼슘이 적은 호수보다 자연적으로 부영양화도가 높다. 그러나 칼슘은 인산이온을 침전시키는 능력도 있으므로 칼슘이온이 많은 호수에서는 외부에서 유입하는 인이 침전 제거되어 인위적 부영양화를 억제하는 효과가 있다.

칼슘과 마그네슘 등의 2가의 양이온은 함께 비누의 활동을 억제하고 비누의 침전을 생성하는 원인이 되므로 칼슘과 마그네슘이 많은 물을 센물 또는 경수(硬水, hard water)라고 한다. 물의 경도(hardness)는 $[Ca^{2+}]+[Mg^{2+}]$가 된다. 칼슘의 농도는 생물상에 큰 영향을 미치지 않는다.

2) 마그네슘

마그네슘은 칼슘과 비슷한 화학적 성질을 가지고 있다. 돌로마이트 ($CaMg(CO_3)_2$)는 마그네슘을 포함하고 있으며 널리 분포한다. 마그네슘은 엽록소의 중앙부에서 전자를 받고 내주는 전자 운반체의 역할을 하므로 필수적인 원소이지만 결핍되거나 과잉으로 생물에 저해를 주는 경우는 드물다. 또한 경도(hardness)의 원인이 된다.

3) 규소

규소(silica, SiO_2)는 규조류(diatoms)의 껍질(frustule) 성분을 이용하므로 규조류의 성장을 제한하는 요소가 되기도 한다. 실리카는 silicic acid(H_2SiO_4) 또는 콜로이드상의 silica, clay 등의 다양한 형태로 존재하는데 규조류가 흡수하려면 silicic acid 형태로 용존되어 있어야 한다. 규소는 장석과 석영의 성분으로서 암석의 주성분이므로 토양과 접촉한 물에는 암석의 풍화에 의해 용존 규소의 농도가 평균 13mg/L로서 규조류의 성장에 충분하지만 때로는 0.5mg/L 이하로 낮아져 규조류의 성장제한 요소가 되기도 한다.

규소의 결핍은 부영양호에서 봄에 규조류의 봄물꽃(spring bloom)이 일어날 때 주로 나타난다. 인과 질소가 풍부한 부영양호에서는 규조류의 번성에 의해 표수층의 용존규소가 고갈되고 규조류의 성장이 저하된다. 이것은 이후 초여름부터 규조류가 규소를 사용하지 않는 녹조류와 남조류로 대체되는 원인 중 하나이다.

4) 황

황은 생물의 필수 원소이지만 결핍되는 예는 없다. 황의 존재 형태는 다양한 산화 상태를 보인다(〈표 10-2〉). 주로 황산이온(sulfate SO_4^{2-})으로 존재하나 무산소 상태에서는 H_2S가 만들어지기도 한다.

황의 근원은 암석의 용해, 화석연료의 연소, 해수의 비말(spray)이다. 황산이온이 많으며 호수가 산성화된다. 호수의 산성화는 주로 산성비에 기인하는 화석 연료의 연소가 원인이다. 광산폐수에서는 석탄과 광물 속의 황이 박테리아에 의해 산화되어 황산이 만들어진다.

황의 산화는 황박테리아(sulfur bacteria)의 에너지원으로 사용하는 chemotroph에 의해 일어나기도 하고 광합성을 하는 phototroph에 의해 일어나기도 한다. 황을 에너지원으로 사용하는 *Thiobacillus*는 이 에너지를 이용하여 CO_2를 유기물로 환원하므로 이를 화학합성(chemosynthesis)이라고 부른다. Green sulfur bacteria, Purple sulfur bacteria는 광합성을 하는 박테리아로서 광합성의 전자주개로 H_2O 대신 H_2S를 이용하므로 황이 산화되고 황 알갱이가 세포 내에 만들어지기도 한다. 그러므로 이를 따서 sulfur bacteria라는 이름이 붙여졌다. 황화수소를 이용하는 광합성 박테리아는 빛이 도달하며 H_2S가 존재하는 환경이 필요하므로, 성층기에 무산소인 심수층의 상부까지

〈표 10-2〉 황의 다양한 산화 상태

산화수	-2	0	+2	+4	+6
존재 형태	$H_2S \leftrightarrow HS^- + H^+$ $HS^- \leftrightarrow S_2^- + H^+$ FeS	S	$S_2O_3^{2-}$	$SO_2 + H_2O \leftrightarrow SO_3^{2-} + 2H^+$	$SO_3 + H_2O \leftrightarrow SO_4^{2-} + 2H^+$
이름	sulfide	sulfur	thiosulfate	sulfite	sulfate

빛이 도달하는 경우에 이 경계면에서 주로 나타난다.

황의 환원은 무산소 상태에서 황환원박테리아(sulfur reducing bacteria)가 유기물 산화의 전자받개로 O_2 대신 SO_4^{2-}를 이용하여 황화수소(hydrogen sulfide, H_2S)를 만듦으로써 일어난다. 황화수소는 동물에 독성이 있어 심층의 황화수소가 표층으로 일시에 공급되면 어류의 집단 폐사가 발생한다(〈그림 10-2〉). 물에 잘 녹는 기체이며 달걀 썩는 냄새가 난다. 부영양호의 성층기 심수층, 퇴적물 속 등과 같이 산소가 없어서 Eh가 0.1V 이하로 낮아지는 환원 환경에서 생성된다. 황화수소는 용존되어 있는 철, 망간 등의 이온과 결합하여 황화물을 만들어 물 색을 검게 하므로 유기물이 많아 산소가 고갈된 물은 검은색을 띠게 된다. 호수에서는 가을에 무산소 심층수와 표층수가 섞이는 순환기에 심층의 황화물이 표수층으로 올라와 물 색이 검게 변하는 흑수 현상의 원인이 된다.

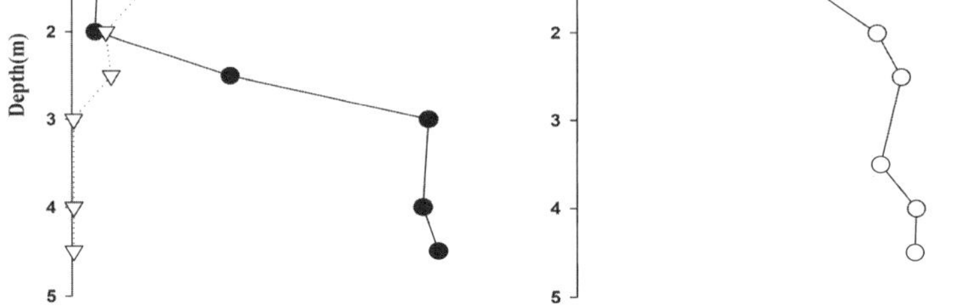

자료: 김범철, 미발표.

〈그림 10-2〉 성층화된 부영양호(영랑호 9월)에서 H_2S와 DO의 수심별 분포와 염분 성층

5) 염화이온

염화이온(chloride, Cl^-)은 생물이 많이 필요로 하지 않는 물질이다. 암석에서 자연 발생하며 사람의 분뇨가 유입되면 음식에 기인하는 염소로 인하여 농도가 높아지므로 인분의 오염을 추정하는 간접적 지표가 될 수 있다. 염화이온은 물에 잘 녹고 침전을 만들지 않으며 생물의 활동에 의해 변화를 겪지 않으므로 매우 안정하여 염소이온의 농도가 다른 수괴(water mass)를 추적하는 추적자(tracer)로 이용하기도 한다.

하수처리장에서 처리 후 방류수를 염소 소독하는 경우에는 산화력이 강한 염소(chlorine, Cl_2)가 잔류하여 방류되기도 하며 유기물을 산화시킨 염소는 환원되어 염화이온이 만들어진다. 발전소의 냉각수에서는 파이프 내에 담치 등의 부착생물이 서식하는 것을 방지하기 위하여 주기적으로 염소 소독을 실시하기도 한다. 이때 염소가 방류되어 주변의 어류가 몰사하기도 한다.

4. 산화환원전위(Redox potential)

1) 산화환원전위의 정의

산화환원전위(redox potential, Eh)란 어떤 물질이 전자를 받아들여 환원되려고 하는 경향, 즉 다른 물질을 산화시키려는 경향으로서 금속 전지의 원리와 같다. Eh는 pH에 따라 변하므로 pH7에서 측정하여 E7이라고 한다. 산화환원전위가 높은 물질은 +극의 역할을 하고 산화환원전위가 낮은 물질은 전자를 내주는 −극의 역할을 한다. 산화환원전위는 상대적이므로 전극의 쌍의 조합에 따라 +극과 −극이 결정된다. 즉, 전자를 받아들이는 경향이 더 강한 쪽이 +극이 되는 것이다. 따라서 수소전극을 기준 전극으로 삼아 0V로 정하고 다른 전극은 이와 비교하여 전위를 측정한다.

$$H_2 \rightarrow 2H^+ + 2e^-$$

수소전극은 사용이 불편하므로 실제로는 사용이 간편한 칼로멜 전극 등의 표준 전극을 사용한다.

호수의 물도 수중의 물질의 산화환원 경향에 따라 서로 다른 Eh를 가진다. 전자를 내주는 전자주개(electron donor)가 많으면 Eh가 낮아 −극이 되기 쉽고 전자를 받는 전자받개(electron acceptor)가 많으면 +극이 되기 쉽다. 호수에서 전자주개는 유기물, Fe^{2+}, H_2S 등이며, 전자받개는 O_2, NO_3^-, Fe^{3+} 등을 들 수 있다.

호수에서 Eh가 높은 상태는 전자 수용체는 많고 전자는 부족하여 전자를 받아들이는 경향이 강한 것을 뜻하는데 이러한 환경은 DO가 높고 유기물이 적은 상태를 말한다. 즉 빈영양 상태에서는 Eh가 높아진다. 반면에 Eh가 낮은 상태는 DO가 낮아 전자받개는 없는 반면에 유기물, 환원기체 등의 전자주개는 풍부한 상태를 말한다. 부영양호의 성층기 심층이 이에 해당한다.

Eh의 변화는 산화와 환원이 쉬운 금속이온 등의 물질의 산화와 환원을 좌우하여 금속의 존재 형태를 결정하는 요인이다. DO의 감소에 따라 Eh는 낮아지며 환원 경향의 순서에 따라 반응이 일어난다. 산소가 부족해지면 다음으로 환원되는 것이 질산이온이며 이후 철과 황의 환원이 차례로 일어난다.

〈표 10-3〉 호수 중의 산화환원과정이 일어나는 Eh와 이때의 DO

환원반응	E7(V)	DO (mg/L)
$NO_3^- \rightarrow NO_2^-$	0.45 - 0.40 이하	4.0 이하
$NO_2^- \rightarrow NH_3$	0.40 - 0.35	0.4
$Fe^{3+} \rightarrow Fe^{2+}$	0.30 - 0.20	0.1
$SO_4^{2-} \rightarrow S_2^-$	0.10 - 0.06	0.0

2) 산화환원전위와 철 및 망간의 용해도

수중에 존재량이 적은 원소를 미량원소(trace element)라고 부른다. 철과 망간은 미량원소 중에서 비교적 양이 많은 원소이다. 담수 중 용존 철의 양은 10~300㎍/l 정도 존재한다. 철은 이온의 형태로 존재하기도 하고 유기물과 착화합물을 형성하여 용존되어 있기도 하다. 이온은 쉽게 산화환원을 일으키므로 전자를 주고받는 매개체로서 이용된다. 산화된 형태는 ferric ion(Fe^{3+})이라고 하며 환원된 형태는 ferrous ion(Fe^{2+})이라고 하는데 산소의 농도에 따라 산화환원전위가 달라지면 쉽게 산화환원이 일어난다. 유기물은 카르복실산 등의 음이온을 가지고 금속 양이온과 결합하기도 한다. 이러한 유기물과의 결합은 안정하여 chelation이라고 하며 용해도 이상의 금속이온이 수중에 용존할 수 있게 하므로 생물의 금속이온 결핍을 막아 준다. 유기물은 중금속 오염이 발생하는 경우에 금속과 착화합물을 형성하여 세포에 대한 독성을 완화시켜 주기도 한다.

3) 흑수현상(매수현상)

Eh의 변화와 금속의 변화는 밀접한 관련이 있다. 철과 망간 등의 금속은 Eh가 낮은 환경에서는 환원되고 Eh가 높아지면 산화되는 변화를 쉽게 보인다. 환원된 이온은 용해도가 크고 산화된 이온은 용해도가 작기 때문에 수중 산소의 농도 변화에 따라 Eh가 변하고 금속의 용존량도 변한다. 부영양호의 성층기 심층에서는 무산소 상태가 만들어지며, 유기물이 많이 퇴적되어 분해가 일어나는 저질 속에서도 낮은 Eh가 나타나 금속의 환원이 일어나며 용해도가 커진다. 순환기가 되어 산소가 공급되면 이들 금속은 곧 산화되어 불용성의 침전을 형성하고 서서히 바닥으로 침강한다. 따라서 이때 용존금속의 농도는 다시 낮아진다. H_2S가 많이 생성된 호수에서는 H_2S가 금속과 결합하여 FeS 등의 황화물을 많이 만들며, 이들은 대개 검은색을 띠므로 순환기에 일시적으로 물이 검은색으로 변하는 흑수 현상을 나타낸다. 수중에서 흔히 높은 농도로 나타나는 망간은 산화되면 갈색을 띠게 되는데 가을 순환기에 산소가 공급되면서 표층으로 확산된 망간이 산화되어 짙은 갈색을 띠며 흑수 현상의 흔한 원인 중 하나이다. 일본에서는 이 흑수 현상을 매수(煤水) 현상이라 부르고 있다. 안동호와 충주호 등에서도 부영양화가 심하던 시기에 10~11월에 흑수 현상이 나타난 사례가 있다.

4) 산화환원전위의 계절변화와 인의 용출

철의 용해는 인의 용출과도 관계가 있다. 산화된 철(Fe^{3+})은 인과 결합하면 용해도가 매우 작아 침전을 형성한다. 그러나 철이 환원되어 Fe^{2+}가 되면 용해도가 증가하므로 철과 함께 인의 농도도 증가한다. 그러므로 저질의 표면이 혐기성이 되면 저질로부터의 인의 용출이 크게 증가한다. 이러한 성질을 이용하여 저질로부터의 인의 용출을 감소시키기 위하여 심층에 인공적으로 폭기를 하여 산소를 공급하기도 한다.

‖ 제 11 장 ‖

호수의 저질과 물질순환

제 11 장 호수의 저질과 물질순환

1. 저질의 특성 지표

호수 바닥의 퇴적물(sediment)을 저질(底質) 또는 저니(底泥)라고 부르기도 한다. 저질의 특성을 나타내는 지표로서는 유기물 함량, 입도 분포, 분급도(같은 크기의 입자들이 모인 정도) 등이 있다.

저질의 입도 분포는 저질을 구성하는 입자들의 크기분포를 말한다. 저질의 입자크기에 따라 점토(clay), 실트(silt), 모래(sand), 자갈(gravel), 등으로 구분한다. 호수에서는 대부분의 저질이 점토, 실트, 모래로 구성되어 있으므로 이 세 가지 입도 성분의 상대적 조성비에 따라 저질의 입도 특성을 나타낸다.

저질의 유기물 함량은 고온에서 유기물을 산화시키고 무게 감소를

〈표 11-1〉 저질의 입도 구분

구분	입자 크기
점토(clay)	< 2㎛
실트(silt)	2-63㎛
모래(sand)	> 63㎛
자갈(gravel)	> 2mm

측정하는 강열감량(ignition loss) 측정법, COD를 측정하여 유기탄소로 환산하는 방법, 원소분석기로 탄소 함량을 측정하는 방법 등을 사용하여 측정한다. 호수 퇴적물의 근원에 따라 육상에서 유입한 외부 기원(allochthonous) 퇴적물과 호수 내 생물의 사체 등에 기인한 내부 생성(autochthonous) 퇴적물로 나눌 수 있다.

2. 부영양호와 빈영양호의 저질 비교

부영양호에서는 유역으로부터 유입하는 유기물과 토양이 많고 빈영양호에서는 적다. 빈영양호에서는 퇴적물 표면까지 산소가 충분히 존재하므로 유기물의 산화가 잘 일어나며 퇴적물의 유기물 함량이 적기 때문에 갈색 또는 회색의 밝은 색을 띤다. 외부에서 유입하는 유기물과 토양의 양이 적으므로 퇴적양이 적다. 식물플랑크톤의 양도 적으므로 내부생성 퇴적물의 양도 적다.

부영양호에서는 퇴적물의 양도 많고 유기물의 함량도 높다. 유기물이 많으므로 이를 먹이로 하는 저서생물(benthos)의 양이 많고 저서생물이 뚫은 구멍, 입자형배설물(fecal pellet)의 흔적 등 생물의 서식에 따른 흔적이 많다. 이를 스웨덴의 용어로 유짜(gyttja)라 하며 copropel(분변성 진흙. 분변이라는 뜻의 Kopros(dung)와 진흙이라는 뜻의 pelos(mud)의 합성어)이라고 부르기도 한다. 구성성분은 부식질(humus), 육상식물의 파편, 진흙(clay) 등의 외부기원 퇴적물과 규조류의 껍질을 비롯한 식물플랑크톤 세포, 동물의 배설물 등의 내부 생성 유기물이다.

과영양호 또는 유기물로 심하게 오염된 호수의 퇴적물은 검은색을 띠고 저서생물이 살지 못한다. 산소가 고갈된 환원 환경에서는 산화환원 전위가 낮아져 황이 환원되어 황화수소(hydrogen sulfide, H_2S)가 생성된다. 황화수소는 수중의 철 등의 금속이온과 결합하여 검은 색의 황화합물을 만들어 퇴적물이 검은색을 띠게 한다. 이 퇴적물을 sapropel(썩은 진흙의 뜻)이라 부르며, 산소부족과 유독성 황화수소의 발생으로 저서생물이 살지 못하므로 구멍이나 배설물 등의 copropel 구조가 없다.

표면이 산화된 부영양호의 copropel의 경우에도 저질층의 표층에서는 산소가 공급되어 copropel을 형성하지만 산소가 공급되지 않는 깊은 곳에서는 혐기성 상태가 되어 sapropel이 만들어지는 경우가 많다. 검은색의 sapropel도 공기 중에 노출되거나 산소가 공급되면 갈색으로 변한다. 부영양호에서는 계절에 따라 심층 산소의 농도가 변하므로 겨울 혼합기에는 갈색, 여름 성층기에는 검은색을 띠기도 한다.

고층 습원과 같이 부식질이 많은 호수에서는 유기물의 분해가 느리고 많은 양이 축적되기도 한다. 대개 무기이온이 결핍되고 산성화되어 부유생물과 미생물의 성장이 저해되고 유기물의 분해가 불완전하여 유기물이 퇴적물 대부분을 차지한다. 이러한 호수를 영양결핍호(dystrophic lake)라고 하며 이 호수의 유기퇴적물을 스웨덴 용어로 뒤(dy)라고 부른다. 부식산(humic acid)을 비롯한 부식질, 부식산과 Ca, Mg와의 침전 등이 주요 구성 물질이고 C/N비가 10 이상으로 높다.

3. 계절에 따른 퇴적량의 변동

호수의 퇴적물은 계절에 따라 양과 성분이 달라지기도 한다. 흙탕물이 유입하는 홍수기에는 많은 양의 무기물이 퇴적되어 유기물이 적은 퇴적물이 쌓이고 식물플랑크톤이 많이 번성하는 계절에는 유기물 함량이 높은 퇴적물이 쌓이므로 계절에 따른 층리가 만들어진다. 이를 varve라 한다.

4. 호수 내 저질의 입도분포

호수 내로 유입한 부유물질과 유사는 호수 내에서 서서히 침강한다. 입경이 큰 모래 입자들은 침강 속도가 빠르므로 호수 내 하천유입부 근처에서 퇴적된다. 입도 10㎛ 이하의 작은 실트와 점토 입자들은 더 멀리 이동하여 유입부로부터 수 km 떨어진 곳에서는 저질이 실트와 점토만으로 구성된다. 따라서 호수에서는 수심이 얕은 주변부의 저질 입도가 크고 중앙부로 갈수록 입도가 작아지는 횡방향의

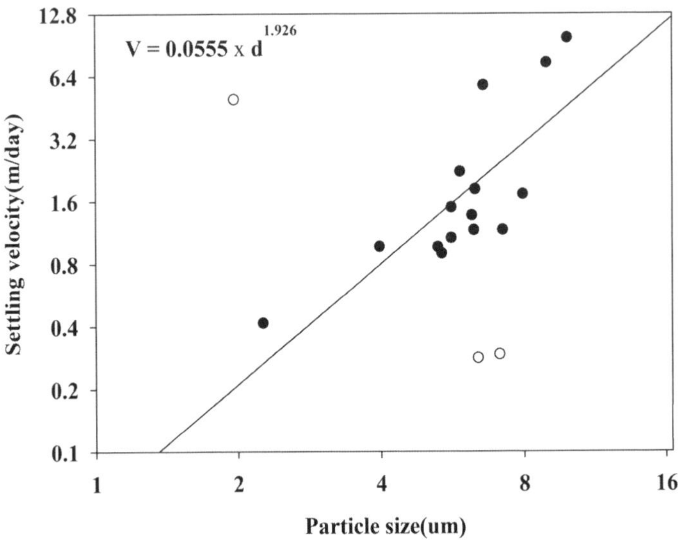

* 침강 속도는 입경의 제곱에 비례한다(○; 탁도가 낮아 회귀분석에서 제외함.

자료: 김범철 미발표 자료.

〈그림 11-1〉 소양호 내 부유물질의 평균입경(d)과 침강속도(v)의 상관관계

수평분포를 가지며, 인공호에서는 상류에서 하류 방향으로의 물의 흐름이 있으므로 상류로 갈수록 입도가 크고(coarse) 하류 방향으로 갈수록 입도가 작아지는(fine) 종방향의 수평분포 구배도 가진다

5. 저질 성분의 분포

저질은 외부에서 기인한 부유물질(allochthonous sediment) 과 내부에서 생성된 물질(autochthonous sediment)로 구성된다. 외부에서 유입하는 물질로는 유사(bed load), 부유토사(suspended sediment), 유기쇄설물(debris; '드브리'로 발음함) 등이 있다. 무기물과 유기물의 비율은 유역의 토지 이용도와 교란 행위에 따라 달라진다. 토목공사, 고령지 농업, 산사태 등의 토양 교란 행위가 있으면 무기물 성분이 많아지며, 반대로 삼림이 잘 보전된 곳에서는 무기토양의 침식은 적으나 낙엽의 분해에서 발생하는 유기성 debris가 주성분이 된다.

호수 내부생성퇴적물은 주로 식물플랑크톤의 사체이다. 특히 규조류는 수중의 용존규소(dissolved silica)를 흡수하여 SiO_2 성분의 세포벽(frustule)을 만드는데 frustule은 분해가 느려 호수 내에 영구퇴적된다. 식물플랑크톤의 현존량이 클수록 호수 내에서 생성되는 저질의 양이 많아지며 부영양호에서는 유기물의 호수 내 생성량이 많아진다. 그러나 저질의 유기물 함량은 생성량 또는 일차생산력과 비례하지 않는다. 외부에서 유입하는 무기퇴적물의 양이 많으면 호수 내에서 생성되는 유기성 퇴적물이 무기물에 의해 희석되어 유기물 함량이 낮아진다.

일반적으로 상류에서는 외부기원 퇴적물이 많고 하류로 갈수록 내부생성 퇴적물의 기여도가 증가한다. 특히 삼림이 우거진 지역에서는

홍수기에 많은 양의 낙엽 debris가 유입하여 호수 유입부에서 퇴적된다. 따라서 호수 상류부에는 많은 debris의 퇴적으로 인하여 저질이 혐기성이 되며 메탄이 다량 발생하기도 한다.

‖ 제 12 장 ‖

호수의 유기물

제 12 장 호수의 유기물

1. 유기물과 수중생태계

유기물(organic matter)은 환원된 탄소를 기본 골격으로 가지며 생물체내에서 생성되는 물질들을 지칭한다. 지구상의 다양한 생물들은 생태계에 축적되는 유기물을 이용할 수 있도록 진화하였으므로 자연계에서 생물이 생성하는 유기물은 모두 생물이 분해할 수 있는 물질들이다. 유기물은 광합성생물에 의해 빛에너지를 이용하여 합성한 것이며, 태양의 빛에너지가 화학에너지로 변환되어 만들어진 에너지 저장물질이다. 생태계의 에너지는 유기물이라는 화학에너지의 형태로 유입되고 먹이연쇄를 따라 순환하며, 분해된다. 따라서 유기물의 양은 생태계의 에너지 함량이라 할 수 있다.

유기물이 분해되는 과정은 산소를 생성하는 광합성의 역반응에 해당하는 과정으로서 유기탄소와 수소를 산화하기 위하여 전자수용체를 필요로 한다. 전자수용체로서는 산소가 우선적으로 이용되므로 유기물은 수중의 산소를 소비하는 물질이 된다. 육상 생태계에서는 유기물의 축적이 많은 것이 바람직하지만 수자원을 이용하는 측면에서는 일반적으로 바람직하지 않으며 수질오염으로 간주한다. 빈영양호에서는 유기물량이 많아지면 수산 자원의 생산량이 증가하지만 유기물 함량이 지나치게 많으면 수중 산소의 고갈이 일어나 그에 따른 수중동물의 폐사, 정수과정에서 발암성 염소소독부산물의 생성, 정수비용 증가 등의 피해를 초래한다. 따라서 호수의 유기물 함량이 지나치게 증가하는 것은 수질오염으로 간주하고 있다.

2. 호수 유기물의 형태별 분류

1) POC와 DOC

수중 유기물은 입자의 크기에 따라 입자성유기물(particulate organic matter; POM)과 용존유기물(dissolved organic mater; DOM)로 분류할 수 있다. POM의 기원은 수중의 조류와 박테리아 세포, 미소생물, 낙엽과 같은 식물의 잔재로부터 만들어진 detritus, 동물의 배설물 등이다. DOM의 기원은 낙엽 등의 육상식물의 분해로 만들어진 유기물, 식물플랑크톤의 세포로부터 분비되는 유기물, 동물의 배설물 등을 들 수 있다. DOM은 부식질(humic substances)이 주종을 이루며 이외에 유기산, 탄수화물, 아미노산, 지방산 등이 포함되어 있다.

유기물의 양은 무게, 칼로리 함량, 탄소량, 화학적산화제 소비량(COD), 강열감량 등으로 측정할 있다. 유기물은 C, H, O, N, S 등의 원소로 구성되어 있으며 모든 유기물은 탄소를 포함하고 있다. 탄소는 유기물의 무게의 45%를 점유하는 주요 성분이고 광합성 속도 측정도 탄소량을 단위로 비교적 정확하게 측정할 수 있기 때문에 유기물의 양을 비교하고자 할 때 흔히 유기탄소의 총량으로 나타낸다(Riemann and Sondergaard, 1986). 총유기탄소(total organic carbon; TOC)

는 POC(particulate organic carbon)와 DOC(dissolved organic carbon)를 합한 값이며, 실제 유기물 농도를 측정할 때에는 TOC 농도보다는 POC와 DOC로 구분하여 측정하는 경우가 많다.

DOC는 TOC analyzer를 사용하여 측정한다. 유기물은 산화되면 CO_2, H_2O, NO_2, SO_2 등의 기체로 변환된다. TOC analyzer는 유기물을 산화하여 발생하는 CO_2 가스의 양을 IR 흡광기로 측정함으로써 유기물 중에 함유된 탄소의 양을 측정한다. 유기물을 산화하는 방법으로는 고온에서 연소하는 방법(high temperature combustion)과 산화제인 persulfate를 첨가하고 자외선을 조사하여 습식·분해하는 방법(wet oxidation)이 사용되고 있다. 일반적으로 담수에는 DOC보다 더 많은 양의 무기탄소(DIC)가 함유되어 있으므로 DOC를 측정할 때는 무기탄소를 제거하여야 한다. 무기탄소를 제거하기 위해서는 산을 첨가하여 HCO_3^-이온을 free CO_2로 바꾸고 CO_2-free air를 불어넣어 CO_2를 휘발시켜 제거한다. 무기탄소를 모두 휘발시킨 후 측정되는 CO_2는 모두 유기물에서 발생한 것으로 간주하여 유기탄소의 양을 측정한다. 또 다른 방법은 시료의 일부는 연소장치를 통과하여 총탄소(Total C)를 측정하고, 일부는 산화과정을 거치지 않고 무기탄소(Inorganic C)만을 측정하는 것이다. 유기탄소는 TC와 IC의 차이로서 계산할 수 있다.

호수 내의 DOC 농도는 식물플랑크톤의 종조성 및 현존량에 따라 변하는데 봄과 가을에 식물플랑크톤이 대량 번식할 때에 DOC가 높다(Hama and Handa, 1987). 여름 성층기에 호수의 DOC 농도의 수직 분포를 보면 심층보다 표층에서 높다(Wetzel, 1972). 그러나 수심이 얕은 일본의 Suwa호에서는 수심에 관계없이 일정한 분포를 보였다(Takeo and Handa, 1983). 호수의 DOC 농도는 수체의 생산력에 따라 달라지는데 영양 상태가 증가할수록 DOC 농도도 증가한다(Wetzel et al., 1972; Ochiai and Hanya, 1980; Hama and Handa, 1980; Amon and Benner, 1994). 세계 여러 호수에서 빈영양한 호수의 경우 DOC 농도가 1~3mg/L, 중영양호는 2~4mg/L, 그리고 부영양호에서는 3~34mg/L 범위를 보인다(Thurman, 1985).

일반적으로 하천과 호수의 대부분의 유기물은 DOC 형태로 존재하며, POC는 TOC의 10~17% 정도에 불과하다(Wetzel and Rich, 1973; Thurman, 1985). DOC는 수생태계의 탄소 순환과정 중 박테리아의 에너지원으로 중요하며, 상위 먹이연쇄 과정으로 전달되는 에너지의 중요한 근원이 된다(Carlson et al., 1994; Lampert and Sommer, 1997). 또한 수중의 DOC는 금속이온과 착물을 형성하여 금속의 생물 이용성을 증가·감소시키기도 하며 산화환원전위 반응에 참여하고 pH buffer의 역할도 한다. 그리고 DOC 농도가 높은 호수물을 상수원으로 사용할 때 염소화(chlorination)에 의해 발암물질인 트리할로메탄(THMs)이 생성된다.

입자상유기물(particulate organic carbon, POC)을 구성하는 detritus는 주로 식물의 쇄설물에 기인하며 부착세균의 서식처를 제공하고 부착세균의 분해에 의해 DOC로 전환되어 박테리아의 에너지원으로 공급된다(Azam et al., 1983). 체류 시간이 긴 호수에서는 외부 기원의 입자상 유기물은 분해되고 침강되어 대부분이 호 내에서 생성된 식물플랑크톤으로 구성되어 있다.

일반적으로 입자상 유기물의 비율은 10%이지만 하천이나 체류 시간이 짧은 인공호에서는 입자상 유기물의 구성비가 30% 이상으로 높다. 특히 강우 시에 하천수에는 많은 입자상 유기물이 함유되어 있으며 저수지에서도 일시적으로 높은 농도를 보일 수 있다.

POC는 CHN 원소분석기를 사용하여 편리하게 측정할 수 있다. 원소분석기는 고체 시료를 고온에서 연소하여 발생하는 기체를 분석하여 유기물 중의 C, H, N, O, S 등의 원소 함량을 측정한다. 호수물을 유리여과지로 여과하여 여과지를 원소분석기에 넣어 측정한다. 또는 마쇄기가 부착된 TOC 분석기를 사용하여 POC와 DOC를 동시에 측정할 수도 있다. 중크롬산칼륨을 산화제로 사용하는 COD 측정으로도 유기물의 양을 측정할 수 있는데 이때 단위는 산소요구량(mgO_2/L)으로 측정되므로 이를 경험식에 의해 탄소양(mgC/L)으로 환산할 수 있다.

2) 생분해성 유기물과 난분해성 유기물

유기물 중에는 생물에 의한 분해가 매우 느린 물질들이 있으므로 유기물을 생물 분해가 쉬운(labile 또는 biodegradable) 유기물과 난분해성(recalcitrant 또는 nonbiodegradable) 유기물로 구분하기도 한다. 생분해성 유기물은 분자량이 작은 유기물분자, 단백질, 지방, 탄수화물 등이며, 난분해성 물질은 방향족 물질(polyaromatic compound 또는 polyphenolic compound)을 포함하는 분자량이 큰 부식질(humic substances)이 주종을 이룬다.

유기물은 모두 생물 체내에서 생성되는 물질이다. 세포를 구성하는 대부분의 물질은 생물의 효소에 의해 쉽게 분해되는 물질이지만 식물은 분해가 느린 물질들을 사용하여 골격을 만든다. 식물의 목질부는 세룰로오스와 리그닌(lignin)이 주성분이며 이들은 다른 분자에 비해 분해 속도가 느리다. 특히 리그닌은 방향족 고리를 포함하는 물질이어서 더욱 분해 속도가 느리다. 셀룰로오스는 곰팡이류가 주로 분해하며 셀룰라아제라는 효소에 의해 단당류로 가수분해 된다. 방향고리를 가진 분자는 분해 속도가 느리므로 유기물이 분해 과정을 거치는 동안에 오랫동안 잔류하게 되며, 또한 사슬형 유기탄소분자로부터 방향족 고리화합물이 생성되기도 한다. 그 결과 오랜 시간 동안 유기물이 분해되고 나면 분해가 쉬운 유기물 분자들은 모두 분해되고 분해가 느린 방향고리 화합물들이 남는데 이를 부식질이라 부른다. 부식질은 곁가지로 카르복실산기를 많이 가지고 있으므로 산성을 띠며, 부식질 가운데 분자량이 크고 카르복실산기를 많이 가지고 있는 분자들을 부식산(humic acid)이라 부른다.

수중의 부식질 농도는 방향고리 화합물이 254nm의 자외선을 강하게 흡수하므로 UV_{254}의 흡광도로서 추정할 수 있다. 수중의 유기물 가운데 부식질의 상대적 함량비는 UV_{254} 흡광도[cm^{-1}]를 DOC [$mgC \cdot L^{-1}$]로 나누어준 값으로부터 추정할 수 있다. 이를 자외선 비흡광도(specific UV absorbance, SUVA[$L \cdot mgC^{-1} \cdot cm^{-1}$])라 부르며 "1mgC/L의 DOC를 가진 물의 자외선 흡광도"라고 정의할 수 있다. SUVA는 DOC 중 부식질의 함량을 나타내는 지표로 사용하고 있다.

3. 부식질의 환경학적 의의

유기물은 염소와 결합하여 발암성의 염소소독 부산물(disinfection byproducts, DBPs)을 생성하므로 수돗물의 수질을 좌우하는 가장 중요한 원인이다. 원수 중의 유기물은 정수 과정에서 대부분 제거되지만 일부는 남아서 염소 소독 공정으로 들어간다. 이때 염소는 탄소와 결합하여 염소화 탄화수소(chlorinated hydrocarbon)를 생성한다(〈그림 12-1〉). 대표적인 물질이 trihalomethanes(THMs)이다. 염소화 탄화수

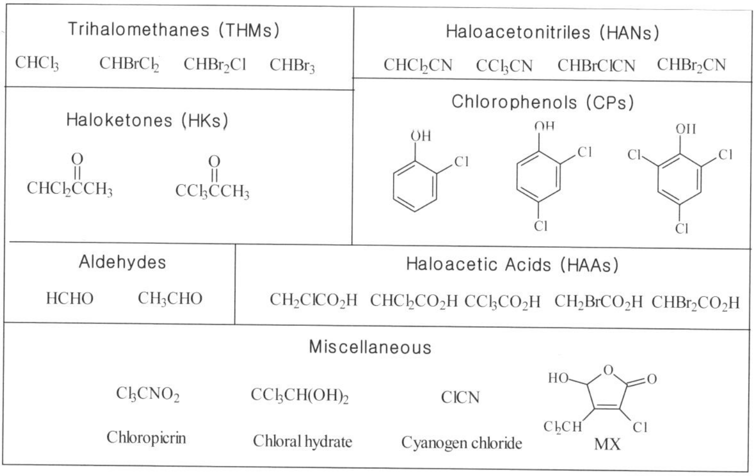

〈그림 12-1〉 수돗물 중 염소화탄화수소(chlorinated hydrocarbon) 계열 소독부산물(DBPs)

소는 대부분 발암성을 가지는 유독성 물질이다. 따라서 염소 소독 시 잔류하는 유기물이 많을수록 수돗물의 발암물질 농도가 높아진다. 염소화탄화수소는 발암물질일 뿐 아니라 냄새와 맛도 발생하므로 소비자들이 수돗물을 사용하기 꺼려지는 원인이 된다. 이 외에도 많은 독성물질이 상수원의 안전성을 위협하는 원인이 될 수 있으나 한강수계에서 검출되는 농도로 볼 때 DBPs가 가장 위해성이 큰 요인일 것으로 추정된다.

따라서 상수원의 이수 목적으로 볼 때 DBP의 전구 물질인 용존 부식질이 수질 관리 대상 물질로서 선정되어야 한다. 입자상 유기물은 정수 과정에서 응집 침전에 의해 대부분 제거되므로 현재의 정수 체계에서는 용존유기물이 주요 관리 목표가 된다. 용존유기물은 분자의 종류가 매우 다양하다. 분자크기가 작고 생물에 의해 잘 분해되는 물질은 생분해성 유기물(biodegradable organic matter 또는 labile dissolved

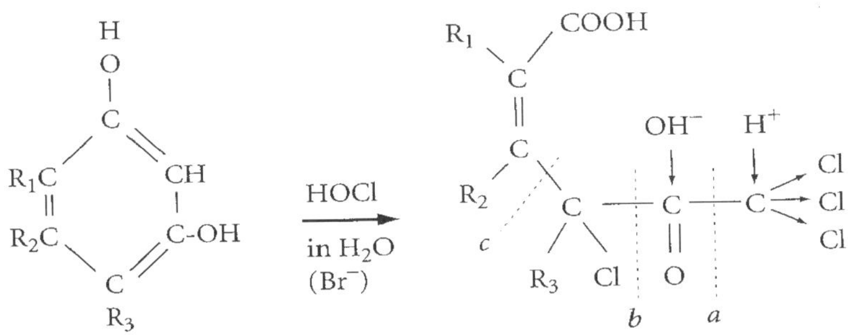

〈그림 12-2〉 부식질로부터 THM이 생성되는 가수분해와 염소치환 반응

organic matter, LDOM)이라고 부르며 이에 반하여 분해가 느린 물질은 난분해성 유기물(refractory organic matter, RDOM)이라고 부른다. 난분해성 유기물은 주로 부식질(humic substance)로 구성되어 있다.

부식질은 식물의 분해 잔재로서 생분해성 유기물이 분해된 후 남은 물질이며 방향족 고리를 많이 가진 polyaromatic compound들이다. 근래의 연구에 의하면 DBP의 주요 전구물질이 LDOM이 아니라 부식질인 것으로 보고되고 있다. 부식질은 방향 고리가 여러 개 결합된 복합적인 분자이므로 polyphenolic compound 또는 polyaromatic compound라고도 부른다. 이 분자들이 염소와 반응하면 고리구조가 분해되고 THM이 만들어진다(〈그림 12-2〉).

DBP를 생성하는 것은 대부분의 유기물이 가지고 있는 공통적인 특성이다. 즉, 생분해성 저분자 유기물도 THM을 비롯한 DBPs를 생성한다. 그런데 여러 연구의 결과 밝혀진 바로는 동일한 양의 유기물일지라도 LDOM보다 RDOM인 부식질이 더 많은 DBPs를 생성한다는 것이다(Owen et al., 1993; 오정우와 윤재홍, 1998; Krasner, 1999). 부식질은 polyphenolic compound로 구성되어 있기 때문에 파장 254nm

UV에 대해 높은 흡광도를 보이므로 254nm UV의 흡광도(A_{254})를 흔히 난분해성 부식질의 농도를 나타내는 간접지표로서 사용하고 있다. 프랑스의 저수지에서 분리한 NOM과 THMFP, 그리고 SUVA와 의 관계는 양의 상관을 보인다(〈표 12-1〉, 〈그림 12-3〉).

원수의 유기물 농도뿐 아니라 부식질 함량비도 DBPs 생성량에 중요한 인자로 작용한다는 사실을 이용하여 Amy, Chadik and Chowdhurry (1987)는 THM 생성량을 원수의 A_{254}와 TOC의 두 가지 종속변수의 함수로 표현하여 다음과 같은 경험식을 도출하였다. 이는 생분해성 유기물보다 난분해성 부식질이 더 많은 THM을 생성한다는 것을

〈표 12-1〉 프랑스의 저수지에서 분리한 NOM 분획 간의 SUVA와 DBPs 생성량 비교

분획	TOXFP (μg Cl/mg C)	THMFP (μg $CHCl_3$/mg C)	SUVA (m^{-1}L/mgC)
Humic acids	277	51	4.6
Fulvic acids	140	26	3.1
Hydrophilic acids	101	21	2.0
hydrophobic neutral	40	12	2.0

자료: Krasner, et al. 1996.

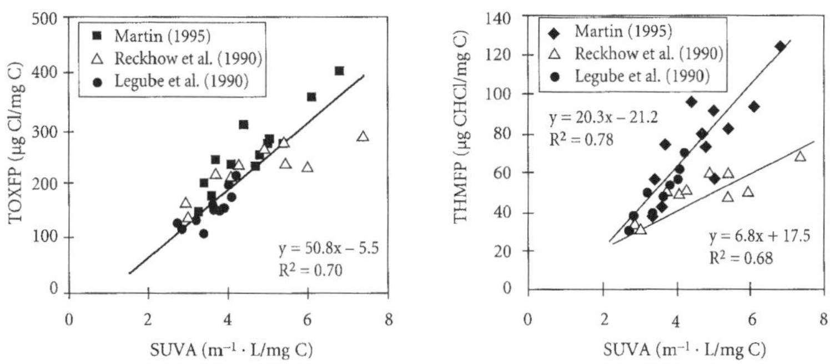

자료: Krasner, 1999.

〈그림 12-3〉 수돗물 원수의 부식질 함량과 소독부산물생성량의 비례관계

명시하고 있다.

$$\text{THM} = 0.00309(A_{254} \cdot \text{TOC})^{0.44}$$

여기서 THM=THM 농도[μmole/L]

A_{254}nm=UV-absorbance at 254nm

TOC=concentration of total organic carbon[mg/L]

이상의 연구 결과들을 종합하여 볼 때 수돗물의 안전성을 위해서는 생분해성 유기물보다는 오히려 난분해성 유기물이 주요 관리의 목

〈표 12-2〉 소양호와 기타 호수에서 측정된 BOD의 산화효율(BOD-C; organic carbon oxidized by BOD)

호수		BOD (mgO_2/L)	COD (mgO_2/L)	TOC (mgC/L)	산화효율(%) (=BOD-C/TOC)
소양호	표수층	1.01	2.18	2.28	16.9
	중층	0.69	1.88	1.99	13.1
	심수층	0.84	1.55	2.07	15.8
충주호		0.84	3.6	3.69	8.5
파로호		0.70	3.40	2.07	12.9
춘천호		1.01	3.60	2.43	16.6
의암호		1.14	4.43	2.95	15.9
청평호		1.02	4.55	3.27	12.4
안동호		2.13	4.2	3.99	20.0
임하호		0.88	5.2	5.19	6.4
옥정호		2.44	6.9	6.13	14.9
합천호		3.96	6.0	8.65	17.2
진양호		4.33	6.2	5.36	30.3
주암호		3.19	4.0	3.61	33.1
낙동강		3.74	11.8	12.47	11.2
평균					16.6

자료: Choi et al., 2004.

표가 되어야 한다.

생분해성 유기물은 BOD로 측정할 수 있고 난분해성 유기물은 COD와 TOC로 측정된다. 호수에서 일반적으로 BOD로 측정되는 생분해성 유기물은 전체 유기물(TOC)의 약 16.6%인 것으로 보고되고 있다(〈표 12-2〉). 나머지 70~80%는 BOD로 측정되지 않는 난분해성 유기물인 것이다. 따라서 이수 안전성을 위한 수질관리 대상물질로서는 지금까지 추구하여 왔던 바와 같이 유기물이 선정되는 것이 타당하나 유기물의 지표로서는 BOD보다는 COD 또는 TOC가 더 적합한 지표이다. 근래 TOC 측정기의 보급이 확대됨에 따라 정확도와 분석의 신속성이 뛰어난 TOC가 BOD를 대체할 유기물 지표가 되었다.

4. 호수의 유기물 근원

호수의 유기물은 기원에 따라 유역으로부터 유입되는 외부기원(allochthonous) 유기물과 호수 내부생성(autochthonous) 유기물로 나누어 볼 수 있다(〈표 12-3〉). 외부기원 유기물은 육상식물의 광합성의 결과로서 만들어진 유기물이 낙엽, 볏짚 등으로 만들어지고 이들이 잘게 부수어져 detritus를 만들거나 용존 유기물로 용출되는 자연적인 근원을 포함하고 있다. 이외에도 유역 인구가 많은 경우에는 다른 유역의 광합성 산물인 식량과 사료가 이동하여 사용되고 배설물이 유출되는 인위적인 근원을 가진다. 특히 처리하지 않은 하수와 축산 분뇨가 유입되는 경우에는 이들이 유기물의 주요 근원이 될 수 있다.

내부생성 유기물은 호수 수체 내에서 광합성에 의해 생성되는 것을 말하며, 이를 1차생산(primary production)이라 부른다. 1차생산은

〈표 12-3〉 호수 외부와 내부의 유기물 근원

외부기원 유기물	• 유역 내 육상식물의 광합성 - 낙엽, 농작물 • 유역 외에서 반입된 유기물 - 식량, 사료, 공업원료 • 상류 호수와 하천의 수중에서 생성된 유기물
내부생성 유기물	• 식물플랑크톤의 광합성 • 수초의 광합성

수중에 유기물을 공급하는 기초 과정으로 생태계 내의 총 생물량은 1차생산력에 의하여 결정된다고 할 수 있다. 1차생산이 증가한다는 것은 수중의 유기물함량 증가를 유발하는 수질오염 과정으로 볼 수 있다. 수중에서의 1차생산에 의한 유기물 생산은 주로 식물플랑크톤에 의해 이루어지며 간혹 수초대가 넓게 발달한 호수에서는 수변과 수중의 유관속 식물에 의하여 이루어진다.

국내의 인공호는 자연호와는 달리 연간 수위 변동이 커서 호안의 식생 발달이 미약하다. 따라서 수중에 공급되는 유기물은 대부분 하천을 통한 유입과 수중의 식물플랑크톤에 의한 1차생산에 의존한다. 상류 수계를 포함한 유역에서의 외부기원 유기물과 호수 내 1차생산에 의한 유기물의 기여도는 호수의 체류 시간과 부영양화도에 따라 달라진다. 호수의 체류 시간이 길어질수록 1차생산의 비중이 커지며, 호수가 부영양화되어 식물플랑크톤과 수초가 증가하면 1차생산의 기여도가 커진다.

국내에서 수계의 유기탄소 수지는 오염물질의 부하량 평가와 관련하여 연구되어 왔다. 낙동강에서의 수중 유기탄소는 총 유기탄소 부하량의 약 49%(김 등, 1996)가, 체류 시간이 약 3개월인 대청호에서는 68%가 식물플랑크톤의 1차생산에 의한 내부 생산인 것으로 보고되었다(황 등, 1994). 낙동강에서는 해수의 역류를 방지하여 용수의 확보 및 이용률 향상을 위해 하구에 방조제가 조성되어 호수와 같이 저류되면서 높은 내부 생산을 보인 것으로 보고되었다. 팔당호와 같이 수변에 식생대가 발달한 경우에는 식물플랑크톤과 수생식물이 각각 1차생산의 66%와 34%를 차지한다. 총유기탄소량에 대해서는 18%가 1차생산에 의한 것으로 조사된 바 있다. 이것은 팔당호의 체류 시간이 약 5일로 짧기 때문이라고 보고하였다(김과 김. 1990). 경포호는 수중 1차생산의 45%가 수생 관속 식물에 의하여 이루어지고 내부생산 유기탄소는 총유기탄소부하량의 64%로 나타났다(Kim et al. 1991). 팔당호처럼 유기탄소의 외부유입이 많은 경우에는 호수의 수질 개선을 위하여 유입수의 유기탄소를 제거·저감하는 방안을 마련해야 할 것이다.

5. 유기물의 순환

육상에서 유입하는 유기물은 주로 DOM의 형태로 유입되며 POM은 홍수기에 대량 유입된다. POM은 식물의 쇄설물에 기인하는 것으로 detritus라 부른다. 호수로 유입한 POM은 저질 표면에 침강한 후 분해되거나 DOM으로 전환되어 수층으로 용출된다. 입자가 큰 유기물은 조립유기물(coarse POM, CPOM)이라 하며, 입자가 작은 것은 세립유기물(fine POM, FPOM)이라 부른다. 입자가 클수록 침강 속도가 빠르므로 저수지의 상류부에서 침강되며 하류로 갈수록 작은 입자의 POM이 침강한다. detritus의 표면에는 많은 박테리아와 곰팡이가 부착하여 유기물을 분해한다. 삼림 지역의 저수지에서는 나뭇가지, 낙엽 등의 조립 POM이 많이 유입하여 저수지 상류부에서 퇴적되고 퇴적된 POM은 분해되므로 산소의 소비가 많아 저질이 혐기성이 되고 메탄가스가 발생하기도 한다. 세립 POM은 동물플랑크톤, 조개 등의 여과섭식 동물(filter feeder)의 먹이가 될 수 있다. 표면에 서식하는 곰팡이와 박테리아는 단백질함량을 높여 detritus의 먹이로서의 가치를 높여 준다.

DOM은 박테리아에 의해 흡수되어 동화됨으로써 POM으로 전환되는 과정도 거친다. 그러나 육상의 삼림과 농경지에서 유출되는 유기물 대부분은 난분해성 부식질 유기물이므로 박테리아가 이용할 수 있는 양은 10~20%에 불과하며 호수 생태계에서 에너지원으로서 크게 기여하지 못하고 대부분은 다시 하류로 유출된다. 특히 하천이나 체류시간이 짧은 인공호에서는 충분히 분해되지 않고 하류로 이동한다.

POM은 구성 성분에 따라 생태학적 기능이 크게 다르다. 삼림이나 농경지에서 기인하는 POM은 대부분 오랜 분해를 거치고 남은 리그닌(lignin)과 셀룰로스(cellulose) 성분의 난분해성 유기물이므로 동물의 먹이로서의 가치가 낮은데 비하여 식물플랑크톤으로 구성된 POM은 생분해성이 높은 유기물이므로 동물플랑크톤의 좋은 먹이가 된다. 가정 하수에 포함된 유기물도 생분해성이 높은 유기물이다. 식물플랑크톤은 호수의 표수층에서 살기 때문에 동물의 먹이가 되는 유기물이 표수층에 많이 존재한다. 호수 표수층에서 성장한 식물플랑크톤이 분비하는 유기물도 박테리아에 의해 쉽게 이용될 수 있으므로 상위의 먹이연쇄로 에너지가 전달된다. 유기물을 흡수하여 성장한 박테리아는 원생동물에게 먹히고, 원생동물은 다시 갑각류 동물플랑크톤에게 먹히고, 동물플랑크톤은 어류에게 먹히는 먹이연쇄를 거쳐 유기물의 에너지가 상위 단계로 전달된다.

생태계의 에너지는 먹이연쇄를 한 단계씩 거칠 때마다 10% 정도로 감소하며 소멸되므로 생태계는 끊임없는 에너지 유입이 있어야 유지된다. 즉, 에너지는 생태계를 돌면서 자연 소멸하는 일방 통행적

과정(energy flow)을 거치는데 영양소가 소멸되지 않고 순환하는 것(element cycle)과 대조된다. 생태계의 에너지원으로서 하수의 유입이 적은 호수나 체류 시간이 길어서 외부유입 유기물이 적은 호수에서는 식물플랑크톤의 1차생산이 호수 생태계로 유입하는 에너지의 양을 좌우하며 생태계의 에너지 함량을 좌우하는 중요한 요소이다.

6. 식물플랑크톤의 1차생산 측정법

식물플랑크톤의 1차생산력 측정에는 광합성 반응의 재료가 되는 CO_2의 흡수량을 측정하는 C-14법과, 광합성 과정의 부산물인 O_2의 생성량을 정량하는 산소법을 이용한다.

$$6CO + 6H_2O \rightarrow \text{glucose } C_6H_{12}O_6 + 6O_2$$

광합성에서 생산되는 유기물이 탄수화물이면 광합성률(photosynthetic quotient; $PQ = \Delta O_2 / \Delta CO_2$)은 1에 가까운 값이 되나 실제로는 지방과 같은 더 환원된 물질이 합성되므로 대개 1.1~1.3(평균 1.25)의 값을 가지며 이 관계를 이용하여 산소법과 탄소법은 환산이 가능하다.

일차생산력 측정법은 시료를 빛에 노출시키는 방법에 따라 현장법, 의사현장법, P-I 모델법 등으로 나눌 수 있다. 광합성에 의해 유기물로 환원된 탄소의 총량을 총생산(gross production, GP)이라 하며 이 중 호흡(respiration, R)에 의해 소비된 유기물의 양을 뺀 값을 순 생산(net production, NP)이라 한다.

$$NP = GP - R$$

1) 산소를 이용한 일차생산력 측정

광합성과정에서는 산소가 발생하므로 수중의 산소농도 변화를 측정하여 유기물의 광합성량을 측정할 수 있다.

$$6CO_2+6H_2O \rightarrow C_6H_{12}O_6(\text{glucose})+6O_2$$

이 반응식에 따르면 탄소 1원자가 환원될 때 산소 1분자가 발생한다. 그러나 실제로는 탄소가 당류보다 더 환원된 지방으로도 만들어지므로 산소는 약 1.2분자가 생성되므로 이를 보정하여야 한다.

산소를 이용한 일차생산력 측정은 기구가 간단하고 경비가 적게 들며 광합성과 함께 호흡량도 측정되는 장점이 있다. 반면에 감도가 낮아 빈영양호에서는 측정이 어렵고, 외부기원 유기물이 많아 호흡량이 큰 호수에서는 빛 조건하에서 명병 호흡이 암병 호흡보다 커지는 광호흡으로 인하여 광합성량의 측정이 불가능하거나 과소평가되는 단점이 있다.

산소법으로 광합성을 측정할 때 산소를 생성하는 광합성과 산소를 소비하는 호흡이 동시에 일어나므로 광합성량을 측정하기 위해서는 산소증가량에 호흡에 의한 산소소비량을 더해 주어야 한다. 호흡을 측정하기 위한 방법으로서 명암병법(明暗甁法, light and dark bottle method)을 사용한다.

측정용 병으로는 산소의 출입을 막을 수 있는 BOD 측정용 병을 주로 사용한다. 먼저 시료를 명병과 암병에 넣는다. 명병은 투명한 병이고 암병은 빛을 차단하기 위하여 검은색 칠을 하거나 검은 천 주머니나 알루미늄 호일로 싼다. 채수한 수심에 다시 달아매어 두고 6~

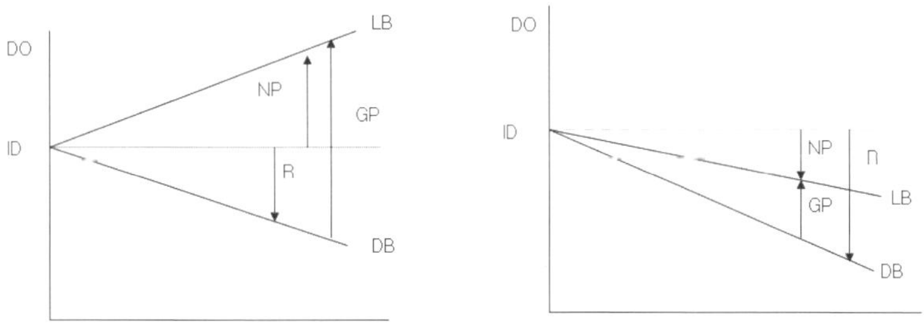

* 좌; autotrophic community, 우; heterotrophic community.

〈그림 12-4〉 일차생산력 측정을 위한 명암병 내의 산소농도의 변화

12시간이 경과한 후에 DO를 측정하여 명병과 암병의 DO 차이로부터 광합성량을 계산한다(〈그림 12-4〉).

식물플랑크톤의 총생산(Gross production, GP)은 명병과 암병의 산소 차이가 된다. 암병의 산소감소량은 수중생물의 호흡(R)에 해당하며 식물플랑크톤과 동물플랑크톤, 박테리아플랑크톤 등의 플랑크톤의 호흡이 모두 함께 측정되므로 이를 군집호흡(community respiration)이라 한다.

$$GP=(LB-DB)/\Delta t$$
$$R=(ID-DB)/\Delta t$$
$$NP=GP-R=LB-DO$$

GP: 시간당 총일차생산($mgO_2/L/hr$)
R: 시간당 군집호흡($mgO_2/L/hr$)
Δt: 배양시간(hr)
LB; 명병의 DO(mg/L)
DB; 암병의 DO(mg/L)
ID; 배양초기의 DO(mg/L)

하루 중 일차생산량은 광도에 따라 변하므로 1일 일차생산량을 측정하기 위해서는 일출부터 정오까지 또는 정오부터 일몰까지 배양하여 반나절의 총 생산을 측정하고 이를 2배하여 하루 중 생산량을 구한다. 호흡량은 배양시간으로 나누어 밤과 낮에 동일한 호흡이 일어난 것으로 가정하고 계산한다.

1일 총일차생산(daily GP, mgO_2/l)=(LB−DB)X2

1일 군집호흡(daily R, mgO_2/l)=(ID−DB)×24/Δt

1일 순생산(daily NP, mgO_2/l)=1일 총 생산−1일 군집호흡

호수 전체의 일차생산량을 계산하기 위해서는 이 방법으로 측정된 각 수심별 일차생산량 자료를 수직적으로 적분하여 단위 면적당 일차생산량을 계산하여야 한다. 수직적분에는 사다리꼴 면적 계산 방식을 사용한다. 근래에는 산소센서를 이용하여 연속측정하고 산소의 일주기변동으로부터 일차생산량을 산정하는 방법도 사용된다.

2) 방사성탄소동위원소(C-14)법

탄소의 동위원소으로는 ^{12}C, ^{13}C, ^{14}C가 존재하는데 이 중 ^{14}C는 β-ray를 내는 방사성이 있어 미량이라도 추적하기가 쉬우며 많은 생화학반응의 추적자로 사용된다. 식물플랑크톤은 C를 가진 CO_2를 흡수하여 체내에 유기물을 합성하므로 세포를 여과지로 걸러 β-ray를 측정하면 CO_2의 흡수량을 알 수 있다.

방사성동위원소인 ^{14}C로 표식한 $NaH^{14}CO_3$를 시료수에 첨가하여 일정 시간 배양하고 그 시간 동안 식물 세포에 동화된 ^{14}C량으로부터

일차생산량을 구한다. ^{14}C법에 의한 일차생산량의 측정은 다음과 같이 실시한다. 채수한 시료수를 50~500㎖ 초자병 속에 채운다. 같은 시료를 함유하는 병을 3개 준비하여 1개는 암병, 2개는 명병으로 하여 일정 시간 배양한다(수 시간이 적당). 배양이 끝난 후 즉시 유리섬유 여과지로 여과한다. 여과지를 염산 증기에 노출시켜 무기 $^{14}CO_2$를 제거한 다음 건조하고 칵테일(cocktail)을 첨가하여 신틸레이션 카운터(scintillation counter)로 측정한다. CO_2 흡수량은 다음 관계식으로부터 계산한다.

$$^{12}C\ 흡수량=(^{12}CO_2 존재량)\times(^{14}CO_2 고정량/^{14}CO_2 첨가량)$$

(1) 현장법(in situ method)

시료를 빛에 노출시키는 방법에는 현장법, 의사현장법, P-I 곡선법 등이 쓰이는데 현장법은 가장 많이 쓰이는 간단한 방법이다. 시료를 각 수층에서 채수하여(표면광의 100, 50, 25, 10, 5, 1%의 층, 또는 일정 수심 간격으로 투명도의 3배까지), 다시 채수한 수심에 달아놓는 것이다. 한 곳에 매달아 두어야 하므로 몇 시간 후에 다시 이를 회수하여야 하고 날씨에 따라 일차생산량이 달라지는 단점이 있다.

(2) 의사현장법(simulated in situ method)

현장법의 실시가 힘들 경우 이를 대체하는 방안으로 고안되었다. 수중 광도가 표층의 100, 50, 25, 10, 5, 1%가 되는 수심에서 시료수를 채취하여 현장법과 같이 명암병에 채우고 호안에서 적당한 감광필터(감광률이 400~700nm에 걸쳐 대체로 파장에 따라 균일하도록 하는 것이 바람직하다)를 사용하여 태양 빛이 채수 깊이와 같은 광도로 낮추고 일출에서 정오 또는 정오부터 일몰까지 배양한다. 이 방법은 깊이에 따른 수온 차이나 빛의 파장 차이 등을 무시하고 있는 결점이 있으나 감광필터만 있으면 어디에서나 실시가 가능하다는 이점이 있다. 배양 시간, 측정 감도, 측정치의 취급 방법은 현장법과 같으나 빛의 질과 수온이 반드시 채수 깊이와 일치되지 않는 점을 항상 고려할 필요가 있다. 산소법과 ^{14}C법의 어느 것이나 가능하나 방사성동위원소를 야외에서 사용하는 것은 방사성 물질 관리 규정에 의해 제한되므로 현실적으로 ^{14}C법은 현장법으로 사용하기가 곤란하며 ^{13}C법은 야외사용이 가능하다.

(3) 광합성-광도 곡선법(photosynthesis-irradiance curve, P-I curve)

여러 광도에서 일차생산 속도를 측정하여 광합성-광도 곡선을 작성하고 이를 모델링하여 수중의 광도 변화에 따른 광합성 속도 변화를 모의하는 방법이다. 대부분의 수질모델에서 이를 사용하고 있다. 날씨에 관계없이 일사량의 변화만 알면 일차생산량의 변화를 모의할 수 있다는 장점을 가진다. 또한 방사성물질 사용 허가를 받은 실험실에서는 ^{14}C법을 사용할 수 있다.

P-I 곡선법은 광합성에 관한 물리, 화학적인 환경요인 분석 및 식물플랑크톤의 생리, 생태학적 이해에 도움을 주고 또한 수체 내의 총 1차 생산의 산정에도 유용하게 이용되는 방법이다. 광합성-광도 모델은 곡선의 형태에 따라 두 가지로 분류된다. 하나는 최적 광도 이상에서 광합성이 감소하는 현상을 보이는 광저해(photoinhibition) 모델이고, 다른 하나는 최적 광도 이상에서 이러한 광저해를 보이지 않는 광포화(light-saturation) 모델이다. 광합성-광도 곡선의 모델은 일반적으로 식물플랑크톤의 빛에 의한 광화학적 반응 효율과 광합성 능력을

보여주는 두 개 또는 세 개의 변수를 가진다.

이 모델에 사용되는 변수는 광합성-광도 곡선의 초기 기울기(α), 적응 광도 이상의 높은 광도에서 광합성 속도가 감소하는 정도를 나타내는 광저해 계수(β), 그리고 최적 광도에서 엽록소-a의 탄소동화 속도를 나타내는 동화계수(assimilation number, AN) 등의 3개 변수이며, 이러한 변수들은 식물플랑크톤이 수온, 영양염류 등의 환경 변화에 대한 적응성과 종 변화에 따라 변화하는 것으로 알려져 있어서 광합성 특성을 이해하는 데 도움이 된다. 뿐만 아니라 현장 자연군집의 광합성-광도 곡선을 이해하는 것은 식물플랑크톤 생태학의 기초이며, 수심별 1차생산량의 적분 산정의 기본적인 모델 작업이다. 특히 환경 조건의 변화에 대한 식물플랑크톤의 생리적 작용과 환경 적응을 판단하는 데 필요한 자료를 제공한다.

각 수심별 단위체적당 1일 일차생산력을 산정하기 위해서는 광합성-광도 매개변수를 매일, 수심별로는 0.5m 간격으로 유광대까지 내삽법으로 계산한다. 매일 수표면 일사량 변화는 기상대에서 일출부터 일몰까지 1시간 간격으로 측정된 자료를 이용한다. 수표면 일사량과 수중광도계로 측정된 광소산계수(k, m^{-1})를 지수광도 모델에 입력하여 하루 중 수심별 광도 변화를 계산한다. 각 수심에서의 일사량과 광합성-광도 관계로부터 하루 동안 0.5m 간격의 수심별 1차 생산력($mgC/m^3/hr$)을 계산한다. 수심 z에서의 단위 체적당 1일 1차 생산력(Pzd, $mgC/m^3/day$)은 Iz(t)을 매개변수의 값이 결정된 광합성-광도 공식에 입력하여 광합성 속도인 Pz(t)를 일출부터 일몰까지 적분하여 계산한다. 단위 수표 면적당 1일 1차 생산력(APd, $mgC/m^2/day$)은 각 수심에서의 단위 체적당 1일 1차 생산력(Pzd)을 수표면부터 심층까지 적분하여 산정한다(김범철 등, 1999).

7. 일차생산력 분포

호수의 주요 일차생산자는 식물플랑크톤과 수생 식물이다. 수변이 가파르거나 수위 변동이 큰 호수에서는 수생 식물이 살 수 없으므로 식물플랑크톤이 일차생산의 대부분을 담당한다. 반면에 팔당호나 우포와 같이 수변이 완만하고 수위 변동이 작은 호수에서는 수생식물이 많이 번성하여 일차생산량의 많은 부분을 점유한다. 호수의 수변에 사는 부착조류나 수초의 잎에 부착하여 서식하는 부착조류도 주요 일차생산자가 되기도 한다. 하천에서는 부착조류가 주요 일차생산자이다.

식물플랑크톤의 일차생산력은 식물플랑크톤의 현존량에 의해 가장 크게 좌우되며, 그 외에 온도, 빛, 영양염류 농도 등에 의해 결정된다. 식물플랑크톤의 현존량은 제한영양소의 농도에 의해 결정된다. 제한영양소가 증가하여 식물플랑크톤이 증가하는 현상을 부영양화라고 하는데 그 결과 일차생산력의 증가가 수반된다.

일차생산력은 일반적으로 수면 직하보다는 수심 0.5~2m에서 최대치를 보이는 예가 많다. 그 이유는 수면에서는 빛이 너무 강하여 자외선에 의한 광저해가 나타날 수 있기 때문이다. 일반적으로 수면 광도의 1%가 도달하는 수심을 조류의 순생장이 가능한 유광대로 정의하는데 이 수심은 대략 투명도의 2.5배 정도에 해당한다. 유광대 이하의 수심에서는 광합성보다 호흡에 의한 에너지 소비가 많기 때문에 광합성생물이 성장할 수 없으며 수초도 성장하지 못한다. 일차생산력을 수심별로 측정하면, 이를 적분함으로써 수면적당 일차생산력을 계산할 수 있는데 일반적으로 $1gC/m^2/day$ 이상이면 부영양 수역으로 판정한다.

8. 군집대사

수중의 부유생물 가운데에는 조류 등의 자가 영양생물과 박테리아, 곰팡이, 동물플랑크톤 등의 타가 영양생물이 공존한다(〈표 12-4〉). 산소 병법으로 산소의 생성과 소비를 측정하면 부유생물 군집의 일차생산력과 호흡량을 측정할 수 있다. 호흡량 측정치는 타가 영양생물 군집 전체를 포함하고 있으므로 군집호흡(community respiration)이라 부른다.

무기영양염류가 풍부하여 조류가 많이 성장하는 곳에서는 일차생산력이 매우 높아서 군집호흡보다 커질 수 있다. 즉 유기물 생산량이 분해량을 초과하여 유기물이 축적되는 유기물의 순생산(net production)이 나타난다. 이러한 군집을 자가영양생물에 비유하여 자가영양군집(autotrophic community)이라고 부른다. 무기화된 하수처리장 방류수를 저장하여 정화하는 산화지, 농경지의 비료나 퇴비가 많이 유입되는 호수 등에서 나타난다. 반면에 외부에서 유기물이 유입하여 수체 내에서 분해되는 곳에서는 유기물의 분해량이 일차생산량보다 크다. 이러한 군집을 타가영양군집(heterotrophic community)이라고 부른다. 유기물 하수가 유입하는 호수, 산림에서 낙엽이 많이 유입하는 하천

〈표 12-4〉 자가 영양군집과 타가 영양군집의 비교

자가 영양군집(autotrophic community)	타가 영양군집(heterotrophic community)
Production(P) > community respiration(R) P/R > 1	Production < community respiration P/R <1
무기영양염류가 많이 유입하는 부영양호. 무기화된 하수처리장 방류수가 배출되는 산화지 또는 호수	유기물을 포함하는 하수가 유입하는 수역 낙엽, 농작물 잔재 등의 외부기원 유기물이 많이 유입하는 호수나 하천

등의 생물군집이 이에 해당한다. 우리나라의 인공호는 체류 시간이 짧고 낙엽 등의 외부기원 유기물이 많으므로 대부분 타가영양군집을 보이고 있다.

‖ 제 13 장 ‖

호수의 생물

제13장 호수의 생물

호수에는 대형 식물과 척추동물에서 미생물에 이르기까지 많은 종류의 생물이 서식하고 있다. 특히 호숫가 수초대에는 어느 생태계보다도 많은 종류의 생물이 서식하고 있으며, 생산량도 높다. 호수의 생물은 분류학적 구분, 서식지에 따른 구분, 서식 형태에 따른 구분, 생리적 기능에 따른 구분, 먹이 그물에서의 위치에 따른 분류 등 다양한 분류 방법이 사용되고 있다.

1. 서식 형태에 따른 분류

1) 부유생물(浮遊生物, plankton)

유영 능력이 없어 물의 흐름을 거스르지 못하고 물에 떠다니는 생물을 부유생물 또는 플랑크톤이라고 부른다. 플랑크톤에는 박테리아 같이 작은 생물뿐 아니라, 해파리와 물벼룩처럼 육안으로 볼 수 있는 큰 생물도 포함된다. 약간의 유영 능력을 가지고 있는 경우도 있으나 강의 흐름, 해류와 같은 물의 흐름에 따라 떠내려가는 생물이다(〈표 13-1〉).

〈표 13-1〉 각종 분류 기준에 따른 부유생물의 구분

분류	유형 구분
광합성능력 또는 영양 형태	식물플랑크톤(phytoplankton) 동물플랑크톤 (zooplankton) 박테리아플랑크톤(bacterioplankton)
에너지원과 영양 형태	자가영양 플랑크톤(autotrophic plankton) 타가영양 플랑크톤(heterotrophic plankton) 혼합영양 플랑크톤(mixotrophic plankton)
개체 크기	picoplankton (0.2 - 2㎛) nanoplankton (2 - 20㎛) microplankton (20 - 200㎛) mesoplankton (200㎛ - 2mm)
서식 형태	holoplankton: 일생을 모두 부유생물로 산다. meroplankton: 부유생물과 저서생물의 시기를 가진다. potamoplankton: 하천에 사는 플랑크톤

부유생물은 광합성 능력의 유무에 따라 분류하기도 하고 단순히 생물 크기에 따라 분류하기도 한다. 광합성 능력이 있는 플랑크톤은 식물플랑크톤, 광합성을 하지 않는 플랑크톤을 동물플랑크톤이라고 한다. 여기에 원핵생물을 하나의 분류로 추가하여 박테리아 플랑크톤이라고 부르기도 한다.

플랑크톤은 크기에 따라 나누기도 한다. 과거에 통상 사용되던 최소 크기의 망목(mesh size) 25㎛ 네트로 거를 수 있는 것을 네트 플랑크톤, 네트를 통과하는 플랑크톤을 나노 플랑크톤이라고 구분하였다. 지금은 다양한 크기의 네트와 여과지가 개발되어 네트로 채집할 수 없는 플랑크톤이라는 의미는 없어졌으나, 아직도 20㎛의 크기를 경계로 분류하는 용어로서 사용되고 있다. 이외에도 크기에 따라 여러 가지 세분된 분류를 사용하기도 한다. 근래에는 2-3㎛ 이하의 작은 광합성 남조류(cyanobacteria)가 많이 서식하는 것이 밝혀져 이를 picoplankton이라고 부른다. 동물플랑크톤 가운데에는 크기가 1cm

이상으로 큰 것도 있으므로 이보다 작은 것을 microplankton, 이보다 큰 것을 megaloplankton이라고 부르기도 한다. 일반적으로 사용되는 크기의 구분은 2㎛, 20㎛, 200㎛, 2mm 등 10배 단위로 경계를 지어 picoplankton, nanoplankton, microplankton, mesoplankton으로 부르는 Sieburth(1977)의 구분법이다.

일생 중 부유생활을 하는 시기와 저서생활을 하는 시기를 가진 생물을 meroplankton이라 하고 일생을 모두 부유생물로서 사는 생물을 holoplankton이라고 한다. 무척추 저서동물들은 대부분 유생기를 가지며 유생들은 작은 개체로서 부유생물의 범주에 속한다. 조류(藻類) 중에도 저질 표면에 부착하여 살다가 부유하여 부유생물이 되기도 하는 종류가 있다.

2) 유영생물(遊泳生物, nekton)

어류와 같이 물의 흐름을 거슬러 헤엄칠 수 있는 생물을 유영생물이라 한다. 어류의 치어는 유영 능력이 약하여 흐름에 따라 떠내려가므로 부유생물의 범주로 분류되기도 한다.

3) 저생생물(低生生物, benthos)

호수의 저질 근처에 서식하는 생물을 저서생물 또는 저생생물(低生生物)이라고 한다. 조개와 같이 저질에 구멍을 뚫고 사는 종류도 있고, 저질 표면에 사는 종류도 있다. 부착조류, 해초류와 같이 광합성을 하는 것을 저생식물(또는 저서식물, phytobenthos), 광합성을 하지 않는 동물을 저생동물(또는 저서동물, zoobenthos)이라고 구분하여 부르기도 하지만, 저서생물이란 용어는 흔히 저서동물을 지칭하는 데 사용한다. 연체동물, 곤충의 유생, 갑각류, 환형동물 등이 주를 이룬다.

4) 수표생물(水表生物, neuston)

호수나 해양의 표면에는 기름이 뜨는 것처럼 지용성 물질이 많이 함유된 유기물 막이 형성된다. 비가 내리는 날이나 잔물결이 이는 날 수면에 얼룩이 나타나는 것을 확인할 수 있다. 이것은 수중에서 주로 식물플랑크톤에 의해 만들어진 지방 분자들이 수면에 모여 만들어진 것으로 두께는 10~100㎛이며 깊은 곳에 비해 유기물의 농도가 월등히 높은 층이다. 유기물이 많아 박테리아 등의 미생물의 밀도도 높고 이를 먹고 사는 포식자 생물도 서식한다. 수표면에 서식하는 이러한 생물을 통칭하여 수표생물이라 한다. 절지동물과 연체동물 중에는 수면에 붙어 거꾸로 헤엄치며 수표생물을 먹는 종류도 있다.

5) 부착생물(periphyton)

호수나 하천의 얕은 곳에는 돌, 수초잎, 동물의 껍질 등의 표면에 부착하여 서식하는 생물군이 있다. 규조류 등의 광합성조류를 포함하여 박테리아, 곰팡이, 원생동물 등의 복합체가 형성되어 있다. 이를 부착생물이라 하며 독일어로는 표면에 사는 생물이라는 뜻으로 aufwuchs라 한다.

특히 조류를 지칭할 때는 부착조류(attached algae)라고도 하며, 돌 표면에 부착한 생물을 epilithic algae, 식물 표면에 부착한 것을 epiphytic algae, 동물체 표면에 부착한 것을 epizooic algae, 진흙 표면에 부착한 것을 epipelic alage이라고 표현한다.

얕고 물이 맑은 하천에서는 하천 바닥까지 빛이 도달하므로 광합성이 활발한 부착생물 군집이 발달하여 돌 표면이 미끈미끈해진다. 하천의 부착조류는 수서곤충의 먹이로서 하천생태계의 중요한 1차생산자가 된다. 호수의 수초대에서는 수초잎 표면에 부착생물이 많아 오히려 수초보다도 1차생산량이 더 큰 것으로 보고되고 있다.

부착생물의 양과 종류는 수중의 유기물의 농도, 무기영양염류의 농도, 유속 등에 의해 좌우된다. 유기물이 많은 곳에서는 곰팡이가 주를 이루며 유기물이 적고 무기염류가 많은 곳에서는 조류가 많아지며 조류의 종류도 환경에 따라 다르므로 수질의 지표가 되기도 한다. 부착생물은 유속이 적당한 곳에서 생물량이 많다. 홍수기에 유속이 너무 빠르면 부착생물이 탈리되어 떠내려간다. 유속이 너무 느린 곳에서는 물질 확산이 느려 성장이 저해되거나 부유토사가 돌 표면에 퇴적되어 부착조류의 성장을 저해한다. 부착조류는 주로 우상목 규조류로 구성되어 있으나 부영양 수역에서는 녹조류와 남조류가 등장한다.

2. 수생식물의 분류

호숫가 수초대 등의 습지에 사는 수초는 대형식물(macrophyte)이라 부르며 수심과 빛 투과도에 따라 다른 종류의 수생식물이 살고 있으며(〈그림 13-1〉), 다음과 같이 분류한다.

1) 정수식물(挺水植物, emergent macrophytes)

잎이 물 밖으로 나와 있어 대기로부터 이산화탄소를 흡수하는 식

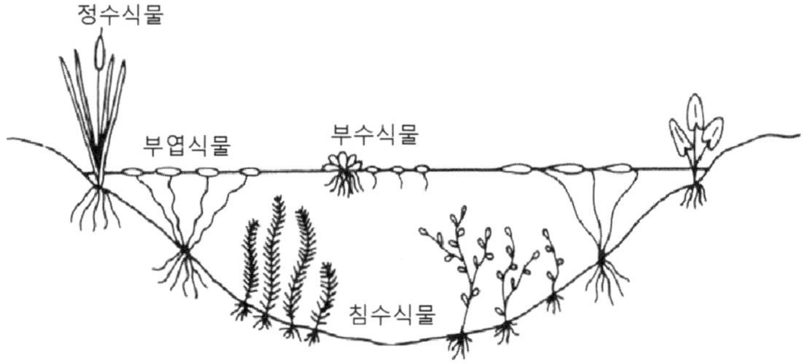

〈그림 13-1〉 수생식물모식도

물. 물가의 가장 얕은 곳에 서식한다. 갈대가 가장 우점하며, 줄, 부들, 애기부들 등이 있다.

2) 침수식물(沈水植物, submerged macrophytes)

잎이 물속에 잠겨 있는 수초. 빛이 투과하는 깊이까지만 서식할 수 있으므로 얕은 곳이나 맑은 호수에서 서식할 수 있으며 부영양화가 심하여 플랑크톤이 많으면 소멸한다. SAV(submerged aquatic vegetation)라고도 부른다.

3) 부수식물(浮水植物, free-floating macrophytes)

잎과 뿌리가 수면에 떠다니는 식물. 개구리밥, 부레옥잠 같이 뿌리가 저질에 내리지 않는 식물도 있고, 마름과 같이 처음에는 저질에 뿌리를 내리는 부엽식물이지만 성장한 후에는 뿌리가 끊어져 부수식물이 되는 예도 있다.

4) 부엽식물(浮葉植物, floating-leaved macrophytes)

연, 수련 등과 같이 뿌리는 저질에 내렸으며 잎만 수면에 떠서 빛을 받고 서식하는 식물. 혼탁하고 얕은 호수에서 번성한다.

3. 에너지원과 탄소동화 기능에 따른 분류

생물을 생명유지를 위한 에너지와 유기물의 근원에 따라 분류하기도 한다. 빛으로부터 ATP를 생성하는 생물을 phototroph라 하고, 유기물과 무기물의 산화에 의해 ATP를 생성하는 생물을 chemotroph라 한다. 한편 생체를 구성하는 유기물의 근원으로서 CO_2를 환원하여 유기물을 만드는 생물을 autotroph라 하고 먹이로 섭취한 유기물을 이용하여 생체를 구성하는 생물을 heterotroph라 한다. 또한 에너지 생성과 탄소의 환원에 필요한 전자를 유기물로부터 얻는 생물을 organotroph라 하고, 전자를 암모니아나 황화수소 등의 무기물로부터 얻는 생물을 lithotroph라 분류하기도 한다. 흔히 사용되는 처음 두 가지의 분류를 조합하면 〈표 13-2〉와 같이 4가지의 생물로 분류할 수 있다.

〈표 13-2〉 생물의 에너지원과 탄소의 근원에 따른 분류

에너지원 \ 유기탄소의 근원	CO_2 (autotroph)	유기물 (heterotroph)
빛에너지 (phototroph)	photoautotroph	photoheterotroph
화학적산화 (chemotroph)	chemoautotroph	chemoheterotroph

- photoautotroph: 모든 식물
- chemoheterotroph: 모든 동물, 곰팡이, 박테리아의 대부분
- photoheterotroh: 광합성박테리아의 일부
- chemoautotroph: 화학합성을 하는 박테리아

그러나 많은 하등생물들은 하나 이상의 복합적 영양형태를 가지는 경우가 많다. 예를 들어 와편모조류 중에는 광합성을 하는 autotroph인 동시에 다른 박테리아와 조류를 잡아먹는 포식자로서 heterotroph의 영양활동을 가지는 종들이 있으며, 많은 조류는 광합성을 하면서 수중의 유기물을 흡수하여 이용할 수 있는 능력을 가지고 있다. 이러한 자가영양과 타가영양의 복합영양 형태를 혼합영양(mixotroph)이라 한다.

4. 계통분류학적 분류

생물의 진화의 갈래에 따라 분류군과 분류 체계를 만드는 방법이 현대 분류학의 근간을 이루고 있다. 분류 체계는 계, 문, 강, 목, 과, 속, 종, 변종 등의 계층적 구조를 가지고 있다(〈표 13-3〉).

〈표 13-3〉 생물 분류체계의 계층적 구조

계(Kingdom)	동물계
문(Phylum)	척색동물(아)문
강(Class)	포유강
목(Order)	영장목
과(Family)	사람과
속(Genus)	사람속(*Homo*)
종(Species)	*Homo sapiens*

이외에도 각 계층의 상위나 하위에 super- 또는 sub-라는 이름을 붙여 새로운 계층을 만들기도 한다(〈부록 I〉).

생물을 분류하는 가장 큰 단위는 원핵생물과 진핵생물로 나누는 분류이며 진핵생물은 다시 4개의 계로 나누어 모두 5개의 계(kingdom)로 분류하는 것이 가장 널리 인정되고 있는 분류체제이다(〈표 13-4〉).

〈표 13-4〉 생물계의 Kingdom 분류

Superkingdom Prokaryota (procaryotes) 원핵생물
Kingdom Monera 모네라계
Superkingdom Eukaryota (eucaryotes) 진핵생물
Kingdom Protista 원생생물계
Kingdom Fungi 균계
Kingdom Plantae 식물계
Kingdom Animalia 동물계

1) 모네라계(Kingdom Monera/Bacteria)

원핵생물은 학명으로는 Prokaryota, 일반명으로는 procaryotes로 부른다. 모네라계는 원핵생물로서 세포막이외에 핵막, 엽록체, 미토콘드리아, 소포체 등의 막성기관이 없다는 점이 진핵생물의 세포구조와 다르다. 세포소 기관이 없으므로 단백질 합성과 광합성 등에 필요한 효소는 세포막의 주름에 부착되어 있다. 모네라계는 대부분 박테리아와 cyanobacteria의 두 문으로 구성되며 박테리아계(Kingdom Bacteria)라고 부르기도 한다. 박테리아는 대부분 chemoheterotroph이며 cyanobacteria는 photoautotroph이다.

(1) Phylum Schizonta(또는 Schizophyta)-bacteria

대부분 heterotrophic이나 일부 phototrophic bacteria도 존재한다. 호수 내에서는 유기쇄설물(detritus)과 같은 입자상 유기물의 표면에 부착하여 서식하는 것이 많다. 육상 식물의 부스러기와 낙엽 등이 호수로 유입되면 표면에 곰팡이와 박테리아가 부착하여 서식하면서 이를 분해한다. 입자상 유기물은 호수 바닥에 가라앉아 저질 표면에서 주로 분해된다.

수중의 용존유기물을 이용하는 free-swimming bacteria의 밀도는 10^4~10^6cells/ml의 범위를 가지며 부영양호일수록 밀도가 높다. 수표면에서 박테리아의 밀도가 중층보다 높다. 외부로부터 유입하는 유기물은 주로 용존유기물이며 박테리아에 의해 이용되고 박테리아는 원생동물의 먹이가 됨으로써 호수생태계의 에너지 순환에 중요한 역할을 한다.

purple sulfur bacteria, green bacteria 등 광합성박테리아는 식물과는 다른 광합성을 수행한다. 전자의 공급원으로 H_2O 대신 H_2S를 이용하기도 한다. 호수의 박테리아 가운데에는 Fe^{2+}, NH_3, NO_2^-, H_2S, $S_2O_3^{2-}$ 등의 무기물을 산화시켜 에너지를 얻는 화학합성 세균(lithotrophic bacteria 또는 chemosynthetic bacteria)이 있다.

(2) Phylum Cyanonta(또는 Cyanophyta)-cyanobacteria, 남조류

cyanobacteria는 생리적인 특징이 진핵생물의 조류와 유사한 점이 많아 전통적으로 조류의 한 종류로 분류하여 남조류(藍藻類, bluegreen algae, bluegreens)라 부르기도 하였으며 아직도 통상적으로 사용되고 있다. 그러나 세포의 구조가 일반 조류들은 진핵생물(眞核生物, eucaryotes)인 데 비하여 남조류는 원핵생물(原核生物, procaryotes)로서 박테리아와 같은 특성을 가진다. 이 때문에 남조류를 진핵조류와 구분하여 영어로는 cyanobacteria라고 고쳐 부르고 있으며 남세균, 시안세균 또는 시아노박테리아로 번역되고 있다. 남조류의 세포구조는 원핵생물과 같지만 광합성 과정과 엽록소의 종류는 진핵생물과 같다. 다른 광합성박테리아가 bacteriochlorophyll a를 가지는 것과 달리 남조류는 chlorophyll-a(엽록소-a)를 가지며 광합성 과정에서 산소를 발생한다. 남조류는 보조색소로서 빨간색을 띠는 phycoerythrin과 청색을 띠는 phycocyanin 등의 phycobillin계 색소를 가지고 있으므로 이 색소들의 조합에 따라 검은색에서 녹색, 빨강색, 청록색에 이르기까지 다양한 색을 띤다. 남조류가 수중에 살아 있을 때는 초록색을 띠고 있으나 죽은 후 세포가 터지면 청색이 나타난다. 육상, 호수, 하천, 온천수 등 어느 서식지에서나 다양한 남조류가 출현하며, 극한의 환경에서도 서식한다. 호수에서는 특히 수온이 높고 인의 농도가 높은 부영양호의 여름에 많이 출현한다.

2) 원생생물계 Kingdom Protista(protists)

진핵생물(Eucaryotes) 가운데 단세포이거나 다세포이더라도 세포의 분화가 적은 생물들을 모아 원생생물로 분류한다. 원생생물계(Protista)의 영문 일반명은 protists이다. 이 중에서 광합성을 하는 자가영양생물을 조류(藻類 algae)라고 하고 타가영양생물인 종류를 원생동물(protozoa)이라 부르며 이 두 분류군을 Subkingdom으로 위치하기도 한다(〈표 13-5〉).

원생생물 가운데에는 식물과 같은 광합성 능력을 가지고 있으면서 동시에 동물과 같은 운동성을 가지고 있는 종류도 있고, 광합성을 하

〈표 13-5〉 원생생물계의 Subkingdom

Kingdom Protista 원생생물계
  Subkingdom Algae 조류
  Subkingdom Protozoa 원생동물

는 동시에 다른 유기물이나 생물을 먹기도 하는 혼합영양생물 종류도 있어, 생물을 식물과 동물로 분류하던 과거에는 소속이 애매하여 혼돈을 빚기도 하였다.

조류는 여러 개의 문(phylum)으로 나뉘며 원생동물은 하나의 문으로 분류하기도 하고 6개의 문으로 나누기도 한다. 모든 조류는 광합성을 수행하는 중심색소로서 엽록소-a(chlorophyll-a)를 가지고 있으며(〈그림 13-2〉) 이외에 보조색소들을 가지고 있는데 보조색소의 종류에 따라 색깔이 달라진다(〈표 13-6〉). 유글레나류와 녹조류 같이 보조색소로서 식물과 동일한 엽록소b를 가지는 조류는 녹색을 띠므로 녹색계열 조류라 하고, 규조류, 와편모조류, 황갈조류, 갈조류 등과 같이

〈표 13-6〉 조류의 종류별 보조색소

특성	문 학명	일반명	주요 보조색소
녹색계열 조류	Chlorophyta	Green algae(녹조류)	chlorophyll b
	Charophyta	Charophytes(차축조류)	chlorophyll b
	Euglenophyta	Euglenoids(유글레나류)	chlorophyll b
갈색계열 조류	Phaeophyta	Brown algae(갈조류)	chlorophyll $c_1 + c_2$, fucoxanthin
	Chrysophyta	Yellow-brown or golden-brown algae(황갈조류)	chlorophyll $c_1 + c_2$, fucoxanthin
	Pyrrhophyta	Dinoflagellates(와편모조류)	chlorophyll c_2, peridinin
	Cryptophyta	Cryptomonads(은편모조류)	chlorophyll c_2, phycobilins
	Rhodophyta	Red algae(홍조류)	phycoerythrin, phycocyanin
원핵생물	Cyanophyta	Blue-green algae(남조류)	phycocyanin, phycoerythrin

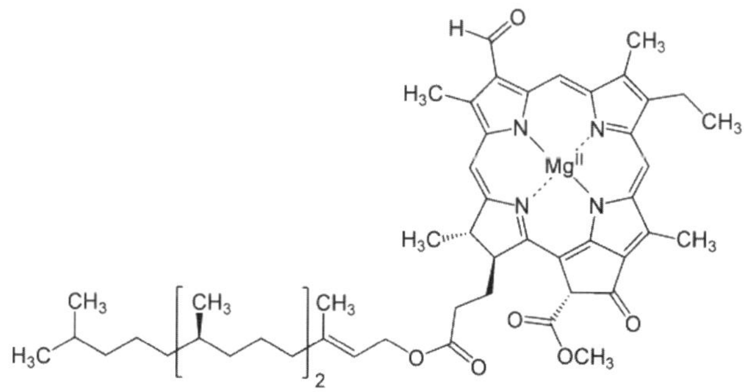

〈그림 13-2〉 엽록소-a의 구조

엽록소c를 가지는 조류는 갈색을 띠므로 갈색계열 조류라고 한다. 각 생물문의 특징은 다음과 같다.

(1) Subkingdom Algae(조류)

가. Phylum Euglenophyta(유글레나문, euglenoids)

유글레나류(euglenoids)는 단세포이며 편모를 가지고 있어 운동성이 있다. 엽록소b를 가지고 있는 녹색계열 조류이다. *Euglena*가 대표적인 속이다. 대부분 담수에 산다.

나. Phylum Chlorophyta(녹조식물문, green algae)

일반명은 녹조류(green algae, chlorophytes)이다. 식물과 같은 색소조성인 엽록소-a와 엽록소b를 가지고 있어 초록색으로 보인다. *Chlorella*와 같이 단세포인 종류도 있고 해캄과 같이 긴 사상체(filament)를 형성하거나 *Volvox*와 같이 공모양의 군체(colony)를 형성하는 종류도 있다. 대부분 담수에 산다. 셀룰로오스로 만들어진 질긴 세포벽(cell wall)을 가진다.

다. Phylum Pyrrophyta(황적조식물문, 黃赤藻, dinoflagellates)

일반명은 와편모조류(dinoflagellates)이다. 과거에는 쌍편모조류 또는 불꽃색 편모조류라고 불렀다. 2개의 편모(flagella)를 가지고 유영하는 능력을 가지고 있다. 빛을 향해 이동하는 주광성을 나타내므로 낮에는 수면에 밀집하고 밤이면 흩어지는 일주기 이동을 보이기도 한다. 해양과 담수에 모두 출현하며 바다에서는 적조(red tide)의 원인 생물로서 빨강색, 분홍색, 갈색 등을 띤다. 바다에서는 독소를 생성하는 종류가 많으나 담수에 출현하는 종류는 독소를 가지지 않는다. 셀룰로오스로 만들어진 theca로 둘러싸인 종류를 armored dinoflagellate라 하고 theca를 갖지 않은 종류를 naked dinoflagellate라 부른다.

라. Phylum Chrysophyta(황갈조식물문 또는 황금색조식물문, golden algae)

갈색계열 조류이다. 규조류가 황갈조류의 대부분을 차지하는 큰 강이다.

마. Class Chrysophyceae(황갈조강 또는 황금색조식물강)

편모를 가진다. *Dinobryon*과 같이 군체를 형성하는 종류가 많이 있다.

바. Class Bacillariophyceae(규조강, diatoms)

규조류는 단세포 광합성생물이다. 해양과 호수에서 가장 많은 광합성 생물로서 주요 일차생산자이다. 규산염으로 만들어진 2장의 껍질(frustule)을 가지므로 다른 조류와는 달리 규소를 영양소로서 필요로 하며 규소가 결핍되면 성장하지 못한다.

규조류는 Phylum Chrysophyta의 한 Class로 분류하기도 하고 Phylum Bacillariophyta라는 독립된 문으로 분류하기도 한다. 규조류는 형태에 따라 우상목과 중심목의 두 개의 목으로 나눈다.

① Order Pennales(우상목, 羽狀目)

영문 일반명은 pennate diatoms이다. 좌우대칭 형태를 가진다. 중앙부에 종방향으로 홈(raphe)이 있고 이 틈으로 세포질이 돌출하여 미끄럼 이동(gliding)을 할 수 있다. 주로 저서성이다. 하천의 부착조류는 대부분 우상목이다. 그러나 *Asterionella*는 국내 많은 호수에서 겨울과 봄에 우점종으로 출현하는 대표적 부유성 우상목 규조이다.

② Order Centrales(중심목, 中心目)

영문 일반명은 centric diatoms이다. 원통형의 껍질을 가지므로 축방향에서 본 외각의 모양은 방사대칭형이다. 부유성 조류가 많다. *Melosira*는 유속이 느린 하천과 호수에서 흔히 나타나는 중심목 규조로서 사상체를 형성한다.

사. Phylum Cryptophyta(은편모조식물문, 隱鞭毛藻, cryptophytes)

편모와 껍질을 가진다.

아. Phylum Pheophyta(갈조식물문, brwon algae)

엽록소-c와 카로틴을 가지고 있어 갈색을 띤다. 줄기와 잎이 구분되는 대형조류가 많다. giant kelp는 길이가 15m에 이르는 것도 있다. 미역, 다시마, 모자반 등은 식용으로 이용된다. 대부분 해산종이다.

자. Phylum Rhodophyta(홍조식물문, red algae)

엽록소-d를 가지고 있으며, 남조류와 유사하게 phycocyanin과 phycoerythrin을 가지고 있어 검은색을 띠기도 하고, 빨간색을 띠기도 한다. 김(*Porphyra*)은 식용한다. 대부분 해산종이다.

(2) Subkingdom Protozoa(protozoans, 원생동물아계)

원생동물은 하나의 문으로 분류하기도 하고 6개의 문으로 나누기도 한다. 생물시료를 포르말린과 같은 고정액으로 고정하면 세포가 깨지기 쉬우며 연구가 어렵기 때문에 연구가 불충분하다. 정확한 연구를 위해서는 살아 있는 채로 동정하는 것이 좋다.

박테리아와 조류의 포식자이나 기생생활을 하는 종류도 있다. 때로는 생물량이 크게 증가하여 식물플랑크톤의 주요 포식자의 역할을 하기도 한다. Amoeba는 대량 증식하여 포자가 수면에 떠오르면 흰색이나 검은색의 부유물을 형성하기도 한다.

〈표 13-7〉 담수에서 많이 서식하는 원생동물의 주요 문

Subkingdom Protozoa
Phylum Zoomastigina
Phylum Sarcodina
Phylum Sporozoa
Phylum Ciliophora

3) Kingdom Animalia(동물계)

(1) Phylum Aschelminthes [대형(帶形)동물]

Class Rotifera [rotifers, 윤충류]

윤충류(輪蟲類)는 대형동물의 강으로 분류하기도 하고 별도의 Phylum Rotatoria로 분류하기도 한다. 입주위에 원형으로 섬모가 나 있고 이를 회전시켜 먹이를 잡는다. 작은 종류는 수중의 algae와 bacteria를 잡아먹는 grazer이지만 큰 종류는 작은 윤충류도 잡아먹는 포식자이다. 남조류의 grazer로서 중요하게 부각되고 있다. 담수에서는 종종 우점하는 동물플랑크톤이지만 해양에서는 갑각류에 비하여 우점도가 작다.

(2) 절지동물 [Phylum Arthropoda]

몸은 키틴질로 둘러싸여 있는 외골격을 가지므로 다리에는 마디가 있다. 곤충류, 갑각류, 거미류 등이 있다. 갑각류는 동물플랑크톤의 대부분을 차지한다. 담수에는 곤충의 유생(Larvae)이 많다.

가. Class Insecta [곤충강]

동물 가운데 가장 종 수가 많은 부류이다. 약 80만 종으로 100만 종으로 추산되는 전체 동물 종의 80%를 차지한다. 많은 곤충이 일생의 대부분을 수중에서 보내고, 번식기에만 우화하여 육상에서 생활한다. 이들을 수서(水棲) 곤충(aquatic insects)이라 한다. 하천에서 중요한 생태계 구성원이다. 강도래, 날도래, 하루살이, 잠자리 등의 유충이 주를 이룬다.

나. Class Crustacea [갑각강]

Phylum Arthropoda(절지동물문)의 Class Crustacea로 분류하기도 하고 별도의 문으로 분류하기도 한다. 해양과 담수에서 zooplankton의 대부분을 차지한다. 담수에서 중요한 갑각류는 요각류(腰脚類)와 지각류(枝脚類)이다. 해양에는 이외에도 Amphipoda, Isopoda 등이 서식한다.

① Order Copepoda (copepods, 요각류(腰脚類))

해양에서 가장 우점하는 동물플랑크톤이다. 몸은 머리, 가슴, 꼬리의 세 부분으로 나뉜다. 머리에는 두 쌍의 더듬이(antena)가 있다. 가슴과 꼬리는 여러 개의 마디로 나뉘어져 있으며 각 마디에는 대개 한 쌍의 다리가 나 있다. 더듬이와 다리를 움직여 헤엄친다. 알은 부화하여 유생기를 거쳐 성충이 된다.

② Order Cladocera (cladocerans, 지각류(枝脚類))

일반적으로 물벼룩이라고 부르는 *Dapnhia* 속이 대표적인 지각류이다. 몸길이가 요각류에 비하여 큰 편이며 *Daphnia magna*는 크기가 최대 5mm에 이르기도 한다. 몸은 두 장의 껍질로 둘러싸여 있다. 이 껍질은 등 쪽에서 붙어 있고 배 쪽이 열려 있다. 크고 색이 짙은 눈을 가진 것이 특징이다. 몸이 가라앉지 않도록 하기 위해서 더듬이를 접어 위쪽으로 튀어오르는 운동을 계속하기 때문에 물벼룩이라는 이름이 붙여졌다.

③ Order Decapoda (십각류(十脚類))

새우, 가재, 게 등의 몸집이 큰 갑각류들이다. 10개의 다리를 가진다.

(3) Phylum Cnidaria [자포(刺胞)동물문]

강장동물문으로 분류되기도 하였으나 유즐동물문과 자포동물문으로 분리하기도 한다. 고착성의 polyp형과 부유성의 medusa형으로 나뉘는 세대교번을 한다. 자포를 가지고 먹이를 잡는다. 히드라강, 해파리강, 산호충강이 있다.

(4) Phylum Nematoda [선형(線形)동물문]

Nema는 실을 뜻하는 것으로 실모양의 가늘고 긴 동물들이다. roundworm 이라 부르기도 한다.

(5) Phylum Nematomorpha [유선형(類線形)동물문]

실모양의 동물이다. 연가시가 대표적 예이다.

(6) Phylum Mollusca [연체(軟體)동물]

가. Class Pelecypoda 부족류

pelecypods 도끼발이라는 뜻. - 조개. 담수에는 주로 담치류(mussel)가 많다. zebra mussel과 같이 fouling organism이 되기도 한다. 재첩은 식용한다.

나. Class Gastropoda 복족류

다슬기, 우렁이, snails. 몸 중앙에 발이 있어 복족류라 부른다. 부착조류를 먹이로 한다.

다. Class Cephalopoda 두족류

오징어, 문어. 해양에만 서식한다.

(7) Phylum Ectoprocta [외항동물] 또는 Phylum Bryozoa [태형동물]

Ektos-는 바깥, proktos는 항문이라는 뜻이다. 지금까지 Bryozoa(태형동물)로 불러 왔다. 이끼벌레(moss animal, 태충)가 대표적이며 작은 개체 동물이 모여 크기가 수십 cm에 이르는 둥근 군체를 형성한다. 수중에 잠겨 있는 물체에 부착하여 서식한다(〈그림 13-3~4〉).

사진: 김범철.

〈그림 13-3〉 태형동물(Bryozoa) 군체 사진(춘천호)

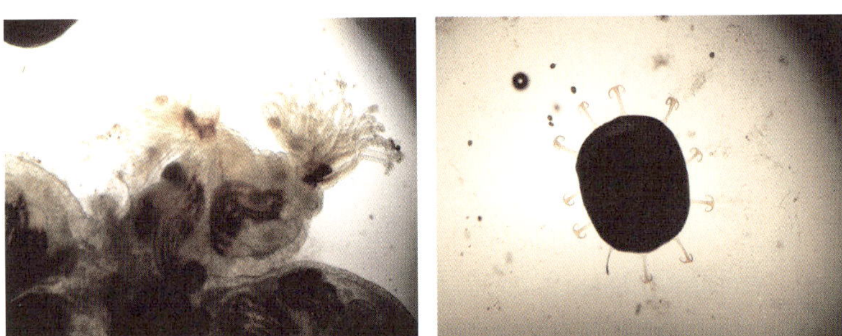

사진: 김범철.

〈그림 13-4〉 태형동물(Bryozoa)의 촉수(左)와 휴지아(右)

(8) Phylum Annelida [환형동물문]

체절이 발달하여 고리모양의 마디가 연결되어 있다.

가. Class Polychaeta [다모강, 다모류]

다리가 많이 있어 다모류(poly-는 많다. chaet-는 털이라는 뜻)라 명명되었다. 머리가 확실하다. 갯지렁이가 대표적인 동물이다. 바닷가와 기수역에 주로 산다.

나. Class Oligochaeta [빈모강, 빈모류]

다리와 머리가 없다. 지렁이, 실지렁이. 육지와 담수에 주로 산다.

다. Class Hirudinea [거머리강, 거머리류]

(9) Phylum Chordata [chordates 척색동물문]

가. Subphylum Vertebrata [vertebrates 척추동물아문]

① Superclass Agnatha [무악동물]

a-는 없다. gnathos는 턱이라는 뜻. 턱과 부속지가 없고 비늘이 없다. 연골을 가진다. 빨판으로 물고기에 붙어 피를 빨아 먹는다. 먹장어강. 칠성장어강

② Superclass Pisces [어류]

③ Superclass Tetrapoda [사지동물]

Class Amphibia (amphibians 양서류) 개구리, 도롱뇽

Class Reptilia (reptiles 파충류) 뱀, 거북이, 자라

Class Aves (birds 조류) 새

Class Mammalia (mammals 포유류) 포유동물

‖ 제 14 장 ‖

식물플랑크톤

제 14 장 식물플랑크톤

1. 식물플랑크톤의 생태학적 의의

호수생태계에서 수중생태계의 에너지 흐름의 양과 에너지 함량은 일차생산과 외부유입 유기물의 양에 의해 결정된다. 타가영양생물은 모두 일차생산 또는 외부기원 유기물의 양에 의존하여 살아가며 외부기원 유기물은 다른 지역에서 발생한 일차생산의 결과이므로 유역을 포함하는 생태계의 단위로 볼 때 일차생산이 생태계의 전체 에너지 흐름의 양과 저장된 에너지의 양을 결정하는 것이다.

호수에서는 식물플랑크톤이 일차생산의 대부분을 수행하는 일차생산자(primary producer)로서 생태계의 에너지의 근원을 제공한다. 따라서 호수생태계의 일차생산자뿐 아니라 타가영양생물의 현존량과 에너지 사용량도 일차생산량에 의해 결정된다.

수중생태계의 에너지 함량이 너무 많으면 수돗물의 소독부산물이 증가하고, 심층산소가 고갈되는 등 수자원을 상수원으로 이용하는 경우에 장애를 주므로 수질오염으로 간주한다. 호수생태계에서 수중유기물오염도(BOD, COD)는 거의 식물플랑크톤의 양에 의해 결정되므로 수질환경의 관점에서 볼 때 식물플랑크톤은 가장 핵심적인 요소이다.

2. 플랑크톤의 채집 방법

플랑크톤은 대개 밀도가 낮으므로 현미경 관찰을 용이하게 하기 위하여 플랑크톤 채집망을 사용하여 농축하여 채집한다. 망을 끄는 방향에는 수직끌기(vertical hauling), 수평끌기(horizontal hauling), 사선끌기(oblique hauling) 등이 있다. 망의 망목은 크기가 다양하므로 대상 플랑크톤에 따라 정해진다. 담수의 식물플랑크톤 채집을 위해서는 대개 35㎛ 정도의 망을 사용하며, 동물플랑크톤에는 우점종의 크기에 따라 다른 망을 사용하며 보통 80㎛ 또는 100㎛을 많이 사용한다.

플랑크톤 망을 사용하여 채집할 때 망의 폐색이 생기면 물이 저항을 받아 망의 입구를 통과하지 않고 빗겨가는 현상이 생긴다. 그러므로 정량 채집을 위해서는 망의 저항을 줄이기 위하여 입구는 좁고 망의 직경은 크게 하여 [망의 면적/유량] 비를 최대화한 모양의 망을 사용한다. 망의 입구 면적에 망을 끈 거리를 곱하여 망을 통과한 물의 양을 계산한다. 더욱 정확한 정량 채취를 위해서는 망의 입구에 유량계를 달아 망을 통과한 물의 양을 정확히 계산하기도 한다. 수심별로 플랑크톤의 양을 측정하기 위해서는 메신저를 떨어뜨려 수중에서 중간을 졸라매는 망을 사용한다.

망을 통과하는 나노플랑크톤(nanoplankton)을 연구하려면 망을 사용하지 않고 호수물을 채집하여 침강시킨 후 상층액을 사이펀으로 조용히 따라내어 농축한다. 이때 보존용액으로 침강성을 좋게 하는 요오드(I_2)를 포함하는 루골 용액을 사용하는 것이 좋다. 침강한 플랑크톤은 도립현미경(inverted microscope)을 사용하면 편리하게 검경할 수 있다. 부영양화가 심하여 플랑크톤의 밀도가 높은 호수에서는 농축이 없이 깊이가 깊은 counting chamber를 사용하여 조사할 수도 있다.

채집한 플랑크톤의 보존을 위해서는 보존액을 첨가한다. 중성포르말린(formaldehyde)을 가장 많이 사용하며, 산성포르말린, 글루타알데하이드(glutaraldehyde), 루골 용액 등이 흔히 사용된다. 보존액은 플랑크톤의 종류에 따라 세포벽의 구성 물질이 다르므로 종류에 따라 다른 보존용액을 사용하는 것이 좋다.

플랑크톤의 정량조사를 위해서 Uttermöhl settling chamber나 Sedgwick-Rafter counting chamber를 사용하여 개체수를 센다. 흔히 사용되는 것이 Sedgwick-Rafter counting chamber로서 용량이 1ml이고 1,000개의 눈금으로 나뉘어져 있다. 크기가 작은 종류를 고밀도로 관찰하기 위해서는 Palmer-Maloney cell을 사용한다. 깊이가 깊은 counting chamber를 사용하기 위해서는 대물렌즈와 물체와의 거리인 작동거리(working distance)가 긴 대물렌즈를 사용하여야 고배율로 관찰할 수 있다.

크기가 3㎛ 이하의 picoplankton은 0.2㎛ 여과지로 여과한 후 여과지에 채집된 플랑크톤을 관찰한다. 여과지를 투명하게 하고 형광현미경으로 관찰하면 엽록소를 가진 세포가 형광을 내므로 heterotroph와 구별하여 남조류를 관찰할 수 있다.

3. 담수에서 흔히 나타나는 플랑크톤 종류

호수에서 주로 출현하는 식물플랑크톤은 규조류, 녹조류, 남조류이며, 그 외에 와편모조류, 황갈조류, 은편모조류, 유글레나류 등이 소량 출현한다. 규조류는 해양에서도 가장 양이 많은 종류이다. 규조류는 갈색을 띠며 주로 봄과 겨울에 번식하는데 호수에서는 겨울에 식물플랑크톤의 세포 밀도가 낮아 색을 느끼는 경우가 드물다. 그러나 유속이 느리고 부영양한 낙동강에서는 겨울에 물의 색이 갈색을 띨 정도로 규조류가 증식한다. *Asterionella*가 대표적으로 많이 출현하는 종류이다. 봄에 규조류의 spring bloom이 일어나고 나면 수중에 규소가 고갈되어 규조류의 성장이 제한되고 녹조류와 남조류로 천이가 일어나기도 한다. 특히 부영양호에서는 인과 질소가 많아 규조류가 많이 증식하고 따라서 규소가 많이 흡수되어 고갈되기 쉽다. 하천형 저수지에서는 *Melosira, Cyclotella, Stephanodiscus* 등의 규조류가 많이 출현한다.

녹조류와 남조류는 여름에 주로 번식하며 초록색으로 색깔이 비슷하지만 녹조류가 좀 더 짙은 초록색을 띠며 수중에 고르게 퍼져 있는 반면 남조류는 연녹색을 띠며 수면에 송화가루처럼 떠오르고 심하면 초록색 페인트를 수면에 뿌려 놓은 것처럼 수면을 덮는다. 와편모조류는 바다에서 적조를 일으키는 종류로서 호수에서는 붉은색은 드물고 주로 갈색을 띤다. 이를 바다의 적조와 비교하여 담수적조(淡水赤潮)라고 부르는데 소양호가 대표적인 예로서 가끔 계곡 후미진 곳에 모여 물을 갈색으로 물들인다.

1) 남조류(藍藻類, bluegreen algae 또는 cyanobacteria)

호수에서 녹색을 띠는 플랑크톤에는 녹조류와 남조류가 있는데 녹조류는 독소가 없고 색깔이 진한 초록색이다. 남조류는 호수물을 연녹색으로 변화시키며 수돗물에서 냄새를 내는 원인이 되기도 하고, 독소를 생성하기도 하여 상수원에서 장해가 되는 종류이므로 골칫덩어리 또는 해로운 조류라는 뜻에서 'nuisance algae'라고 부른다.

부영양호에서 남조류가 대량 번식하여 물꽃현상을 일으키면 연록

색의 scum을 형성하므로 밀도가 높을 때에는 영어로는 'pea soup'이라고 부른다. 연녹색의 남조류 세포가 죽거나 건조하여 색소가 세포 외로 유출되면 청색이 나타난다. 이 색에 따라 일본에서는 남조류 물꽃현상을 青粉(아오꼬, あおこ)이라 부른다. 우리말에서는 이에 해당하는 용어가 없으나 일부에서는 바다의 적조(赤潮)와 대비하여 녹조(綠潮) 현상이라 부르고 있다.

우리나라 호수에서 가장 흔히 녹조현상을 일으키는 종류는 *Microcystis* 속으로서 간혹 *Oscillatoria*와 *Aphanizomenon* 등의 사상조류(filamentous algae)가 우점하거나 *Microcystis*와 함께 섞여서 출현하기도 한다(〈그림 14-1〉). 수온이 높은 곳에서는 주로 *Microcystis*가

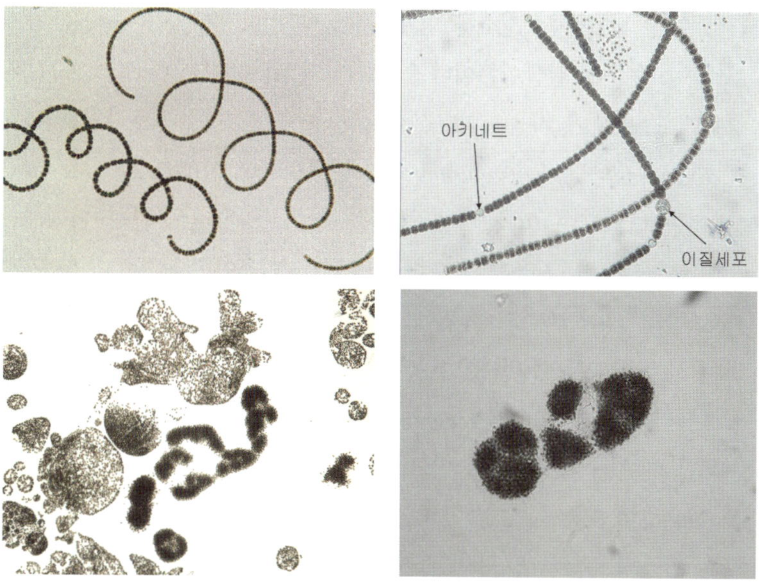

사진: 김범철.

〈그림 14-1〉 남조류 *Anabaena* spp(위), *Microcystis* spp(아래)

우점하고 북한강과 같이 수온이 상대적으로 낮은 지역에서는 *Anabaena*가 우점하는 경향이 있다. 사상체가 군체형의 *Microcystis*와 함께 출현하는 경우에는 사상체와 군체의 점액질이 한데 엉겨 매우 큰 덩어리의 scum을 형성하기도 한다. 과거에는 *Microcystis*를 대부분 *M. aeruginosa* 한 종으로 취급하였으나 근래에는 *M. aeruginosa, M. ichthyoblabe, M. wesenbergi, M. novaceki, M. viridis, M. flos-aquae* 등의 종으로 세분하며 세포의 크기와 군체의 모양이 분류 key이다.

남조류의 주목할 만한 생리적 특성 하나는 질소고정(nitrogen fixation) 능력이다. 질소(N_2)는 대기 중의 79%를 차지하는 기체로서 수중에서도 용존량이 많은 기체이지만 강한 삼중결합으로 산화와 환원이 쉽지 않아 대부분의 생물은 질소를 질소 공급원으로 이용하지 못한다. 그러나 일부 남조류는 질소를 암모니아로 환원할 수 있는 능력을 가지고 있어 수중에 질산이온이나 암모니아와 같은 질소공급원이 고갈된 경우에도 성장이 가능하다. 질소고정 능력을 가진 대표적인 남조류는 *Anabaena*와 *Aphanizomenon*으로서 세포가 사상체(filamentous chain)를 이루고 있으며 이 사상체 중에는 질소고정을 담당하는 이형세포(異形細胞, heterocyst)라는 특수한 세포가 있다. 이형세포는 두꺼운 막으로 둘러 싸여 산소의 유입을 차단한다. 또한 세포 내 호흡이 활발하여 산소를 모두 소비하고 무산소 상태의 낮은 산화환원전위를 유지함으로써 질소의 환원을 가능케 한다. 그러나 수중에 질소 공급원이 존재할 때에는 이형세포를 만들지 않고 질소고정 없이 수중의 질소원을 이용하며, 질소가 고갈될 때에만 이형세포를 생성한다. 질소의 고갈은 질소가 적은 빈영양호에서 일어날 수 있으나 우리나라는 질소 농도가 높은 편이므로 주로 인을 많이 함유한 하수의 유입이 많아 N/P비가 낮아진 곳에서 질소의 결핍이 발생하여 이형세포가 만들어지고 질소고정이 일어난다.

이형세포의 위치가 사상체의 중간 부위인지 말단 부위인지가 분류 key의 하나가 된다. 이형세포외에 사상체중에는 일반 세포보다 크기가 큰 akinete라는 휴면세포가 만들어지기도 한다. akinete는 세포의 휴면과 포자 증식에 관여하는 것으로 알려져 있다. akinete의 모양도 중요한 분류 key의 하나이다. 생리적 여건에 따라 이형세포와 akinete가 형성되지 않은 경우에는 정확한 동정이 어려운 경우가 많다.

남조류의 또 하나의 중요한 특징은 점액질의 sheath로 둘러싸여 있다는 것이다. *Anabaena*와 같이 사상체를 이루는 종류는 사상체 둘레를 투명한 점액질의 껍질이 둘러싸고 있으며 *Microcystis*와 같이 군체를 형성하는 경우에는 점액질 속에 세포들이 떠 있는 형태를 가진다. 점액질은 군체의 비중을 작게 하여 침강을 억제하는 효과가 있으며 동물플랑크톤에 의한 섭식에도 저항하고 소화율을 나쁘게 하는 효과가 있다. 남조류의 점액질은 정수장에서 모래여과지의 폐색을 일으켜 정수 과정을 방해하는 원인이 되기도 한다.

남조류는 인의 농도가 높고 수온이 20℃ 이상 되는 여름에 서식하는 부영양호의 지표생물이다. 부영양호에서는 여름에 남조류가 녹조현상을 일으킬 정도로 높은 밀도로 출현한다. 남조류가 녹조현상을 일으키면 수면에 녹색의 scum이 떠올라 더욱 밀도가 높게 느껴지며 미관상 불쾌감을 준다. 남조류 세포가 수면에 떠오르는 이유는 세포 내에 기낭(gas vesicle)을 가지고 있어 비중이 물보다 작기 때문이다. 남조류 세포의 기낭 이외에 점액질도 비중을 작아지는 데 기여한다. 기낭 크기와 세포 내 단백질과 탄수화물의 일주기 변화에 의해 비중을 변화시킴으로써 수중에서 침강하기도 하고 수면에 부상하기도 한다. 이 수직이동은 일주기 과정으로 나타나기도 하며, 세포의 비중과 물의 혼합 강도에 따라 수면에 스컴을 만드는 정도가 변한다. 대개 약한 바람이 부는 낮에 바람이 불어가는 쪽의 호숫가에서 높은 밀도의 스컴이 발견된다.

(1) 남조류의 독소

남조류는 수중동물뿐 아니라 포유류에게도 독성을 나타내는 독소를 생성하기도 하여 가축과 사람이 죽거나 중독되는 피해를 일으킨다. 남조류가 생성하는 독소에는 치명적인 독소로서 간에 해를 주는 microcystin이라는 간독(肝毒 hepatotoxin)과 신경을 마비시키는 anatoxin이라는 신경독(神經毒 neurotoxin)이 있으며, 그 외에도 배탈이나 앨러지성 피부염을 일으키는 당지질(糖脂質, lipopolysaccharide)이 있다. 신경독이 대량 발생하는 예는 흔치 않고 대부분의 경우에 간독이 주요 독소이다. 간독은 *Microcystis*에서 처음 발견되어 마이크로시스틴(microcystin)이라는 이름으로 명명되었다. 근래 마이크로시스틴의 구조에 관한 연구가 발전하여 7개의 아미노산이 고리를 형성하는 구조를 가지고 있고 약 50여 종의 변종이 있으며 주로 발생하는 독소는 microcystin-LR, -RR, -YR이라는 것이 밝혀졌다. 이 중에서 가장 흔하고 독성이 강한 것은 microcystin-LR로서 1mg만으로 실험용 쥐 50마리를 죽일 수 있을 정도로 독성이 강하며, 같은 체중비로 보면 3mg으로 사람이 죽을 수 있다.

마이크로시스틴은 동물의 간에 급성 중독과 만성 피해를 주는 것으로 밝혀졌다. 쥐에 투여하면 쥐의 간이 충혈되고 간 기능이 파괴되어 한두 시간 내에 죽는다. 죽은 쥐의 간을 떼어내 보면 간이 충혈되어 무게가 크게 증가하고 검붉은 빛을 띠고 있다. 그러므로 호수에 남조류 독소가 발생했는지의 여부를 조사하는 데에 실험용 쥐를 사용하기도 한다. 어류에서도 간에 피해를 준다. 장기간 남조류를 섭취한 연어과 어류의 간은 점점 작아지고 오그라들어 결국 죽게 된다는 연구 결과가 발표된 바 있다. 그러나 잉어와 붕어는 남조류가 많은 부영양호에서도 오히려 남조류를 먹으면서 잘 사는 어류이므로 독소에 대한 내성을 가진 것으로 추정된다.

신경을 마비시켜 동물을 즉사케 하는 신경독은 *Anabaena*에서 처음 발견되어 아나톡신(anatoxin)이라고 명명되었으며 이외에도 nodularin 등의 독소가 발견되었다. 신경독은 신경을 마비시키므로 효과가 빠르게 나타난다. 호숫가에서 물을 마시던 소가 갑자기 쓰러져 경련을 일으키거나 10분 이내에 죽는 급성 중독 사고는 신경독 때문이다. 치사효과가 1시간 후에 나타나는 간독과는 달리 신경독의 효과는 즉시 나타나며 이때 죽지 않는다면 시간이 경과함에 따라 큰 후유증이 없이 회생한다.

남조류의 독성은 동물플랑크톤에게도 나타나므로 자신을 포식하는 동물에 대한 화학적 방어 기작의 하나로 볼 수 있다. 조류에 대해 여과포식 효과가 큰 물벼룩 등의 동물플랑크톤은 독소를 가진 남조류를 회피하는 것으로 알려져 있다. 독소생성뿐 아니라 군체와 사상체를 형성하여 입자 크기가 커지는 것도 포식을 방해하는 요소이다. 그러므로 여름에 남조류가 우점하게 되면 동물플랑크톤에 의해 효율적으로 포식되지 않으므로 조류의 번무가 자연적으로 제거되지 않고 늦여름까지 오래 지속하는 원인이 된다. 그러나 일부 윤충류(rotifer)와 원생동물이 남조류를 포식하는 것으로 보고되고 있으며 원생동물의 포자가 수면에 떠서 흰색의 스컴을 형성하기도 한다.

(2) 부영양호의 남조류에 의한 독소피해

우리나라 호수에 출현하는 남조류의 우점종은 독소를 생성하는 *Microcystis* 속이다. *Microcystis*는 작은 세포가 모여 군체를 형성하기 때문에 육안으로도 확인되는 녹색 가루의 모양을 가지게 되며, 기포를 가지고 있어 수면에 떠오르는 성질을 있어 수면에 모여 스컴을 만들면 녹색 페인트를 풀어 놓은 듯이 보인다. 이 스컴이 독소를 가지는 경우에 물을 마신 동물이 죽는 피해가 나타난다. 남조류가 많은 호수라도 수중에 고루 퍼져 있는 경우에는 물을 마셔도 남조류 세포를 많이 먹지 않으므로 동물이 죽는 피해는 없지만 수면에 떠오른 남조류가 바람에 밀려 물가에 밀집하여 높은 밀도의 scum을 형성하면 이를 마신 가축이 죽게 된다.

남조류의 피해를 가장 많이 받는 동물은 방목하는 가축이다. 우리나라에서는 소를 방목하는 곳이 별로 없고 마실 물을 사람이 공급하여 주는 곳이 대부분이지만, 호주와 미국처럼 초지에서 방목하는 목장에서는 소들이 자유로이 풀을 뜯다가 목장 내의 호수를 찾아가 물을 마신다. 방목지에서 가축이 대량으로 죽은 가장 큰 사고는 1991년 호주의 달링강(Darling River) 사건을 들 수 있다. 1991년 12월 외국신문에 호주의 1,200km의 하천을 뒤덮은 남조류 녹조(綠潮)현상이 보도되었다. 호주의 뉴사우스웨일스(New South Wales)주의 서부에 흐르는 달링강에는 1년 이상 계속된 가뭄으로 유속이 느려지고 독성 남조류가 증식하였는데 남조류가 대량 번식한 물이 서서히 강을 따라 흘러 내려가는 동안 강물을 마신 총 1,600마리의 강변 목장의 가축들이 죽은 것으로 보고되었다.

가축의 치사 피해가 많은 데 비하여 사람은 남조류가 밀집한 녹색의 스컴을 그대로 마시지 않기 때문에 사람이 죽은 예는 많지 않다. 그러나 수돗물에 의해 사람들이 집단 중독 증세를 일으킨 예가 있다. 남조류 세포가 완전히 제거되지 않은 수돗물을 마시고 주민이 집단으로 구토, 설사, 복통 등의 나타낸 예가 있으며, 남조류를 제거하기 위하여 첨가한 황산구리에 의해 남조류 세포가 파괴되어 수중에 독소가 유출됨으로써 이 수돗물을 먹은 주민이 집단으로 중독 증세를 보인 예도 있다.

남조류의 독소에 의해 사람이 죽은 유일한 사건은 1996년 브라질의 카루아루(Caruaru)에서 일어났다. 한 병원에서 신장투석을 위하여 호수물을 사용하였는데 이 물속에 남조류 독소인 microcystin이 함유되어 있어 126명이 중독되고 55명이 사망하였다. 병원에 공급된 물은 인근의 부영양화된 저수지에서 물탱크에 담아 염소 소독만을 거친 후 트럭으로 운반한 것이었다. 정규의 정수과정을 거치지 않았기 때문에 남조류 세포가 제거되지 않았고, 따라서 남조류 세포 내에 포함된 독소 때문에 발생한 사고였다.

그 외에도 사람이 죽지는 않았으나 중독 증상을 앓은 예는 많이 있다. 미국의 펜실베이니아주 스위클리에서는 남조류가 번식한 상수원수의 정수과정이 부적절하여 이 수도물을 마신 주민들이 설사, 위장염의 증상을 보이는 집단 발병이 일어났다. 호주의 팜섬(Palm Island)에서도 남조류가 번식한 상수원 저수지 물의 정수가 불충분하여 남조류 독소가 수도물에 잔류함으로써 주민들이 간염 유사 증세를 보였다.

수영 등의 물놀이를 하다가 실수로 호수 물을 마시고 중독 증세를 나타낸 경우도 있다. 영국에서는 카누 훈련을 받는 과정에서 병사가 호수에 빠져 물을 마신 뒤 중독 증세로 입원한 예도 있다. 후진국에서는 아직도 남조류가 서식하는 호수 물을 제대로 정수하지 않고 음용수로 사용하는 예가 많아 집단적으로 풍토병처럼 설사, 간질환 등의 증세를 앓기도 한다.

저농도의 간독(마이크로시스틴)이라도 장기간 섭취하면 간암을 유발하는 것으로 밝혀졌다. 중국의 어느 지방에서는 남조류가 서식하는 호수 물을 제대로 정수하지 못하고 식수로 사용하였는데, 이 지방의 간암 발생율이 다른 지방보다 매우 높아 그 원인을 찾는 역학 조사 결과 식수원의 남조류 때문인 것으로 판명되었다.

호주에서는 음용수의 수질기준으로 microcystin의 단기 허용 농도 기준을 1.0㎍/l, 장기 허용 농도 기준을 0.1㎍/l로 제안하고 있는데 많은 부영양호들이 이 이상의 독소 농도를 보이므로 반드시 정수과정을 거쳐 남조류 세포를 제거하여야 음용수로 쓸 수 있다. Microcystin은 대개 세포 내에 존재하므로 세포를 제거하면 함께 제거되며, 용존 독소는 염소 소독과 활성탄으로 제거할 수 있다. 그러나 간혹 정수과정 실수에 인해 남조류 세포가 완전히 제거되지 않고 수돗물에서 검출되는 예들이 보고되고 있고, 용존 독소도 완전히 제거되지 않아 미량이 남을 수 있다. 우리나라 대부분의 호수가 부영양화되어 여름에 남조류가 우점하고 있으므로 상수원 정수과정에 주의를 요한다. 특히 정수과정이 불완전한 간이 정수시설에서는 독소 피해가 발생할 수 있다.

2) 와편모조류(dinoflagellates)

바다의 적조를 일으키는 와편모조류는 독소를 가지고 있거나 물고기의 아가미에 달라 붙어 질식시키는 등의 피해를 준다. 그러나 호수에서 서식하는 와편모조류는 독을 가지고 있지 않아 피해가 없으며 색깔도 바다와는 달리 대개 갈색을 띤다. 담수의 와편모조류는 독성이 없을 뿐 아니라 세포의 크기가 50㎛ 이상으로 남조류나 녹조류에 비하여 큰 편이므로, 동물플랑크톤의 먹이가 될 뿐 아니라 직접 작은 어류의 먹이가 되기도 한다. 또한 와편모조류의 일부는 광합성을 하는

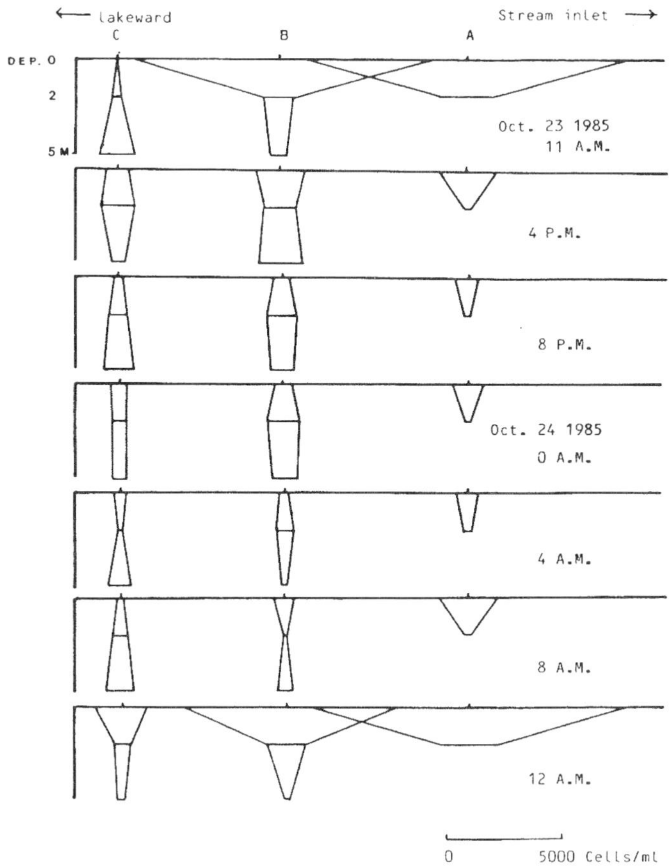

* 낮에는 표층으로 밀집하는 주광성을 가지고 하천수유입부에 밀집하며 밤에는 흩어진다.

자료: Kim, 1987.

〈그림 14-2〉 와편모조류 분포의 일주기 변동

동시에 다른 생물을 포식하기도 하는 혼합영양생물의 섭식 행태를 보이기도 한다. 와편모조류는 두 개의 편모를 가지고 있으므로 빠른 유영 능력을 가진다. 주광성을 나타내므로 낮에는 수면으로 상승하고 밤이면 수층에 흩어지는 일주기 운동(diel migration)을 보인다(〈그림 14-2〉).

낮에 표층에 몰리는 특성으로 인하여 표층수가 이동하는 경우에는 표층수를 따라 물리적으로 밀집하는 현상이 나타난다. 바람이 불어 표층수가 이동하면 와편모조류도 따라서 바람이 불어가는 방향의 호안에 밀집한다. 즉, 바람에 밀려온 물은 침강하지만 주광성을 가지고 상승하는 와편모조류는 표층에 계속 남아 있어 높은 밀도를 보이게 된다(〈그림 14-3〉). 하천수가 유입하는 산간 저수지의 계곡부에서도 표

사진: 김범철.

〈그림 14-3〉 소양호 유입지류에서 와편모조류(*Peridinium bipes*)의 밀집에 의한 담수적조 현상

층수가 계곡의 안쪽 방향으로 이동하는 표층류가 지속적으로 존재하며 이로 인하여 낮에는 계곡부에 와편모조류가 밀집하는 현상이 나타난다(Kim et al. 1985). 따라서 수면에 스컴을 형성하는 남조류와 주광성 운동을 하는 와편모조류가 우점하는 호수에서는 호수 내 지점 간에 식물플랑크톤의 밀도가 큰 변이를 보이며 밤낮의 차이도 매우 커지므로 식물플랑크톤 밀도의 대표치를 얻기 위해서는 일주기 변동을 고려한 광범위한 조사가 필요하다.

와편모조류는 셀룰로오스로 만들어진 껍질(theca)을 가지는 종류(armored type)와 껍질을 가지지 않는 종류(naked type)가 있다. 셀룰로오스 껍질은 일정한 규칙성을 가지고 배열되어 있는 여러 장의 판으로 구성되어 있으며 이 판(plate)의 배열과, 모양, 대칭성, 정부(頂部, apex)의 구멍 등이 분류의 key가 된다. *Peridinium*이 가장 흔히 출현하는 종류이다(〈그림 14-4〉).

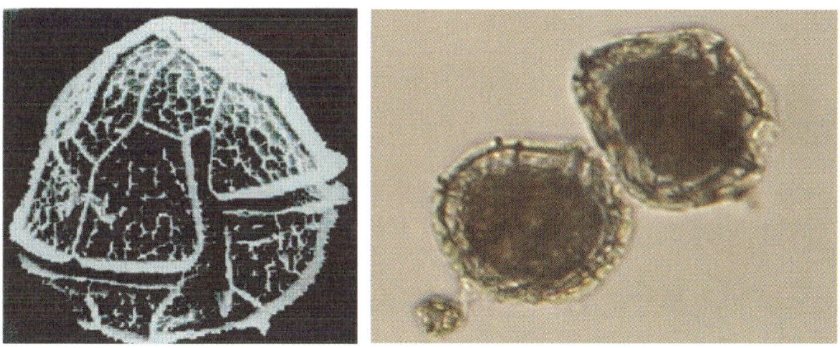

사진: 김범철.

〈그림 14-4〉 와편모조류(*Peridinium bipes*)의 전자현미경 사진과 광학현미경 사진

3) 규조류(diatoms)

규조류의 껍질은 두 장의 frustule로 구성되어 있다. 두 장의 frustule은 연결 부위(girdle)에서 겹쳐 있으며 바깥 쪽 껍질은 epitheca, 안쪽 껍질은 hypotheca라고 부른다. 세포가 분열할 때는 구각이 epitheca가 되고 안쪽에 새로운 hypotheca를 생성하므로 세포의 크기가 조금씩 작아진다. 세포가 커지기 위해서는 증대포자를 만들어 껍질을 모두 버리고 새로운 껍질을 만든다. 단세포인 종류도 있고 세포 분열 후 세포가 연결되어 있어 긴 사상체(filament)를 형성하기도 한다. 세포의 침강 속도를 감소시키기 위한 적응으로서 뿔(spine)이나 털(seta) 모양의 돌기를 만들기도 한다.

규조류의 frustule은 slica(SiO_2)로 만들어지기 때문에 규조류에게는 규소가 필수 영양소이다. 일반적으로 규소는 암석의 주성분이기 때문에 토양과 접촉하는 물에는 충분한 규소가 녹아 있다. 그러나 용해속도가 느리므로 규조류 물꽃이 발생할 때는 용존 규소의 고갈이 일어날 수 있으며 이것은 규조류에서 다른 종류로의 우점종 천이의 원인이 될 수 있다.

규조류는 해양과 담수에서 가장 많은 광합성을 담당하는 조류이다. 호소의 봄가을에 물꽃을 형성하는 주원인이 되는 종류이다. 호수에서 가장 흔히 나타나는 종은 *Asterionella* 속이다. 특히 규소가 충분한 하천에서는 호소에 비하여 연중 규조류의 우점도가 높다. 한강 하류에서 주로 나타나는 종류는 *Aulacoseira* 속이며 낙동강에서는 *Stephanodiscus*가 크게 번성하고 있다(〈그림 14-5〉).

규조류는 영양염류의 농도가 낮은 곳, 수온이 낮은 곳, 혼합층이 깊어 유효 광량이 낮은 환경에서도 성장이 가능하므로 경쟁력이 우수

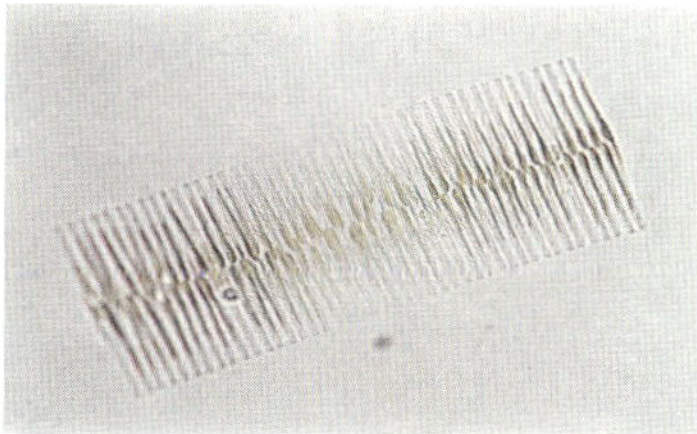

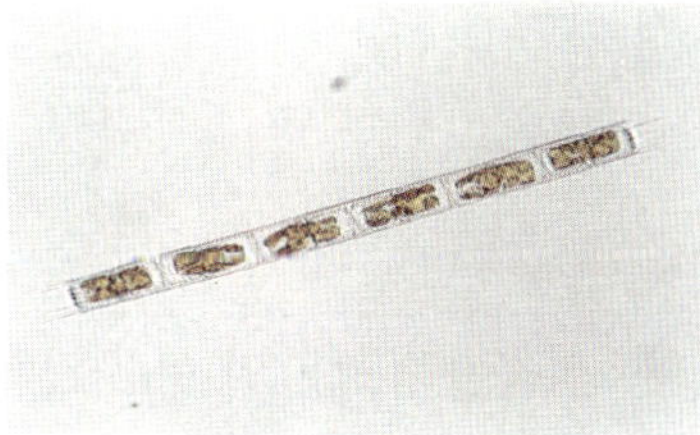

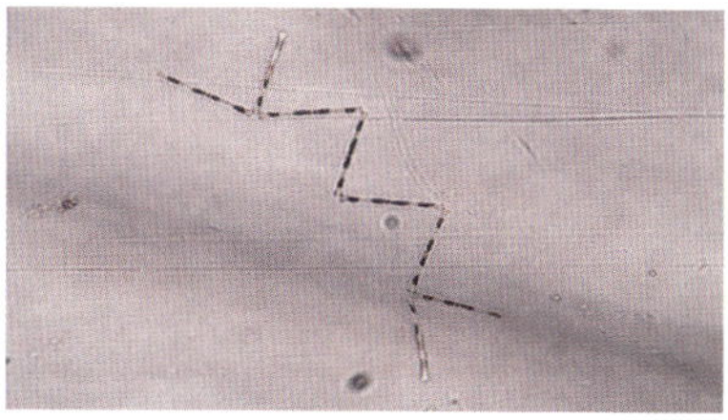

사진: 김범철.

〈그림 14-5〉 규조류
Fragilaria sp(상좌), *Aulacoseira granulata*(상우), *Asterionella gracillima*(하)

하다. 호수에서는 대개 겨울과 봄에는 규조류가 우점하고, 여름에는 녹조류나 남조류가 우점하는 계절적 천이를 보인다. 겨울의 낮은 수온에서도 규조류는 성장이 가능한 종들이 있으므로 영양염류가 풍부하고 빛이 충분하면 겨울에도 번성할 수 있다. 깊은 호수에서 추운 계절의 수직혼합기, 인공폭기 시설에 의한 인위적 혼합이 있는 호수 등과 같이 식물플랑크톤이 받는 광량이 작은 환경에서도 규조류가 우점한다. 한강 하류나 낙동강 하류와 같이 영양염류가 충분하고 수심이 얕아 광량이 충분한 조건에서는 겨울과 초봄의 유속이 느려지는 갈수기에 규조류가 쉽게 번성할 수 있다.

규조류가 번성하면 물이 갈색을 띠며, 일부 종들은 정수장에서 응집 침전이 잘 되지 않아 정수과정을 거친 수돗물에도 포함되어 있기도 한다. 수돗물에서 냄새를 내는 원인이 되는 종도 있다. 규조류는 독성이 없고 동물에 의해 쉽게 소화된다. 따라서 봄에 규조류의 물꽃이 발생하고 나면 곧 동물플랑크톤의 번성이 뒤따른다.

4. 식물플랑크톤의 부유기작(buoyancy mechanism)

식물플랑크톤은 빛을 받을 수 있는 표층에 머물러야만 생존할 수 있다. 대부분 밀도가 물보다 크기 때문에 서서히 침강한다.

(현존량의 증가 속도) = (성장 속도) — (침강 속도)

의 관계가 있으므로 침강 속도가 느리거나 난류(亂流)에 의해 침강이 지연되어야만 군집의 성장이 가능하다. 산간에 위치한 수심이 깊은 호수에서는 바람의 영향이 작기 때문에 성층이 강하고 난류가 작으며, 식물플랑크톤의 침강 속도가 빠르다. 따라서 이러한 호수에서는 침강 속도가 큰 대형 규조류와 같은 종류는 서식하기가 어렵다. 이에 반하여 연안이나 하천에서는 난류가 크므로 침강 속도가 큰 종류도 서식할 수 있다. 식물플랑크톤은 침강을 감소시키기 위하여 다음과 같이 여러 가지 부유기작을 가진다.

- 세포 크기를 작게 한다. 세포의 크기가 작을수록 표면적/체적의 비가 커지며 물과 접촉하는 표면적이 증가하면 물의 점성저항을 크게 받으므로 침강속도가 느려진다.
- 물의 저항을 크게 받도록 세포의 모양을 변형한다. 세포가 구형인 것보다 기다란 모양을 가진 것이 표면적이 크고 물의 저항을 많이 받는다. 세포가 바늘 모양인 것도 있고, 돌기를 만들어 저항을 증가시키기도 한다.

- 사상체(絲狀體 filament)를 형성한다.
- 군체를 만든다.
- 점액질로 둘러싼다. 밀도가 낮은 점액질로 둘러싸면 밀도가 작아지는 효과를 가진다.
- 밀도가 작은 oil을 세포 내에 저장한다. 규조류는 광합성산물로서 oil을 만들어 저장함으로써 세포의 밀도를 작게 한다.
- 기낭을 만든다. cyanobacteria는 세포 내에 기낭을 가짐으로써 밀도가 물보다 작아지기도 한다.
- 편모를 가지고 주광성 유영을 한다.

5. 식물플랑크톤의 현존량(現存量)

식물플랑크톤의 현존량(standing crop)을 나타내는 방법은 다양하다. 단위 체적당 밀도를 나타내기도 하고 이를 수심별로 적분하여 단위 면적당으로 나타내기도 한다. 호수의 물이 수직 혼합되는 계절이거나 규조류와 같이 침강하기 쉬운 조류는 수심이 깊은 곳까지 분포하지만 수면에 부상하는 남조류의 경우에는 대부분이 수심 5m 이내에 분포한다. 식물플랑크톤 현존량의 지표는 다음과 같다.

1) 세포 밀도(cell density)

세포의 개체수로서 현미경으로 계수기(counting chamber)를 사용하여 수를 센다. 세포의 크기가 일정한 경우에는 전자입자계수기(coulter counter)를 사용하여 계수할 수 있다. Flow cytometer는 레이저 빔을 이용하여 크기와 수를 함께 측정하는 기기로서 형광을 이용하여 조류의 종류까지 측정할 수 있다. 조류의 종에 따라 체적이 크게 다르므로 조류 종의 크기가 다양한 경우에는 세포밀도는 식물플랑크톤의 현존량을 비교하는 데에 사용할 수 없다.

2) 세포체적(biovolume)

세포의 크기가 다양한 경우에 이를 보정할 수 있는 방법이다. 각 종의 크기를 측정하고 각 세포의 모양에 따라 적절한 입체의 체적 계산 공식에 대입하여 구한다. 동일한 종이라도 세포의 크기는 계절에 따라 변할 수 있으므로 계절마다 크기를 측정하여 사용하여야 한다.

3) 습중량(wet weight)

생물이 건조하지 않은 상태에서 무게를 재는 방법으로 큰 생물에 많이 이용한다. 식물플랑크톤의 세포체적을 구하고 이에 비중을 곱하여 습중량을 구한다.

4) 건중량(dry weight)

습중량을 구한 후 수분 함량을 보정하여 건중량을 계산한다. 수중에 식물플랑크톤 이외의 부유물질이 없는 경우에는 여과지에 식물플랑크톤을 여과하여 105℃에서 건조한 후 무게를 직접 측정할 수 있다. 탄산칼슘과 같이 무기물의 양을 제외한 건중량을 ash-free dry weight(AFDW)라 하며 550~650℃에서 태운 후 남은 잔유물을 측정한다.

5) 엽록소-a 농도(chlorophyll-a)

모든 광합성 생물은 기본 색소인 엽록소-a를 가진다. 그러므로 이 농도를 측정하여 식물플랑크톤의 밀도를 간접적으로 추정하는 지표로 사용한다. 그러나 조류의 엽록소-a 함량은 종에 따라 다르며 생리적 조건에 따라서도 달라질 수 있다. 유기탄소/엽록소-a(C/chl.a)의 비는 25~60의 범위를 갖는다. 665nm에서 흡광도 피크를 보이는 엽록소 고유의 흡광을 측정하는 흡광광도법이 표준 분석 방법이다. 낮은 농도의 엽록소-a 농도는 흡광광도법보다 감도가 높은 형광광도법을 사용하여 측정할 수 있다. 엽록소-a는 단파장 빛을 받아 장파장 빛을 내는 형광을 가지므로 이를 이용하여 측정한다. 살아 있는 조류도 형광을 내므로 조류가 살아 있는 채로 형광을 측정하는 in vivo fluorescence 측정법도 조류배양 실험에 이용되거나 호수물 속에서 직접 식물플랑크톤의 양을 현장 측정하는 기기에 이용되고 있다. HPLC를 사용하면 엽록소-a뿐 아니라 여러 가지의 색소를 정확히 분리하여 측정할 수 있다(〈부록 II, 엽록소-a 측정 방법 참고〉).

6) 유기탄소량(particulate organic carbon, POC)

식물플랑크톤 이외의 부유물질이 적은 경우에는 유리섬유 여과지에 여과한 후 원소분석기를 사용하여 탄소의 양을 측정함으로써 조류의 양을 측정할 수 있다. 원소분석기는 유기물을 고온 연소할 때 발생하는 기체를 측정하여 시료의 원소 함량을 측정한다. 일반적으로 (탄소량/유기물 건중량)의 비는 0.45~0.50인 것으로 알려져 있다.

6. 대형 댐에서 식물플랑크톤 현존량의 계절적 변동

우리나라의 대형 댐은 주로 인구 밀도가 낮은 산간 지역에 건설되어 있다. 유역의 인구밀도가 낮으므로 생활하수와 산업폐수 발생은 적으며 농경과 축산이 주요 오염원이다. 농경지의 영양염류 유출은 비점오염원의 형태를 띠고 있으며 강우 시에 대량 유출되며 갈수기에는 거의 유출되지 않는 특성을 가진다. 대형 댐에서는 폭우 시 유입되는 유량이 매우 크고 이때 인 농도도 높아지기 때문에 인 부하가 집중된다. 여름에는 성층이 형성되기 때문에 강우 시 유입하는 홍수 유출수가 호수의 중층으로 유입하여 저류된다. 이후 중층의 인은 표층으로 확산되어 식물플랑크톤 증식을 유발한다. 따라서 강우와 물꽃 현상은 댐의 규모와 성층 강도에 따라 시간 격차를 가지고 발생한다. 즉, 체류 시간이 길고 성층이 안정한 소양호 같은 대형 댐에서는 시간 격차가 한 달 이상으로 길고, 체류 시간이 좀 더 짧은 대청호 같은 댐에서는 수일 정도의 간격을 두고 발생한다. 그러므로 몬순기후의 영향으로 우리나라의 대형 댐에서는 물꽃현상이 여름에 발생하기 쉽고 장마 후 8월 말에 식물플랑크톤 밀도가 가장 높아지므로 이를 monsoon bloom이라 부른다(〈그림 14-6〉).

대형 댐의 계절적 변동은 성층의 형성, 강우에 의한 영양염류의 유입, 동물플랑크톤의 번성 등의 요인에 따라 결정된다. 우리나라의 대형 댐은 대개 온대일순환형(warm monomictic)이므로 가을부터 초봄까지 수직 순환이 계속된다. 이때는 성층이 없으며 무광대인 심층까지 혼합되므로 식물플랑크톤이 받는 광량이 조류의 성장에 필요한 보상광도 이하이다. 따라서 수심이 깊은 호수에서는 혼합기에 식물플랑크톤의 밀도가 가장 낮아진다. 수심이 얕은 호수에서는 혼합이 되어도

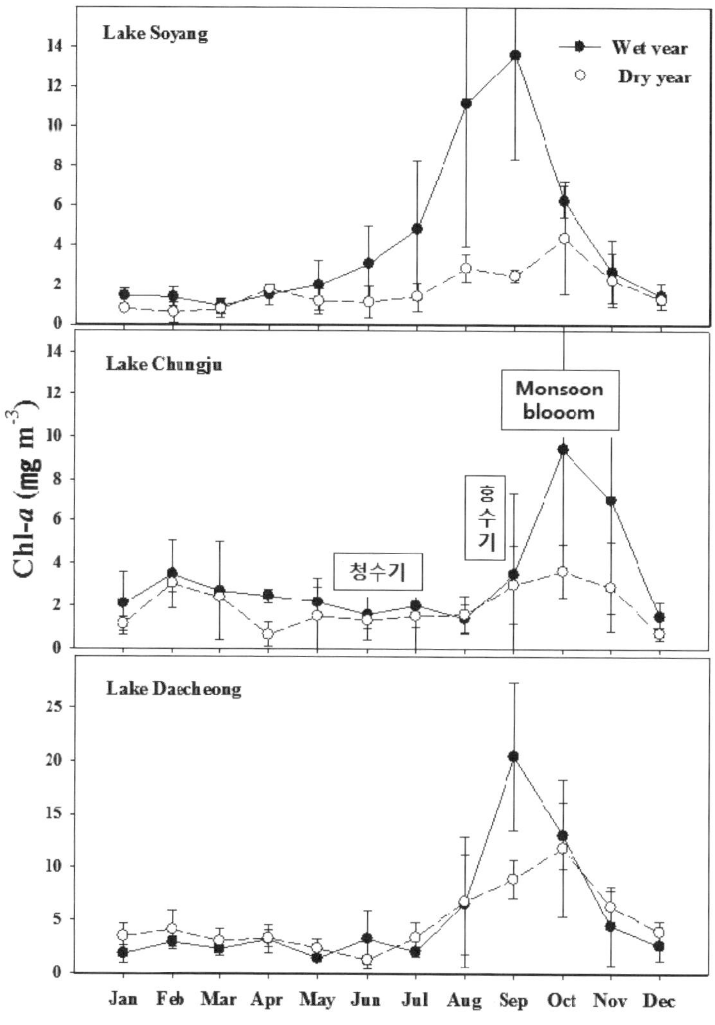

* Jung et al. 2016.

〈그림 14-6〉 대형댐(소양호, 충주호, 대청호)에서 식물플랑크톤 밀도의 계절변동과 monsoon bloom 현상

광량이 충분하므로 이와 같은 겨울의 급감 현상은 없다. 혼합기에는 광량은 작으나 저층의 영양염류가 공급될 수 있으므로 심층에 무산소층이 형성되어 인의 농도가 높은 호수에서는 표층에 영양염류가 충분히 공급될 수 있다. 그러나 심층의 무산소층과 저질의 인용출이 뚜렷하지 않은 호수에서는 겨울의 혼합기에 인의 농도가 증가하는 현상은 나타나지 않는다. 겨울에는 광량이 낮으므로 낮은 광도에 적응된 규조류가 식물플랑크톤 군집을 우점한다. 우리나라의 많은 호수에서는 *Asterionella*가 겨울에 흔히 출현하는 규조류이다.

봄이 되면 표층의 수온이 상승하여 성층이 형성되면서 혼합층의 깊이가 얕아진다. 그러므로 식물플랑크톤은 빛이 충분한 표층에 머물게 되어 성장에 좋은 조건이 된다. 또한 아직 동물플랑크톤의 현존량이 작아 포식압도 낮고 식물플랑크톤의 성장에 유리하다. 이때 주로 규조류가 번성하며 봄의 조류 번성을 spring bloom이라고 부른다. 호수에 따라 이 시기는 다소 차이가 나며 대개 3~5월경이 된다. 규조류가 번성함에 따라 표층의 영양염류가 점차 감소하고 규소도 감소함에 따라 규조류의 성장도 정체된다.

또한 규조류의 번성에 뒤이어 동물플랑크톤이 규조류를 먹이로 삼아 대량 증식함으로써 식물플랑크톤의 현존량이 크게 감소하는 현상이 나타난다. 특히 물벼룩류가 많이 증식하면 부유물을 매우 효율적으로 걸러 먹어 물이 맑아지는 청수현상(clear water phase)이 일어난다. 이 시기는 4~6월경으로 여름 장마 전의 시기이다(김범철 등, 1999).

동물플랑크톤의 번성은 이후 수온의 상승에 따라 어류의 섭식이 활발해지면서 감소하며, 식물플랑크톤의 양은 복잡한 먹이연쇄의 과정에 의해 조절된다. 우점종도 초봄의 규조류 우점에서 녹조류와 와편모조류, 남조류 등으로 천이해 가며 대개 여러 종류가 출현하는 양상을 보인다.

7월에 들어 강우량이 증가하고 비료 사용량이 많아지면서 유역으로부터의 인유입이 증가하고, 강우 후에 식물플랑크톤의 물꽃이 발생하게 된다. 이때는 수온이 높고, 일사량이 크며, 인의 농도도 연중 가장 높아지므로 남조류의 우점에 유리한 조건을 형성한다. 주로 *Microcystis* 속의 종들이 우점한다. 여름에는 동물플랑크톤의 섭식이 활발하므로 겨울과는 달리 동물플랑크톤의 포식압이 높다. 따라서 동물플랑크톤이 잘 포식하지 않는 남조류가 증식하는 데 유리한 조건이 된다.

우리나라에서는 spring bloom 현상도 나타나지만 비점오염원이 주요 오염원인 많은 호수에서는 여름에 식물플랑크톤의 밀도가 spring bloom을 능가하는 monsoon bloom 현상이 나타난다. 반면에 여름이 우기가 아닌 나라에서는 봄에 영양염류가 풍부하고, 성층 형성으로 빛이 충분하여 식물플랑크톤의 밀도가 가장 높은 계절이 된다. 봄에 눈 녹은 물이 대량 유입함으로써 영양염류의 부하가 발생하는 점과 저층으로부터 용출된 인이 표층으로 공급된다는 점이 미국과 유럽의 호수에서 봄에 영양염류의 농도가 높아지는 요인이다.

그러나 우리나라에서도 팔당호, 의암호, 낙동강 하구호 등 체류시간이 짧은 호수에서는 영양염류의 양보다는 유량의 변동과 빛 투과도가 더 큰 식물플랑크톤 밀도 결정 요인이 되므로 날씨에 따라 불규칙한 변화를 보인다. 큰 비가 내리면 유량의 증가에 따라 식물플랑크톤과 동물플랑크톤이 하류로 유출되어 급격한 감소가 일어나고, 이후 동물플랑크톤 군집의 회복에는 2주~1개월이 걸리는데 식물플랑크톤은 수일 내에 물꽃현상 수준으로 증식할 수 있다. 따라서 식물플랑크톤 군집의 회복이 먼저 일어남으로써 포식압이 낮은 상태에서 급속히 성장할 수 있다.

가을이 되면 강우량이 감소하여 인 부하가 감소하며, 표층의 수온이 낮아지면 표층수는 수온이 동일한 수심까지 혼합되면서 혼합층이 깊어진다. 이에 따라 식물플랑크톤은 고온, 고영양염, 고광도에 적응된 남조류에서 저온, 저영양염, 저광도에 적응된 규조류로 천이해 간다.

여름에 영양염류의 부하가 적은 지역에서는 강한 성층으로 표층의 영양염류가 고갈되고 심층으로부터 공급되지 않으므로 식물플랑크톤이 감소한다. 특히, 자연호에서는 내부 부하에 의한 영양염 공급이 주요 근원이 되는데 성층으로 인하여 심층에는 영양염의 농도가 높지만 표층에서는 낮아지는 현상이 나타난다. 가을이 되어 수온이 낮아지면서 혼합층이 점차 하강하는데 이때 심층의 영양염이 표층으로 공급되어 식물플랑크톤이 증식한다. 이를 autumn bloom이라고 한다. 대개 autumn bloom은 spring bloom에 비하여 밀도가 낮고 지속기간이 짧다. 혼합층이 계속 깊어지면 빛의 부족으로 식물플랑크톤이 감소하기 시작한다.

겨울에는 수온이 낮아 식물플랑크톤의 성장도 느려지지만 동물에 비해서는 영향을 덜 받는다. 특히 광합성의 명반응은 수온의 영향을 거의 받지 않는 것으로 알려져 있다. 게다가 겨울에는 낮은 수온에 적응된 규조류가 우점하므로 수온이 낮아도 일차생산력이 유지될 수 있다. 또한 겨울에는 동물플랑크톤의 현존량이 감소하고 포식압이 낮아지므로 이 점은 식물플랑크톤의 성장에 유리한 조건이다. 그러나 수심이 깊은 호수에서는 혼합층이 깊어지면서 광도가 낮은 심층까지 혼합되므로 광량 감소로 인하여 식물플랑크톤의 현존량이 감소한다. 결빙이 되는 호수에서는 빛의 감소와 난류의 감소로 인한 침강율의 증가로 감소한다.

7. 체류 시간이 짧은 저수지에서의 식물플랑크톤의 계절 변화

체류 시간이 짧은 저수지나 강하류에서는 유속과 광투과도가 가장 중요한 식물플랑크톤 성장 제한 요소이다. 식물플랑크톤의 최대 비성장률은 0.2~2.0 day^{-1}이다. 수체의 교환율(=유입수량/저수량)이 식물플랑크톤의 성장률보다 크면 식물플랑크톤이 성장하기 전에 하류로 씻겨 내려가므로 생체량이 감소한다. 체류 시간이 짧은 저수지에서는 홍수기에 체류 시간의 감소가 제한 요인이 될 수 있다. 하천의 하류 수역에서는 유속이 식물플랑크톤의 현존량을 좌우하는 가장 주요한 요소이며, 현존량과 유속은 역상관 관계를 보인다(〈그림 14-7〉).

체류 시간이 조류 성장의 제한 요인이 되는 환경은 강 하류에 만들어진 수심이 얕은 호수나 유속이 느려 식물플랑크톤 성장이 가능한 강의 하류 수역에서 나타난다. 한강 하류, 팔당호, 낙동강 하류 및 하

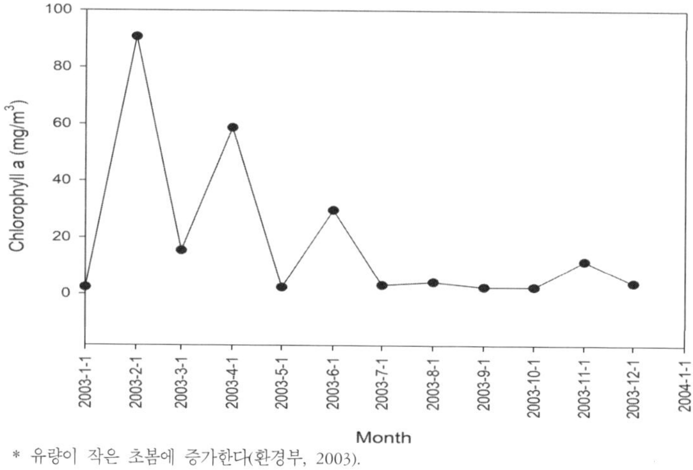

* 유량이 작은 초봄에 증가한다(환경부, 2003).

〈그림 14-7〉 체류 시간이 짧은 팔당호에서 엽록소-a 농도의 계절적 변동

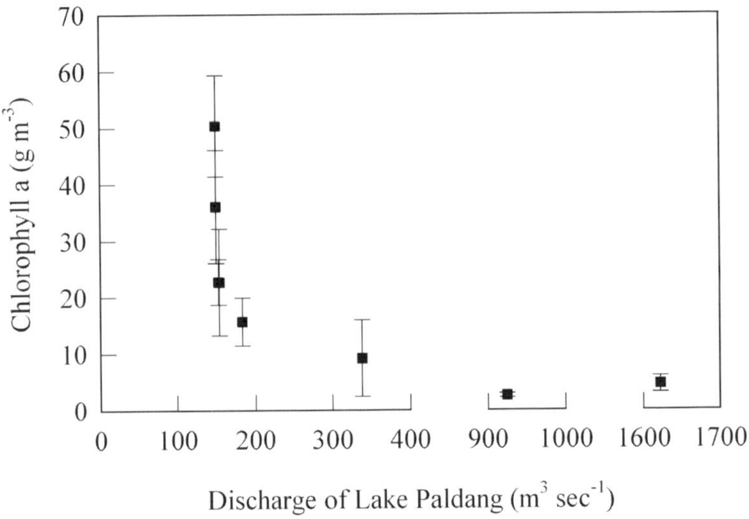

* 유속이 느려질 때 식물플랑크톤의 양이 크게 증가한다(Namkung et al, 2000).

〈그림 14-8〉 한강 하류 수역에서 유속(팔당호 방류량)과 식물플랑크톤 현존량의 관계

구호 등이 대표적인 지역이다(〈그림 14-8〉).

8. 조류의 성장과 환경요인

1) 빛

대기 중에서는 빛이 잘 투과하지만 수중에서는 물이 혼탁한 경우가 많아서 육상 생태계에 비해 빛의 부족이 심하게 나타나며, 수중 일차생산자의 양과 분포를 좌우하는 주요 요인이 된다. 광도(I)와 광합성 속도(P)의 관계는 대체로 세 단계로 나누어 볼 수 있으며, 이 관계의 모식도를 광합성-광도곡선(Photosynthesis-Irradiance curve)이라 하

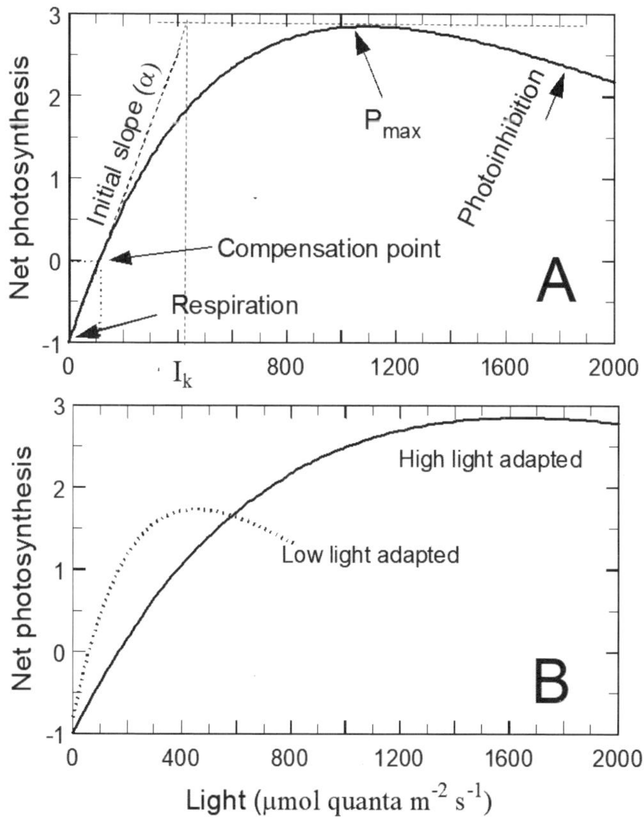

〈그림 14-9〉 P-I 곡선 예시

며 간단히 줄여서 P-I 곡선이라고 부른다(〈그림 14-9〉).

광도가 낮은 단계에서는 빛이 제한 요인이 되어 광합성 속도는 광도에 정비례한다. 빛이 부족하므로 광합성의 반응 장소가 비어 있는 곳이 많으며, 명반응이 광합성의 제한 단계이므로 온도와 영양염류의 영향은 덜 받는다. 이때 P-I 곡선의 기울기(=△P/△I)는 P-I 곡선의 초기 기울기(initial slope)라 부른다. 초기 기울기는 낮은 광도에서 생물의 광적응도를 나타내는 인자이다. 초기 기울기가 큰 생물은 낮은 광도에서도 효율적으로 광합성을 수행할 수 있는 종이므로 광도가 낮은 계절이나 혼합층이 깊은 계절에 우세하다. 반면에 초기 기울기가 작은 생물은 낮은 광도에서 광합성 효율이 낮으므로 낮은 광도 환경에서 경쟁력이 떨어진다. 광도가 높아짐에 따라 빛은 포화되어 광합성 속도가 광도와 무관하게 일정한 광포화(light saturation) 단계에 이른다. 이 단계에서는 광합성에 관여하는 색소와 효소가 빛에 포화되어 암반응이 광합성 속도를 좌우하며 따라서 온도, 영양염류 등의 영향을 많이 받는다. P-I 모델에서 광포화에 이르는 광도는 초기기울기의 연장선과 포화광합성 속도(Pmax)의 연장선이 만나는 곳으로 정의하며 Ik라는 기호로 나타낸다.

Ik는 초기 기울기와 포화 광합성 속도가 복합적으로 반영된 광적응도의 지표라고 할 수 있다. 초기 기울기가 작고 Ik가 큰 조류는 높은 광도에 적응된 종류이며, 초기 기울기가 크고 Ik가 작은 조류는 낮은 광도에 적응된 종류라고 볼 수 있다. 일반적으로 규조류는 Ik가 작고 겨울의 낮은 광도에서 경쟁력이 높으며, 남조류와 녹조류는 Ik가 크고 혼합층이 얕은 여름에 경쟁력이 크다. 같은 종의 조류라도 서식환경에 따라 광적응도가 달라지고 초기 기울기와 Ik가 달라질 수 있다. 일반적으로 혼합층이 얕고 일사량이 큰 여름에는 식물플랑크톤의 초기 기울기가 작아지고, 혼합층이 깊고 일사량이 작은 겨울에는 초기 기울기가 커진다.

광도가 더욱 높아지면 광합성 속도가 오히려 감소하는 광저해(photoinhibition) 단계에 이른다. 이 단계에서는 높은 광도와 자외선이 조류의 광합성을 저해하여 생성된 유기물이 산화되어 소실되는 광호흡(photorespiration)이 증가하고 조류의 순 생산이 감소한다. 광저해의 정도는 조류의 종류와 광적응도에 따라 다르다. 여름에 표층에 서식하는 남조류는 광저해가 적게 일어나는 반면에 낮은 광도에 서식하는 조류는 높은 광저해를 보인다.

2) 온도

조류의 성장을 비롯하여 모든 생화학 반응은 온도의 영향을 크게 받는다. 특히 광합성의 암반응은 명반응에 비해 온도의 영향을 더 많이 받는다. 화학 반응 속도는 아레니우스의 이론에 의하면 온도의 증가에 따라 지수적으로 증가한다. 대체로 온도가 10℃ 증가함에 따라 반응 속도는 2-3배 증가하며 이 증가율을 Q_{10}이라고 부른다. 그러나 조류 종류에 따라 최적 온도가 다르며 주변 환경에 적응함에 따라 온도에 대한 반응은 달라진다. 즉, 20℃에서 성장하던 조류가 갑자기 10℃의 환경으로 이동하면 광합성 속도가 1/2~1/3으로 급격히 감소하지만 10℃에서 장시간 적응을 거치고 난 후에는 20℃와 같은 광합성 속도를 가질 수도 있다. 온도가 지나치게 높아지면 조류의 호흡 속도가 증가하여 성장이 저해되고 죽게 된다. 광합성 속도는 온도의 영향을 덜 받는 반면에 호흡 속도는 온도의 영향을 크게 받기 때문에 온도가 높아지면 호흡이 광합성을 초과할 수 있다. 일반적으로 규조류는 낮은 온도에서도 높은 광합성 속도와 성장 속도를 보일 수 있으며, 높은 온도에서는 남조류와 녹조류가 우세하다.

3) 영양염류

(1) 반포화상수(half saturation constant, Ks)

영양염류의 농도에 따른 조류의 성작속도는 반포화상수(Ks)로 표현하며, 이는 성장속도가 최대 성장 속도의 1/2이 되는 농도를 의미한다. 조류의 성장속도는 수중의 영양염류에 의해 영향을 받는다. 일반적으로 조류의 성장에 영향을 주는 영양소는 인, 질소, 규소, 철, 비타민 등이 있다. 이 가운데 가장 결핍된 원소, 즉 제한영양소에 의해 성장속도가 결정된다. 여러 가지 원소가 함께 결핍된 경우에도 여러 원소가 동시에 영향을 주는 것보다는 가장 결핍된 한 가지 원소에 의해 좌우되는 것으로 밝혀져 있으며 이 원소가 증가하면 다음 원소로 제한영양소가 바뀌는 것으로 알려져 있다.

제한영양소의 농도가 낮을 때에는 생물 성장 속도가 제한영양소에 정비례하는 관계를 보인다. 제한영양소의 농도가 증가함에 따라 성장속도의 증가율은 점차 둔화되고, 충분한 농도에 도달하면 성장 속도가 더 이상 증가하지 않고 제한영양소의 농도의 영향을 받지 않는 포화(saturation) 수준에 도달하게 된다. 이때는 이 영양소가 더 이상 제한요인이 아니며 제2제한요인이 성장 속도를 제한하게 된다. 제2제한영양소의 증가는 제1제한영양소의 최대 성장 속도를 증가시키는 효과를 나타내기도 한다. 이와 같은 조류의 성장 속도와 제한영양소의 농도와의 관계는 Monod equation 모델을 사용하여 모의한다.

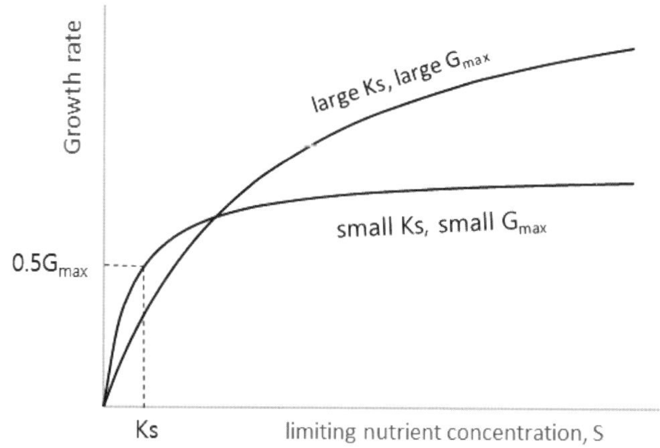

〈그림 14-10〉 조류의 제한영양소 농도와 성장속도의 관계(Monod's model) 및 Ks가 큰 종과 작은 종의 비교

$$G = Gmax\left(\frac{S}{Ks+S}\right) \text{ 또는 } \frac{G}{Gmax} = \frac{S}{Ks+S}$$

G: 성장률(specific growth rate ; day^{-1})

Gmax: 최적조건에서의 최대성장률

(maximum growth rate at optimum concentration, day^{-1})

S: 제한영양소의 농도

Ks: 제한영양소에 대한 반포화상수(half-saturation constant)

이 모델에서 Ks는 조류의 제한영양소에 대한 반응 특성을 나타내는 상수이며, 제한영양소의 농도가 Ks와 같을 때에는 성장률이 최대성장률의 1/2이 구현된다는 의미를 가진다. 제한영양소의 농도가 Ks의 3배 이상이 되면 성장률은 최대 성장률의 약 80%가 구현되어 거의 포화 수준에 이르렀다고 말할 수 있다.

Ks는 조류의 양양소에 대한 적응도를 나타내는 지표이다. Ks가 작은 조류는 낮은 농도에서도 높은 성장률을 보이는 종으로서 대개 빈영양 수역에서 우세한 종이며, Ks가 큰 조류는 낮은 농도에서 성장률이 상대적으로 낮은 종으로서 빈영양 수역에서 불리한 종이다. Gmax가 큰 종은 호적 조건에서 최대 성장률이 큰 종으로서 영양소가 풍부한 부영양 수역에서 상대적으로 유리한 종이다. 일반적으로 규조류와 와편모조류들이 Ks와 Gmax가 작은 종류로서 빈영양 수역에서 상대적으로 유리하며, 남조류는 Ks와 Gmax가 큰 종으로서 인의 농도가 높은 부영양 수역에서 유리하다.

제한영양소의 농도와 식물플랑크톤의 성장률의 관계를 설명하는 또 다른 모델은 세포 내 영양소 함량의 함수로 나타내는 것이다. 조류 세포의 성장 속도는 수중의 영양소 농도보다 세포 내의 농도에 의해 좌우된다. 그런데 세포 내의 영양소의 농도가 일정 수준을 넘지 않으면 성장이 되지 않는 것으로 조사되었다. 즉, 세포 성장이 일어나기 위해서 필요한 최소 함량 수준이 존재한다는 것이다.

9. 식물플랑크톤 군집의 유형 분류

Reynolds(1997)는 호수의 식물플랑크톤 군집을 우점종에 따라 몇 개의 유형으로 구분하였다. 규조류 우점 군집은 혼합이 잘 되는 수역, 수온이 낮은 계절에서 우세하다. 저위도 지방에서는 봄과 겨울에 출현하고, 고위도 지방에서는 여름에 출현한다. 규조류(diatoms) 우점 군집은 A, B, C, D형으로 구분하였다. 황갈조류(chrysophyceans) 우점군집은 E형으로 분류하였다.

유형A: *Urosolenia*(과거에는 *Rhizosolenia*), *Cyclotella comensis* 우점.

빈영양호 유형

유형B: *Asterionella, Aulacoseira italica*(과거에는 *Melosira*) 우점. 그 외에 *Cyclotella glomerata, C. bodanica, C. melosiroides* 등이 출현. 온대지방의 빈영양호에서 봄에 주로 출현. *Asterionella formosa*는 봄에 흔히 출현하는 우점종

유형C: *Asterionella, Stephanodiscus rotula, Aulacoseira ambigua* 우점. *Asterionella formosa*는 부영양호에서도 봄에 출현. F*ragilaria crotonensis, Stephanodiscus* 등과 함께 출현하기도 하여 C형 군집을 형성

유형D: *Stephanodiscus hantzschii* 우점. 소형 규조류들로 이루어진 군집으로서 작고 부영양한 연못이나 온대지방의 하천 중하류에서 출현. 작은 *Stephanodiscus* spp. 주로 *S. hantzschii*와 *S. tenuis.*

유형E: *Dinobryon, Chrysophaerella* 우점. 산간지방에서 흔히 출현하며, 대형 빈영양-중영양호에서 spring bloom 이후 영양염이 고갈되었을 때 출현

유형N: *Cosmarium, Tabellaria* 우점. *Asterionella-Cosmarium-Tabellaria*가 출현하는 군집으로서 유형B와 유사하게 온대지방의 빈영양-중영양호에서 출현

유형P: *Staurastrum, Fragilaria* 우점. 규조류의 *Fragilaria*나 *Asterionella*가 녹조류의 desmid 종류인 *Staurastrum*(주로 *S. chaetoceros, S. pingue, S. planctonium*)이나 *Closterium*과 함께 출현하는 군집. 온대지방의 부영양호에서 군집 유형C와 유사한 출현 환경을 보인다. 아프리카와 남아메리카의 중영양호에서 출현하는 *Aulacoseira granulata-Staurastrum* 우점 군집도 이 유형으로 분류한다. desmid는 비영양호, 산성호, 부식호 등에서 우세하다.

‖ 제 15 장 ‖

동물플랑크톤

제 15 장 동물플랑크톤

1. 동물플랑크톤 채집 방법

동물플랑크톤 네트(망목 크기: 63㎛)를 이용하여 수심이 깊은 호수에서는 표수층에서 수직 예망하여 시료를 채취한다(〈그림 15-1〉). 반면 흐르는 하천에서는 네트를 사선으로 일정 거리를 투척하여 예인하여 채집한다. 채집된 동물플랑크톤은 현장에서 포르말린(최종농도 5%)으로 고정한 후, 광학현미경하에서 정량계수 한다. 최종 현존량은 종별 개체수(ind./L) 또는 생체량(biovolume)을 구한 후 탄소량(㎍C/L)으로 환산 한다.

2. 동물플랑크톤과 먹이연쇄

호수생태계에서 동물플랑크톤은 조류와 박테리아를 먹음으로써 식물플랑크톤의 일차생산과 외부에서 유입한 용존유기물을 상위먹이연쇄로 연결하는 역할을 한다. 동물플랑크톤의 먹이 선택은 주로 크기에 따라 이루어진다. 작은 조류와 박테리아를 먹는 종류는 걸러먹기(filter feeder) 생물의 섭식을 보이며 큰 조류와 동물을 먹는 종류는

〈그림 15-1〉 정량네트를 이용한 동물플랑크톤 채집

목표 먹이를 잡아먹는(raptorial) 섭식을 보인다. 먹이의 종류에 따라 남조류와 같이 독소를 가지는 경우에는 잡은 먹이를 다시 내뱉는 회피 행동을 보이기도 한다.

식물플랑크톤의 입자상 유기물 생산은 동물플랑크톤에 포식되어 어류의 먹이로 이어진다. 이를 초식먹이연쇄(grazing food chain)이라 한다.

> 식물플랑크톤 → 동물플랑크톤 → 소형 플랑크톤식성 어류(planktivore)
> → 어식성 어류(piscivore)

외부에서 유입된 유기물은 대부분 용존유기물(dissolved organic matter, DOM) 형태이며 박테리아에 의해 이용되고 박테리아는 원생동물의 먹이가 되고 원생동물은 갑각류 동물플랑크톤의 먹이가 되어 호수 생태계로 유입되는 유기물의 유입 경로를 제공한다. 이를 미생물 먹이 연쇄(microbial food chain)라 한다. 식물플랑크톤은 용존유기물도 생성하는데 이 또한 박테리아를 통하여 동물플랑크톤의 먹이가 된다.

용존유기물(DOM) → 박테리아 → 원생동물 → 동물플랑크톤 → 어류

봄의 spring bloom과 같이 플랑크톤 군집이 성장하기 시작하는 초기에는 먹이 연쇄의 아래 단계에서 상위 단계로 영향이 미치며 생물량이 증가하는데 이를 bottom-up effect라 한다.

영양염류 증가 → 식물플랑크톤 증가 → 동물플랑크톤 증가 → 소형 플랑크톤식성 어류 증가 → 어식성 어류 증가

반면에 여름이 되어 동물플랑크톤과 어류가 많이 증가한 후에는 상위 단계의 생물이 아랫 단계의 먹이생물을 잡아먹음으로써 양을 조절하는 top-down effect가 중요해 진다. 즉 동물플랑크톤 증가 → 식물플랑크톤 감소의 기작이 일어난다. 소형 어류의 섭식은 동물플랑크톤의 양을 감소시켜 식물플랑크톤 양을 증가시키기도 하며 반대로 어식성 어류의 증가는 소형 어류의 감소와 동물플랑크톤의 증가를 유발하여 식물플랑크톤의 감소를 가져오기도 한다.

쏘가리 증가 → 피라미 감소 → 물벼룩 증가 → 식물플랑크톤 감소

이를 이용하여 물을 맑게 하기 위한 배스, 송어 등 어식성 어류를 방류하여 동물플랑크톤의 현존량을 높게 유지하려는 생물먹이연쇄조

작(biomanipulation)에 관한 연구도 많이 시도되고 있다. 그러나 어류가 식물플랑크톤을 직접 먹는 경우도 있으며 생물의 크기가 성장함에 따라 식성이 달라지는 등, 먹이연쇄의 복잡성으로 기대한 효과가 나타나지 않는 예도 많이 있다.

3. 동물플랑크톤의 주요 분류군

1) 갑각류(甲殼類, crustaceans)

갑각류는 절지동물문(Arthropoda)의 갑각강(Class)에 속한다. 갑각류에는 여러 目(Order)이 소속되어 있다. 호수에서 동물플랑크톤으로 크게 기여하는 목은 지각류(枝脚類, Cladocera)와 요각류(腰脚類, Copepoda)이다.

(1) 지각류

거의 담수산이며 해양에는 출현하지 않는다. 통상 물벼룩(water flea)이라 부르며 *Daphnia*가 대표적인 속이다(〈그림 15-2〉). 몸의 크기가 1mm 이상인 종류도 많이 있어 육안으로도 확인될 수 있으며 생태독성검사에 사용되는 북미산 *Daphnia magna*는 몸 크기가 5mm에 이른다. 두 개의 큰 안테나를 가지고 튀어 오르는 동작을 반복하므로 물벼룩이라는 이름이 붙여졌다. 수중의 조류와 박테리아, 작은 동물플랑크톤 등을 여과하여 잡아먹는다. 다른 종류에 비하여 여과 능력이 크므로 지각류의 양이 물의 투명도에 가장 큰 영향을 미친다.

지각류는 유생기를 모두 발생 과정에서 거치고 성체와 같은 형태로서 출산되기도 하므로 유생기를 거치는 요각류에 비하여 빠른 기간

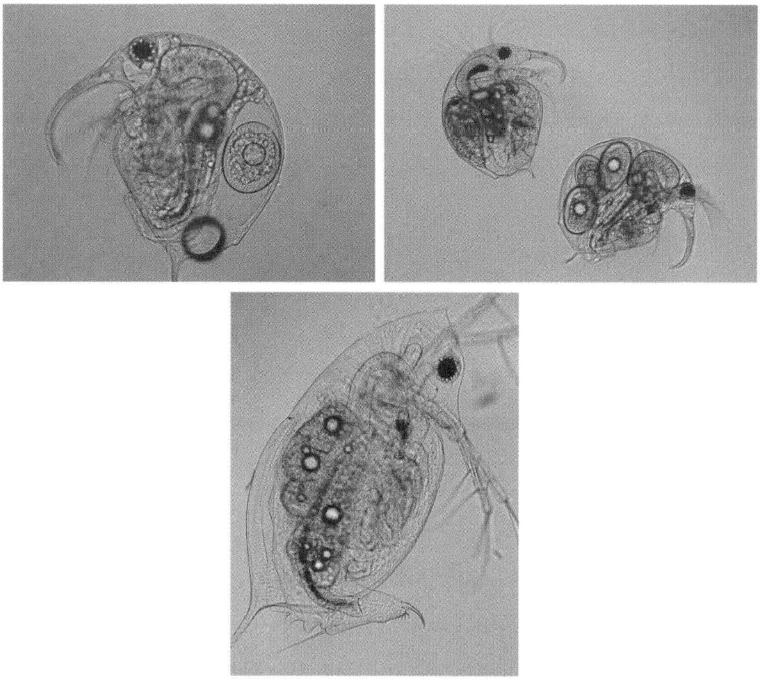

사진: 김범철.

〈그림 15-2〉 호수에 서식하는 대표적인 지각류 *Bosmina* sp.(상)와 *Daphnia* sp.(하)

내에 번성이 가능하다. 서식 환경이 좋을 때에는 생식 없이 동정 생식에 의해 빠른 번식을 위주로 한다. 이때 산란하는 알을 무생식란(asexual egg)이라 하며, 개수가 많다. 그러나 서식 환경이 좋지 않을 때에는 유성생식을 하여 한두 개의 껍질이 두꺼운 유생식란(sexual egg 또는 epipial egg)을 만든다. 이 알은 건조에 강하게 견디므로 수년간의 건조 후에도 다시 부화가 가능한 휴면란이다. 이 휴면란으로 인하여 지각류는 물이 마르는 일시적 호수에서 살아남아 물이 다시 채워졌을 때 먼저 번성할 수 있는 능력을 가진다. 또 이 알은 새의 다리에 묻어 다른 호수로 이동할 수 있다.

지각류는 짙은 색의 눈을 가지고 있어 어류가 쉽게 포획하므로 어류의 포식압이 지각류의 밀도를 결정하는 중요한 요소가 된다. 특히 크기가 큰 개체가 더 쉽게 포식되므로 어류의 밀도가 높은 호수에서는 지각류의 몸의 크기가 작아지는 경향을 보인다.

(2) 요각류

담수뿐 아니라 해양에서도 출현하며 해양의 동물플랑크톤의 우점종이다(〈그림 15-3〉). 머리를 덮는 큰 theca를 가지며 가슴과 배 부분에는 마디가 있다. 두 쌍의 안테나를 가지고 있으며 가슴과 배의 마디에는 다리가 있다. 꼬리 끝에는 돌기가 있고 여기에 알주머니를 달고 다니는 종류도 있다. nauplius, copepodite의 유생기를 거치며 초기 유생기에는 모양이 비슷하여 다른 갑각류와 구별이 어렵다. 크기가 작은 종류에서 큰 종류까지 다양하게 분포하며 식성도 초식성, 육식성, 기생성 등으로 다양하다.

사진: 김범철.

〈그림 15-3〉 요각류의 일종인 *Cyclops* sp.(좌), *Thermocyclops crassus*(우)

2) 윤충류(輪蟲類, rotifers)

진핵생물로서 Phylum Rotatoria 또는 Phylum Aschelminthes(대형동물)이라고 부른다(〈그림 15-4〉). 입 주위에 둥글게 배열된 바퀴모양의 섬모대를 가지고 이를 회전시키므로 윤충이라고 한다. 박테리아와 작은 조류를 먹고 살며 몸집이 큰 갑각류의 먹이가 된다. 하수 처리장의 슬러지에도 많이 서식하여 슬러지에 부착하지 않은 독립 박테리아를 걸러 먹음으로써 슬러지 침강 후 방류수의 수질을 개선하는 기능을 갖는다. 호수에서는 독립세포뿐 아니라 군체를 형성한 조류

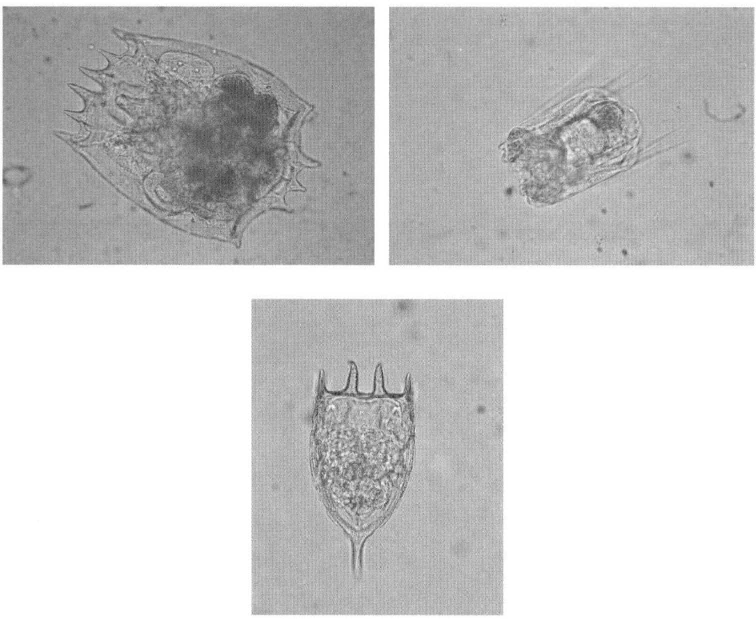

사진: 김범철.

〈그림 15-4〉 대표적인 윤충류인 *Brachionus* sp.(상좌), *Polyarthra* sp.(상우), *Keratella* sp.(하)

세포도 뜯어 먹는 것으로 알려져 있으며, 독소를 함유하고 있어 다른 동물플랑크톤이 회피하는 *Microcystis*도 윤충류는 잘 먹는 것으로 알려져 있다.

3) 원생동물(原生動物, protozoans)

원생동물은 단세포진핵생물로서 조류(algae)와 함께 원생생물계(Kingdom Protista)에 속한다. 박테리아나 작은 조류를 먹고 살며 더 큰 동물플랑크톤의 먹이가 된다. 긴 사슬의 *Anabaena*도 원생동물이 잘 먹을 수 있는 것으로 보고되고 있다. 동물플랑크톤 군집의 우점종을 이루기도 하지만 고정액으로 고정하면 세포가 변형되거나 파괴되어 동정이 어려우므로 아직 많은 연구가 축적되지 않았다. 근래에 들어 연구가 진전됨에 따라 동물플랑크톤 군집에서 차지하는 비중이 크다는 사실이 밝혀지고 있다. 정확한 동정을 위해서는 살아 있는 채로 동정해야 하는 경우도 있으므로 숙련이 필요하다. 원생동물은 형태에 따라 허족류, 섬모충류, 편모충류 등으로 분류한다.

4) 곤충의 유생

많은 종류의 곤충의 유생은 물속에서 서식한다. 곤충은 절지동물문(Phylum Arthropoda)의 곤충강(Class Insecta)으로 분류한다. Chaoboridae와 Chironomidae(깔따구류)가 대표적이며, 그 외에도 모기를 포함하는 쌍시류 등이 대량 번식하여 주요 동물플랑크톤으로서의 생태적 지위를 점유하는 예가 있다. *Chaoborus*와 *Chironomus*는 몸 길이가 5~10mm로 동물플랑크톤을 먹고 산다. *Chironomus*와 *Chaoborus*는 산소부족에 대한 내성이 강하여 심층의 산소가 고갈된 부영양호에서 크게 번성한다. 특히 *Chaoborus*는 산소 없이도 1주일 이상 생존할 수 있는 것으로 알려져 있다. 이들은 어류의 포식에 취약하므로 낮에는 어류의 포식을 피해 심층의 무산소층으로 피하고 밤이면 표층에 올라와 먹이를 먹는 일주기 운동을 하기도 한다. 따라서 낮에 피신할 수 있는 무산소층이 형성된 부영양호에서 대량으로 번식한다. *Chironomus*는 흔히 호수에서 대량 번성하여 우화 시기에는 주변 주거지에 날아들어 인간 생활에 불편을 줄 정도로 많이 발생하기도 한다.

4. 동물플랑크톤의 계절적 변화

동물플랑크톤의 현존량은 수온이 높은 계절에 많고 겨울에 적다. 봄부터 가을까지는 식물플랑크톤의 양도 많으므로 이를 먹이로 하는 동물플랑크톤이 증가한다. 겨울에는 호수의 혼합 수심이 깊어지면서 식물플랑크톤이 빛 부족으로 감소하며, 먹이의 부족과 수온 하강으로 동물플랑크톤의 성장도 느려지고 밀도가 감소한다. 소양호에서 각 분류군별 동물플랑크톤의 계절 변동은 〈그림 5-5〉와 같다.

봄에 동물플랑크톤의 번성은 식물플랑크톤의 spring bloom 이후에 이를 먹이로 성장하여 1주~1달 후에 나타난다. 동물플랑크톤이 번성하면 식물플랑크톤과 박테리아를 여과 섭식하여 식물플랑크톤의 현존량이 감소한다. 봄에 규칙적으로 규조류의 물꽃이 일어나는 호수에서는 봄의 규조류 물꽃이 일어난 후에 늦은 봄부터 초여름에 걸쳐 동물플랑크톤이 번성하여 식물플랑크톤을 걸러 먹기 때문에 물이 맑아지는 청수기(淸水期, clear water phase)가 나타난다.

체류 시간이 짧은 저수지에서는 여름 홍수기에 동물플랑크톤이 모

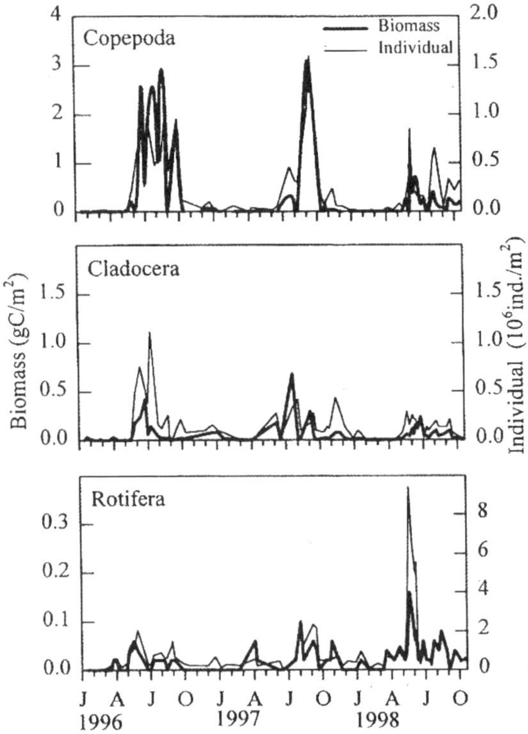

* 김범철 등, 1999.

〈그림 15-5〉 소양호의 동물플랑크톤 계절 변동

두 떠내려가 군집이 완전히 파괴되는 양상을 보인다. 체류 시간이 짧은 호수나 하천에서는 유속이 플랑크톤 군집의 발달을 좌우하는 가장 주요한 요소가 된다. 유량이 작아지면 식물플랑크톤에 이어서 동물플랑크톤도 번무하기 때문에 초식작용에 의해 식물플랑크톤을 억제하기도 한다. 낙동강 하구나 한강 하류와 같이 보와 댐이 만들어져 유속이 느려진 하천에서는 유속이 감소하는 봄 또는 가뭄이 들었을 때 동물플랑크톤의 대량 번성이 나타나기도 한다.

장마 후에 식물플랑크톤 물꽃현상이 나타나는 대형 호수에서는 여름 이후에도 동물플랑크톤의 번성이 나타나기도 한다. 이때는 식물플랑크톤의 우점종이 주로 남조류인데, 남조류는 독소를 생성하며 큰 군체를 형성하고 점액질 sheath를 가지므로 동물플랑크톤이 먹기에 부적절하여 규조류에 비해 동물플랑크톤에 의한 grazing이 적게 일어난다. 그러므로 동물플랑크톤이 증가하여도 남조류가 억제되지 않으며 남조류는 표층에 주로 분포하고 동물플랑크톤은 이보다 깊은 수심에 분포하여 회피하는 것으로 보인다. 따라서 이때는 동물플랑크톤이 식물플랑크톤보다 박테리아를 주로 먹는 것으로 추정된다. *Anabaena*와 같은 남조류의 녹조현상이 일어난 늦여름에는 이를 먹을 수 있는 *Amoeba*나 윤충류의 번성이 나타나기도 한다.

‖ 제 16 장 ‖

저생생물과 어류

제16장 저생생물과 어류

1. 호소에 사는 저생생물의 특성

1) 저생생물의 정의

저생생물(低生生物, benthos)은 호수나 하천의 바닥에 사는 생물을 총칭하는 용어로서 저생동물(zoobenthos)과 저생식물(phytobenthos)로 나누어 부르기도 하나 일반적으로 저생생물은 저생동물을 지칭하는 의미로 많이 사용된다(〈표 16-1〉). 저생식물에 대해서는 별도로 부착생물(periphyton)과 수생식물(aquatic plants)이라는 용어를 사용하고 있다. periphyton은 원래 부착조류(attached algae)라는 의미로 만들어진 용어인데 지금은 부착조류 외에도 곰팡이, 원생동물 등의 군집을 통칭하는 용어로 흔히 사용되고 있다.

2) 저생동물의 분류군

호수에서 저생동물은 대체로 대형 무척추동물을 지칭하는 용어로 사용하며, 주요 분류군은 곤충, 갑각류, 환형동물, 연체동물 등이다.

〈표 16-1〉 저생생물의 명칭과 정의

저생생물 (benthos)	저생식물 (phytobenthos)	부착생물 (periphyton)	부착조류 곰팡이 원생동물 등
		수생식물 (aquatic macroplants)	정수식물: 갈대, 부들, 줄, 애기부들 침수식물: 검정말, 나사말 부수식물: 개구리밥, 부레옥잠, 마름 부엽식물: 연, 수련 등
	저생동물 (zoobenthos)	대형 무척추동물 (macroinvertebrates)	육안으로 식별이 가능한 크기의 무척추동물로서 주로 수생곤충의 유생 등을 지칭하며 일반적으로 저생생물(benthos)은 이를 지칭하는 의미로 사용된다. ex) 곤충, 갑각류, 연체동물, 환형동물, 태형동물, 등
		원생동물 등의 미소동물	현미경적인 미소동물은 periphyton의 범주에 포함시키며, 일반적으로 zoobenthos 조사에는 포함시키지 않는다.

곤충강: 절지동물문에 속한다. 깔따구, 잠자리, 강도래, 날도래, 하루살이류 등의 곤충의 유생이 많이 서식한다.

갑각류: 새우, 가재, amphipods 등

연체동물: 조개, 우렁이 등

환형동물: 실지렁이, 하구에서는 갯지렁이류도 출현한다.

태형동물: 이끼벌레류. 고착성 군체를 형성한다.

3) 저생생물의 분포

호수에서 저생동물은 수심에 따라 층별 분포를 보인다. 일반적으로 수심이 얕은 곳에서 많은 종과 개체 밀도가 관찰된다. 수평적 분포는 수생식물과 저질에 따라 크게 달라진다. 수생식물대에 많은 저생동물이 서식하며, 저질이 단순하면 저생동물의 다양성과 밀도가 낮다. 따라서 저생생물의 분포는 매우 불균질하여 호수의 대표치를 얻기가 어렵다.

인공호에서 저생생물 군집의 발달은 수위 변동에 의해 크게 좌우된다. 수위 변동이 연간 50cm 이상이 되면 민감한 식물은 생존이 어려워 다양한 수변 식생대가 형성되지 않으며 그에 따라 저생동물과 어류의 다양성도 낮아진다.

2. 어류의 분류

전 세계 담수어는 총 12,457종이 있고 국내 강과 저수지 등의 담수와 강 하구의 기수역에 서식하는 어류는 약 200여 종이 알려져 있으며, 이 가운데 한반도 고유 어종은 쉬리, 묵납자루 등을 비롯한 58종이 알려져 있다. 각 분류군별 주요어종은 다음 〈표 16-2〉와 같고, 각 어류들의 생태적 특성은 〈부록 III〉과 같다.

〈표 16-2〉 어류의 분류체계에 따른 주요 어종

목(Order)	과(Family)	주요 어종
Order Petromyzoniformes 칠성장어목	칠성장어과	칠성장어, 다묵장어
Order Acipenseriformes 철갑상어목	철갑상어과	철갑상어
Order Anguilliformes 뱀장어목	뱀장어과	뱀장어, 무태장어
Order Clupeiformes 청어목	멸치과	웅어, 싱어
	청어과	밴댕이, 전어
Order Cypriniformes 잉어목	잉어과	잉어, 붕어, 떡붕어등
	납자루아과	납자루, 묵납자루, 칼납자루, 줄납자루 등
	모래무지아과	참붕어, 돌고기, 쉬리, 누치, 왜매치 등
	황어아과	황어, 버들치, 버들개, 금강모치 등
	피라미아과	피라미, 갈겨니
	강준치아과	강준치, 치리, 살치

	종개과	종개, 대륙종개
	미꾸리과	미꾸리, 참종개, 미호종개, 점줄종개 등
Order Siluriformes 메기목	동자개과	동자개
	메기과	메기, 미유기
	찬넬동자개과	찬넬동자개
	퉁가리과	자가사리, 퉁사리, 퉁가리
Order Osmeriformes 바다빙어목	바다빙어과	빙어, 은어
	뱅어과	국수뱅어, 벚꽃뱅어, 도화뱅어 등
Order Salmoniformes 연어목	연어과	연어, 무지개송어, 산천어, 열목어
Order Gadidae 대구목	대구과	모오케
Order Mugiliformes 숭어목	숭어과	숭어, 가숭어
Order Beloniformes 동갈치목	송사리과	송사리, 대륙송사리
	학공치과	줄공치, 학공치
Order Gasterosteiformes 큰가시고기목	큰가시고기과	가시고기, 잔가시고기, 큰가시고기
	실고기과	실고기
Order Synbranchiformes 드렁허리목	드렁허리과	드렁허리
Order Scorpaeniformes 쏨뱅이목	양볼락과	조피볼락
	양태과	양태
	둑중개과	둑중개, 한둑중개
Order Perciformes 농어목	농어과	농어
	꺽지과	쏘가리, 꺽지
	검정우럭과	블루길, 배스
	시클리과	나일틸라피아
	주등치과	주등치
	돛양태과	강주걱양태
	구굴무치과	구굴무치
	동사리과	동사리, 얼룩동사리
	망둑어과	검정망둑, 꾹저구, 밀어, 갈문망둑
	버들붕어과	버들붕어
	가물치과	가물치
Order Pleuronectiformes 가자미목	가자미과	돌가자미, 도다리
	참서대과	박대
Order Tetraodontiformes 복어목	참복과	까치복, 복섬, 황복

1) 어류의 외부 형태 및 특징

어류의 외부 형태적 구조는 머리(head), 몸체(trunk), 그리고 꼬리(tail) 부위로 뚜렷하게 구분된다(〈그림 16-1〉). 머리 부위는 외적으로 구분되지만 몸체와 꼬리 부위는 내부적으로 나누어져 있다. 각 부위별 특징은 다음과 같다.

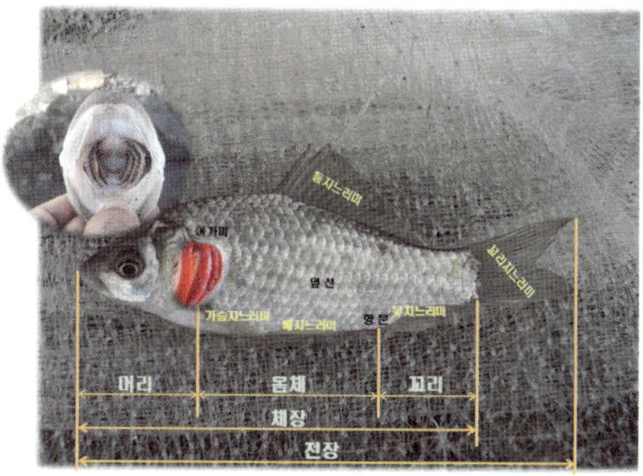

	특징
두부	눈의 크기, 수염의 유무, 수염의 쌍, 입모양
몸체	측선의 비늘 수, 등 지느러미살 수, 몸통의 높이, 반점, 줄무늬, 색상
꼬리	지느러미의 모양, 꼬리지느러미살 수, 지느러미 갈라진 정도

〈그림 16-1〉 어류의 외형 구조

2) 법적보호어종

법적보호어종은 천연기념물, 멸종위기 야생동식물 I급, II급으로 지정된 어류들을 의미한다. 천연기념물은 어름치, 미호종개, 무태장어, 황쏘가리, 꼬치동자개가 있으며, 그 외 강원도 정선군 고한읍 정암사의 열목어 서식지와 경북 봉화군 석포면의 열목어 서식지가 천연기념물로 지정되어 있다.

멸종위기 야생동물 I급으로 감돌고기, 흰수마자, 얼룩새코미꾸리, 미호종개, 꼬치동자개, 퉁사리 등 6종이 있고, 멸종위기 야생동물 II급에는 칠성장어, 다묵장어 묵납자루, 임실납자루, 가는돌고기, 꾸꾸리, 돌상어, 모래주사, 가시고기, 잔가시고기, 둑중개, 한둑중개 등 11종이 있다.

3. 어류 조사방법

일반적으로 호수에서의 어류 생태계 조사는 하천과 달리 다양한 어구를 사용하여 조사가 이루어진다(〈그림 16-2〉). 하천에서는 주로 투망이나 족대를 이용하여 정량적인 조사가 이루어진다. 그러나 호수 조사에는 아직 표준화된 조사 방법이 체계화되어 있지 않아 조사자에 따라 조사 방법이 다르고 사용하는 도구도 많은 차이를 보인다. 따라서 조사 자료 간에 비교가 어렵고, 자료의 호환성에 문제가 있기 때문에 이에 대한 표준화는 매우 시급하다. 선진 외국의 경우 많은 나라에서 전기충격기(electoshocking)를 이용하여 호수 조사를 수행하고 있으며, 그 외 자망(gill net), 정치망(fyke net)을 함께 사용하기도 한다. 전기 충격을 사용하는 전기기절법은 조사과정에서 어류를 죽이지 않고 손상시키지 않는 가장 정확한 친환경적 조사법으로 널리 사용되고 있으나 우리나라에서는 법으로 금지하고 있어 사용할 수 없다.

미국의 경우 호수 조사에서도 어류 밀도의 지표로서 CPUE(Catch Per Unit Effort)를 도입하여 도구에 따른 채집 노력의 단위에 따른 어획량으로 정량화를 하고 있다. CPUE란 단위 노력당 잡힌 어류 개체

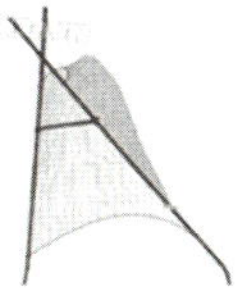

족대 Kick net

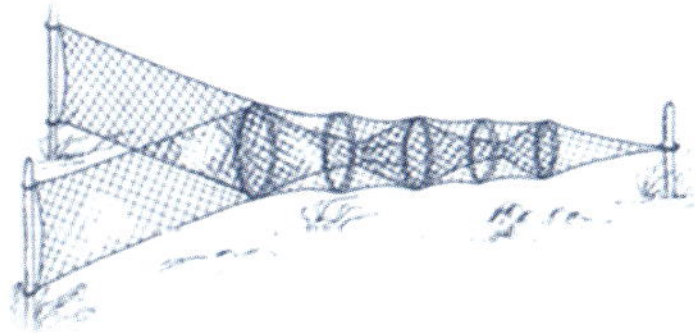

정치망 Fyke net

전기충격(기절)법
Electroshocking

자망 Gill net

투망 Cast net

〈그림 16-2〉 하천과 호수에서 어류를 조사하는 도구

수를 의미하고 단위 노력이란 일정 시간 혹은 그물의 길이 등을 의미한다. 우리나라의 하천 수생태건강성 평가의 경우 어류 채집의 어획 단위로서 전문가 1인을 포함하여 3인 1조가 되어 투망과 족대를 사용하여 약 40분간 작업하여 채집된 양을 제시함으로써 어류 밀도의 상대적 정량화를 꾀하고 있다. 자연호에서는 수직자망(vertical gill net)을 사용하여 어류의 수직이동에 따른 분포를 파악하기도 한다. 한 그물에 망목의 크기가 서로 다른 multi mesh gill net을 표준 조사 방법으로 채택하는 경우도 있다.

4. 어류의 공간적 분포

1) 호수에서의 분포

호수의 종적 특성은 유입 하천부(riverine), 전이대(transition), 호수역(lacustrine)으로 구분되고, 각 구역별로 출현 어종이 다르게 분포한다. 호수의 유입부는 하천성 어류가 주로 나타나고 있으며, 다양한 서식 환경으로 인해 종 다양도가 가장 높은 구간이다. 전이지역에서는 하천과 호수에서 공통으로 출현하는 어류들이 공존하는 구역이고, 호소역으로 분류되는 정수역에서는 활동성이 적고 유영성이 낮은 부유성 어종들이 주로 서식한다(〈표 16-3〉).

〈표 16-3〉 대형 인공호의 상류, 중류, 하류 수역에서 출현하는 주요 어종(파로호, 소양호, 춘천호)

상류 유입부 (하천성, riverine)	중류 (전이대, transitional) 하천-호수 공통 출현어종	하류 (정수성 수역, lacustrine)
가는돌고기, 쉬리, 긴몰개, 배가사리, 버들치, 돌상어, 미꾸리, 새코미꾸리, 참종개, 종개, 퉁가리, 밀어	잉어, 붕어, 참붕어, 피라미, 갈겨니, 끄리, 메기, 돌고기, 몰개, 참마자, 어름치, 모래무지, 쏘가리, 꺽지, 배스	뱀장어, 살치, 잉어, 붕어, 중고기, 누치, 동자개, 눈동자개, 대농갱이, 메기, 빙어, 쏘가리, 떡붕어, 블루길, 배스

2) 하천에서의 어류 분포

(1) 종적분포

하천의 종적인 특성은 상류, 중류, 하류로 구분된다. 상류 구간은 유속이 빠르고, 하천 바닥은 자갈이나 큰 돌로 구성되어 있으며, 용

〈표 16-4〉 하천의 종적인 구배에 따른 어종의 분포

상류	버들치, 버들개, 열목어, 금강모치, 연준모치, 둑중개, 미유기, 꺽지, 새미, 배가사리
중류	피라미, 갈겨니, 쉬리, 동사리, 얼룩동사리, 참종개, 북방종개, 돌고기, 몰개, 누치, 참마자
하류/기수역	꾹저구, 망둑어, 숭어, 농어, 황어, 잉어, 붕어

존 산소가 풍부하다. 또한 수변부가 식생으로 덮혀서 일조량이 적고 수온이 상대적으로 낮다. 상류에서의 어류상은 이러한 특성들을 잘 반영한다(〈표 16-4〉).

(2) 서식지별 어류 분포 특성

하천에서의 어류의 분포는 미소 서식지의 특성에 따라 크게 좌우된다. 미소서식지를 구분하면 크게 여울역, 소(웅덩이), 습지(늪지) 등으

〈표 16-5〉 하천의 미소 서식지에 따른 출현 어종의 분포 특성

미소 서식지	출현 어종
여울	쉬리, 돌상어, 배가사리, 통가리, 배가사리, 새미, 여울마자, 눈동자개, 자가사리
소(웅덩이)	붕어, 각시붕어, 잉어, 흰줄납줄개, 납지리, 참붕어, 살치 등
습지(늪지)	붕어, 잉어, 가물치, 블루길, 배스, 미꾸라지, 버들붕어 등

〈표 16-6〉 하천의 하상구조에 따른 어류의 분포 특성

하상 특성	출현 어종
큰돌-호박돌 구조	버들치, 금강모치, 산천어, 둑중개, 꺽지, 미유기 등
큰자갈-작은자갈 구조	어름치, 돌마자, 참종개, 돌상어, 꾸구리, 퉁가리, 눈동자개, 돌고기 등
모래질 구조	모래무지, 흰수마자, 미호종개 왜매치, 버들매치 등
뻘질	망둑어과 어류, 미꾸라지 등

로 나눌 수 있고(〈표 16-5〉), 물리적 서식 환경을 좌우하는 하상 조건은 큰돌-호박돌 구조, 큰자갈-자갈 구조, 모래질, 그리고 하구역과 같은 뻘질 등으로 구분할 수 있다. 하천의 어류들은 이러한 미소 서식지의 특성에 따라 공간적 분포가 달라진다(〈표 16-6〉).

5. 어류의 식성에 따른 구분

어류의 식성은 생태계 내에서 생태적 지위를 나타낸다. 어류의 식성은 크게 플랑크톤성(planktivore), 충식성(insectivore), 어식성(piscivore), 저서생물흡입성(benthic sucker), 잡식성(omnivore) 등으로 구분할 수 있고, 이러한 식성의 차이는 어류의 입 모양을 통해서 알 수 있다. 동·식물플랑크톤을 섭식하는 플랑크톤식성 어류는 주로 주둥이 끝이 돌출된 형태이고, 수서곤충이나 다른 어류들을 섭식하는 어식성의 입 모양은 포식 활동에 편리하게 상향형 구조를 하고 있다. 모래무지와 같이 주로 하천 바닥의 모래질을 흡입하는 경우 입 모양이 바닥을 지향하는 형태를 갖추고 있다. 이러한 먹이 습성에 따라 어류의 내장 길이는 초식성의 경우 장의 길이가 충식성이나 다른 어식성에 비해서 길다(〈표 16-7〉).

〈표 16-7〉 어류의 식성에 따른 입 모양과 내장의 길이

먹이 분류	어종	입 모양		내장 길이
초식성 (플랑크톤 및 부착조류 식성)	납자루, 몰개류 은어, 쉬리, 돌마자, 참마자	돌출형	 	길다
충식성 (곤충, 수서곤충)	참갈겨니, 버들치, 산천어, 열목어,	중간상향형		중간
어식성 (어류)	메기, 동사리, 가물치, 배스, 쏘가리, 끄리	상향형	 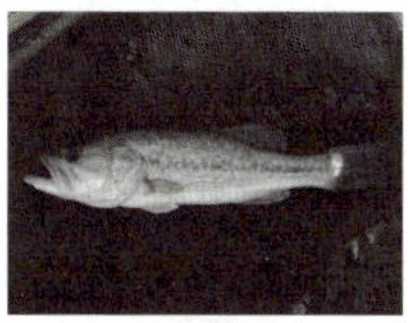	짧다
저서생물 흡입성, 부착조류	모래무지(충식성), 돌마자, 망둑어 종류 (잡식성)	지향형		중간
잡식성	피라미, 붕어, 잉어, 참붕어, 살치	돌출형		길다

6. 어류의 체형에 따른 구분

어류의 체형은 수중에서 유영 능력을 좌우하는 중요한 요인이 된다. 이러한 체형은 제장/체고비(fitness ratio)로 표현된다. 체장 대비 체고가 높은 납자루형과 붕어형은 유속이 느린 호소나 정체 수역에서 주로 서식한다. 반면 체고가 낮은 피라미형과 종개형은 여울이나 계류와 같이 유속이 빠른 곳에서 유영하며 서식한다(〈표 16-8〉).

〈표 16-8〉 어류의 외형에 따른 유영성 및 서식 장소

유 형		유영성	서식 장소	체형비 (체장/체고)
납자루형		느림	정체 수역, 웅덩이, 늪	1.8~2.5
붕어형		보통	유속이 느린 하천 호소	3.0~3.5
피라미형		빠름	여울성, 계류성 중층유영	4.0~4.5
종개형		매우 빠름	유속이 매우 빠른 지역 하천 바닥	7.0 이상

7. 국내 호수의 어류상과 유해 외래어종

전국의 주요 하천과 호수에 대해 환경부의 자연생태 조사가 이루어지고 있으며, 생물측정망 조사 사업에 의해 많은 하천에서 정기적으로 어류상이 조사되고 있다. 수생태건강성 평가는 하천에서만 시행되고 있으므로 호수에서는 상대적으로 어류 조사가 적게 이루어진다. 호수는 조사에 선박을 사용해야 하므로 하천에 비해 비용이 많이 들고 수심이 깊어 조사가 어려운 점 때문에 조사가 적다.

우리나라 작은 호수에서는 약 20종, 대형 댐에서는 40종 이상의 어류가 출현한다. 일반적으로 서식지의 크기가 클수록 생물종수가 많아지는데 호수에서도 어류 종수는 호수의 크기에 따라 달라진다. 또한 유입하천이 많으면 유수성 어종이 유입하여 종수가 증가한다. 생물지리학으로 보면 우리나라 서남부의 어류는 중국과 유사하며 동북부는 시베리아와 유사하다. 우리나라에는 지질학적으로 호수가 거의 없는 노년기 지형이어서 고유어종 담수어류는 주로 작은 하천에 사는 종류들이다. 그러나 근래 댐이 많이 만들어져 어류의 회유로가 차단되고 정수생태계가 인위적으로 조성되어 정수성 어종이 증가하는 변화가 나타나고 있다.

어류군집의 생태계건강성 평가에는 여러 가지 지표가 사용되고 있다. 종다양성, 유수성 어종, 고유어종, 민감어종, 충식성어종이 높은 군집에 대해 좋은 군집으로 높은 점수를 부여하며, 특히 고유어종의 점유비율은 어류 군집의 건강성을 나타내는 중요한 지표로 평가하고 있다. 반면 외래어종, 내성종, 비정상개체 비율 등이 많으면 나쁜 군집으로 평가된다(〈표 16-9〉).

근래 우리나라의 호수와 하천에서는 외래어종이 크게 증가하여 수

〈표 16-9〉 호수에서 어류 군집의 건강성 평가에 사용되는 지표

1. 종 다양도 지수
2. 민감종의 상대비율
3. 내성종의 상대비율
4. 잡식종의 상대비율
5. 충식종의 상대비율
6. 군집 우점도 지수
7. 배스의 상대비율
8. 비정상 개체 상대비율

〈그림 16-3〉 국내 분포하는 대표적인 외래어종(배스, 블루길, 나일틸라피아)

생태계의 건강성을 훼손하는 주요 원인으로 등장하고 있다. 우리나라에 도입되어 정착한 외래어종은 파랑볼우럭(블루길), 큰입배스, 틸라피아, 떡붕어, 무지개송어, 찬넬메기, 향어, 백연, 초어, 대두어 등이다(〈그림 16-3〉, 〈표 16-10〉). 이 가운데 블루길과 배스는 지나치게 번성하여 어류군집과 수생동물의 다양성을 황폐화하는 주요인으로 작용하고 있어 환경부에서는 생태계교란생물로 지정하여 관리하고 있다.

〈표 16-10〉 국내 주요 호수와 저수지의 어류

호수		출현 종수 (고유 어종)	우점 어류	종 다양도	참고문헌
소양호	1997	29종(8)	빙어, 몰개, 피라미, 블루길	1.85	변화근 등(1997), 최재석 등(2003)
	2003~2004	35종(10)	피라미, 몰개, 쏘가리, 빙어, 누치, 끄리	1.10~1.73	
평화의 댐	2005	32종	-		
	2006	42종(18)	피라미, 줄납자루, 갈겨니		
파로호	2003	34	-		최재석 등(2004)
	2004	31종(6)	누치, 피라미, 끄리	0.69~0.79	
	2006	39			
팔당호	1972	31종(13)	-		전과김(1972), 환경부(1980, 2004), 전 등(1987), 전상린(1990), 공동수(1992), 오 등(1999), 손영목 등(1997)
	1980	23종(9)	-		
	1987	9종(3)	-		
	1990	16종(4)	-		
	1992	36종(13)	-		
	1994	24종(5)	-		
	1996	42종(9)	강준치, 블루길, 몰개	2.26	
	2003	42종(12)	강준치, 피라미, 줄납자루, 살치		
대청호	1991	56종(20)	피라미, 밀어, 붕어	3.25	최신석 등(1997)
	1995	42종(13)	몰개, 붕어, 동자개 살치	2.99	
	1996	40종(12)	블루길, 붕어, 피라미	2.60	
경기도 6개 호수 (2004~2005)	금광지	26종(4)	살치, 피라미		경기도(2004), 최재석 등(2006)
	덕우지	23종(3)	참붕어, 피라미		
	멱우지	21종(2)	살치, 참붕어		
	왕송지	19종(1)			
	동방지	18종(0)			
	흥부지	19종(0)			
충주호(1996)		27종(5)	몰개	1.50	김 등(1996)
춘천호(2005)		26종(5)	누치, 피라미	1.06~1.71	최재석(2005)
의암호(2005)		30종(6)	줄납자루, 긴몰개, 누치	1.47~2.09	최재석(2005)
안동호(1997)		39종(11)	살치, 블루길	2.23	양홍준 등(1997)
주암호(1997)		45종(15)	피라미, 돌마자, 납자루,	3.01	성 등(1997)
임하호(1997)		35종(14)	백조어, 끄리, 떡붕어	2.46	양홍준 등(1997)
도암호(2006)		21종	돌고기, 피라미		이상하 등(2006)
횡성호(1995~2004)		39종(17)	납자루, 피라미		최재석 등(2005)
영랑호(2007)		23종	빙어, 황어		최재석 등(2007)
경포호(2006)		25종	황어, 문절망둑, 전어, 숭어		최재석 등(2006)

양서류인 황소개구리도 역시 생태계교란생물로 지정되었다.

또한 국내종이지만 살지 않던 수계로 이입되어 생태계 교란의 원인이 된 종류도 있다. 강준치는 한강과 금강에 서식하던 포식자인데 2004년경부터 낙동강에 유입되어 과잉 번성하며 어류상을 파괴하는 원인의 하나가 되고 있다.

8. 어류와 수질

1) 호수의 부영양화와 어류상

호수에서 주로 나타나는 어류는 동·식물플랑크톤을 먹이원으로 하는 플랑크톤식성 어류나 포식을 하는 어식성 어류인데 호수의 영양 상태에 따라서 종 구성이 다르게 나타난다. 수질이 깨끗한 빈-중영양호에서는 피라미, 몰개, 쏘가리, 줄납자루, 빙어, 누치, 끄리 등 비교적 다양한 어류들이 출현한다. 반면 부(과)영양호에서는 살치, 참붕어 등 수질 오염에 내성이 강한 어종들의 우점화 현상이 두드러지고, 블루길이나 배스 등과 같은 외래 생태 교란 어종도 많이 나타난다(〈표 16-11〉).

〈표 16-11〉 호수의 영양 상태에 따른 우리나라의 우점 어종

호수의 영양 상태	우점 어종
빈-중영양호	피라미, 몰개, 쏘가리, 줄납자루, 빙어, 누치, 끄리
부영양호	피라미, 밀어, 붕어, 동자개, 살치, 블루길, 배스
과영양호	살치, 참붕어, 붕어, 잉어

2) 어류 군집이 수질에 미치는 영향

어류의 군집 특성은 호소 수질과 밀접한 관련을 가지고 있기 때문에 많은 육수학자와 어류학자들은 수질 개선을 위한 생태공학적 방법으로 인위적으로 먹이연쇄를 조절함으로써 어류 군집 구조를 전환하는 시도를 하고 있다(Lamarra, 1975; Shapiro et al., 1975; Shapiro, 1979; 1980; Lynch & Shapiro, 1981; Shapiro et al., 1982: Kitchell et al., 1982; Goad, 1984; McQueen & Post, 1984; Tatrai & Istvanovics, 1986; Arcifa et al., 1986). 생물학적 먹이연쇄 조절은 크게 군집 내 어식성 어류의 도입, 플랑크톤식성 어류의 제거 등을 통한 수질 개선 효과 사례를 보고하고 있다.

스웨덴의 Lilla호의 경우 어류 제거를 통하여 동물플랑크톤의 종구성 변화와 함께 호수 내 일차생산력이 감소되었고, 상대적으로 투명도가 개선되고 총인의 농도 저감 효과를 보고한 바 있으며, 잉글랜드 Brundall에 위치한 작은 호수를 대상으로 어류를 제거한 결과 수질이 개선되고 수생식물 개체군이 함께 증가하는 효과를 보고하고 있다(Henrikson et al., 1980; Leah et al., 1980; Stenson et al., 1978). 한편 미국 미네소타주의 Round호를 대상으로 기존의 어류 군집을 제거한 후 새로운 어류 군집을 조성한 결과 동물플랑크톤의 평균 크기가 커짐에 따라 식물플랑크톤 여과율이 증가하여 수질이 개선된 사례를 보고하고 있다(Lammens et al., 1985). 미국 위스콘신주 Mendota호의 경우 플랑크톤식성 어류의 대량 폐사로 인하여 동물플랑크톤의 크기가 변화하고 식물플랑크톤에 대한 포식 압력이 증가하였고, 이에 따라 봄철 청수기가 연장되고 여름철 식물플랑크톤의 현존량 감소로 이어졌다(Vanni et al., 1990).

한편, 어식성 어류의 도입은 먹이 연쇄에 따라 동물플랑크톤식성 어류의 감소로 이어지고, 식물플랑크톤의 현존량이 감소되어 투명도의 개선과 함께 수질 개선 효과가 나타난다(Carpenter et al., 1985; 1987; Söndergaard et al., 1990 ; Lyche et al., 1990; Sanni & Wærvågen, 1990). 미국의 대형호인 미시간호에서 동물플랑크톤식성 어류인 alewives의 개체군 감소에 따라 지각류인 *Daphinia* 개체군의 증가하여 호소 내 엽록소-a의 농도가 급격히 감소되고 투명도가 증가한 경우가 있었다(Evans & Jude, 1986). 그 외 호수 내 어식성 어종인 Nothern pike, Walleye, 큰입배스 등의 도입으로 동물플랑크톤의 종구성이 변화하고 크기가 증가되어 궁극적으로 수질 개선 효과를 이룬 사례 등이 있다(Hergenrader, 1983; 1984; Benndorf, 1988). 미국 서부에 위치한 북 캘리포니아의 Castle lake의 경우 1995년 이후 육식성인 무지개송어의 방류 사업을 3년간 중단하여 방류 전과 후의 동물플랑크톤식성 어류인 Golden shiner, Brook trout 변화상을 파악하였고, 주요한 동물플랑크톤인 Diacyclops의 개체군 증감을 모니터링한 결과 어식성 어종의 감소에 따라 동물플랑크톤이 감소하여 투명도 감소, 일차생산력 증가, 수질 악화 등의 결과를 보고한 바 있다(Elser et al., 1995).

반면 이러한 생물학적 조절 방식은 지속성이 낮고 일시적 효과에 그치며, 생태계 교란을 야기할 수 있기에 수질 개선 효과에 대해서는 여전히 논란의 대상이 되고 있다(Capenter & Kitchell, 1992). 특히 하위 단계의 먹이망간의 상관성은 매우 낮게 나타나고 있으며, 장기적인 측면에서 개선 효과가 매우 불확실하다고 보는 견해도 있다(McQueen et al., 1986). 아프리카의 빅토리아 호수의 경우 육식성 어류인 나일농어 도입으로 식물플랑크톤식성 어류인 Haplochromid 개체군이 감소하였고, 호수 내 식물플랑크톤이 증가하여 탁도 증가 및 심층부에 무산소 현상이 나타나 수질이 악화되었음을 보고한 바 있다(Ochumba & Kibaara, 1989). 어식성 어류의 포식압은 피식어종의 크기나 종 구성에 따라 달라져 생물학적 조절에 따른 수질 개선 효과가 일정하지 않았으며(Jenkins, 1967; Cooper et al., 1971), 어식성 어류에 의한 수질 개선 효과는 지속성도 낮은 것으로 보고하고 있다(Shapiro & Wright, 1984). 또한 식물플랑크톤식성 어류인 Silver carp, Gizzard shad, 틸라피아 등을 이용한 생물학적 조절 방안이 제시되고 있지만 선택적인 섭식 습성으로 수질 개선에는 비효율적인 것으로 평가되고 있다(Borutskij, 1973; Kajak et al., 1975; Januszko, 1974; Opuszynski, 1978; 1980). 따라서 어류 군집의 생물학적 조절을 통하여 수질 개

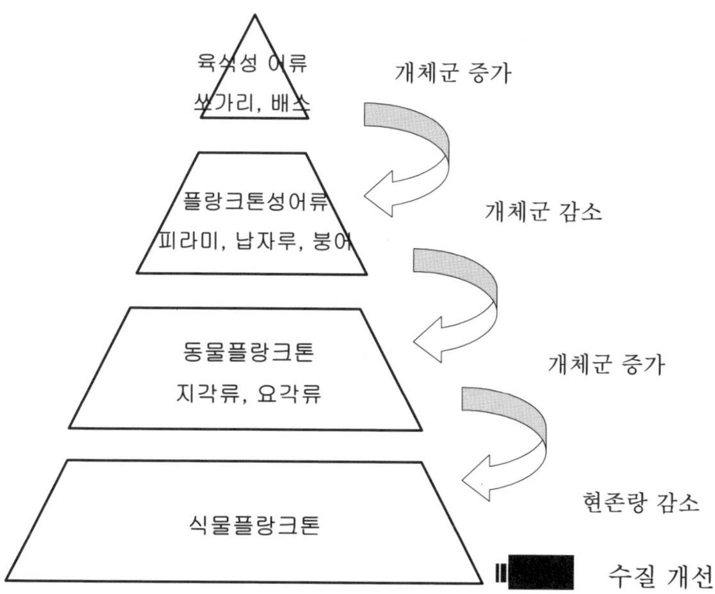

〈그림 16-4〉 어식성 어류 개체군의 증가에 따른 생물학적 먹이연쇄 조절

선 효과를 이루기 위하여 대상 호소의 생태학적 특성, 군집 구조 및 서식생물 간의 상호작용 등을 면밀히 파악하여 시도하는 것이 중요하다.

국내의 경우 대표적인 육식성 어종인 쏘가리, 배스 등은 생물학적 먹이연쇄 조절을 통하여 호소 수질 개선에 기여할 수 있는 어종이다(〈그림 16-4〉). 특히 쏘가리의 경우 자생어종이며 어족 자원으로서 매우 중요한 육식성 어종이다. 최근 남획과 수질오염 등으로 개체수가 격감하고 있으나 대형 댐이나 저수지 등의 정체 수역에 잘 적응할 수 있는 어종으로 수질 개선과 자원 증대 측면에서 어족 관리가 필요한 어종이다. 그러나 배스는 생태계 위해 어종으로 지정되어 자생어류 개체군을 파괴하기 때문에 정수역에서는 이들의 유입은 최대한 막아야 할 것이다.

3) 잉어에 의한 저질 교란과 수질 악화

호소 내 저서 유영성 어류 개체군의 증가는 호소 바닥의 저질층 교란이나 유기물의 재부유 기작 등으로 수질을 악화시키는 요인으로 알려져 있다(Hill, 1999). 호소 내 대표적인 저서 유영성 어류로는 잉어, roach, bream 등이 있으며, 이들의 섭식 활동과 산란 활동은 호수 바닥을 교란시켜 영양 염류의 재부유나 탁도 증가의 원인이 된다(Andersson et al., 1978; Horppilla & Kairesalo 1990; Kahl 1991). 특히 소규모 호소에서 잉어에 의한 교란은 수질에 직접적으로 영향을 준다(Meijer et al., 1989).

호수 바닥에서 유기물 재부유는 잉어의 먹이 습성 및 생태적 특성과 관련이 있다. 잉어는 잡식성으로 호소 바닥에 서식하는 수서곤충,

갑각류, 패류, 깔따구류, 부착조류 등을 광범위하게 섭식한다. 섭식 과정에서 저질을 직접 흡입하여 걸러 먹은 후, 유기물이 방출되기 때문에 수층에 탁도를 증가시키고, 조류(algae)에 영양염을 공급함으로서 수질환경을 악화시키게 된다.

잉어는 저질을 교란하여 탁수와 부영양화의 원인이 되므로 호소 수질 개선 측면에서 미국의 경우 생태계 내 잉어 제거를 위한 많은 노력을 기울이고 있다(McComas, 1993). 다양한 물리·화학적 및 생물학적 방법 등이 사용되고 있는데 미국의 경우 1930년대 이후부터 호소 내 잉어 제거를 위해 화학 물질을 이용하고 있으며 그 외 스크린이나 구조물 설치, 트랩 설치, 수위 조절 등과 같은 물리적 방법과 먹이연쇄 조절과 같은 생물학적 방법을 통해서 어류 제거를 하고 있다(Wydoski & Wiley, 1999). 이러한 어류 제거 방법들을 각각 장단점을 가지고 있으며 경제적 측면, 생태 환경학적 요인, 주민 여론 등 다양한 측면을 고려하여 선택하여야 한다(Bonneau, 1999).

국내에서 잉어 개체군은 자연적 증가 외에 다양한 경로로 하천이나, 호수, 저수지 등으로 유입되고 있다. 잉어는 오염에 대한 내성이 강하고 환경 적응 능력이 뛰어나고, 성장도가 매우 빠르며 수명이 길다. 성체가 된 잉어의 경우 자연 생태계 내에서 천적이 없는 것으로 알려져 있다(Eddy & Underhill, 1974). 우리나라와 같이 도시화·산업화에 따라 하천이나 호수의 부영양화가 심화된 상황에서 이들의 개체군은 증가 추세에 있다(김과 박, 2002). 잉어 개체군 조절에 의한 수질 개선 효과를 얻기 위해서는 이식, 방류 등 유입을 최소화하며, 화학적, 생물학적 방법을 통하여 지속적으로 관리하여 과잉증식을 막는 것이 필요하다.

수질 개선을 위한 어류 개체군 조절 또는 제거 방법에는 다양한 화학적, 물리적, 생물학적 방법이 있다. 화학적 처리 방법으로 널리 이용되고 있는 방법은 열대식물의 줄기와 뿌리로부터 추출된 자연화학 물질인 로테논(rotenon)에 의한 처리 방법이 있다. 로테논은 어류의 아가미에 흡착되어 산소전달을 억제함으로서 궁극적으로 어류의 질식사를 유발하게 된다. 로테논은 분말 형태와 액체 형태가 있어 다양한 방법을 통하여 하천이나 호수에 투여가 가능하다. 또한 인체에 무독하고 환경에서의 지속성이 없으며, 처리 효과는 수년간 지속될 수 있는 장점을 가지고 있어 잉어개체군 제거에 널리 이용되고 있다 (McComas 1993). 반면 비 선택적 특이성으로 잉어 이외에 다른 어종에도 영향을 미칠 수 있고, 투여량과 어류의 성장단계에 따라 저항력이 다르기에 이에 대한 영향을 고려해야 한다. 물리적 제거 방법으로는 하천이나 호수 주변에 다양한 구조물이나 스크린, 철망, 전기장벽 등을 설치하여 잉어의 유입을 인위적으로 막는 것이다.

그러나 이러한 물리적 방법 역시 모든 어종에 영향을 미칠 수 있으며, 구조물 설치 및 유지 보수 비용이 많이 들고 처리 비용에 비하여 효과가 크지 않다는 단점을 가지고 있다. 그 외에 생태계 내 먹이연쇄 과정을 이용한 생물학적 제거 방법이 제시되고 있다. 생물학적 먹이연쇄를 이용한 방법은 육식성 어류를 이용하여 수질을 개선하는 방법으로 최근 들어 다양한 실험과 시도를 통해 수질 개선 효과가 입증되고 있다.

국내에서 적용 가능한 잉어 개체군 저감 방안은 산란기 및 생태적 습성을 이용하는 방법이 가장 효과적일 것으로 판단된다. 잉어의 산란지 주변에 정치망이나 자망, 전기충격 등의 방법을 이용하여 단시간 내 집중 포획하는 방법이 가장 효과적이다.

9. 어류 자원 관리

1) 과학적 어족 자원 관리의 필요성

호수생태계의 효율적 관리는 수질 개선과 연계하여 생태계 관리 대책을 수립하는 것이 필요하다. 하천과 달리 호수는 서식 환경이 단순하기 때문에 출현 어종이 적고, 또한 특정 어종의 우점도가 높은 특징이 있다. 특히 부영양호에서 우점하는 어류들은 대부분 내성도가 높고 분포 수역이 넓기 때문에 관리하지 않아도 되는 어종들이다. 따라서 이들에 대한 자원 관리는 생태학적 측면에서 의미가 없으며, 군집 구조의 변화를 통하여 수질 개선에 기여할 수 있도록 관리 대책을 수립하는 것이 중요하다. 선진 외국의 경우 어류 군집 구조의 인위적 조절을 통해 호수 생태계 관리 및 수질 개선 노력도 시도하고 있으며 이에 대한 많은 성공 사례가 보고되고 있다.

바람직한 어류 군집을 조성하기 위해서는 생태계 및 수질현황에 대한 기초조사가 필요하다. 서식 어종의 생활사, 성장도, 산란 시기, 산란 장소, 산란 행동, 산란처, 먹이 습성, 하상 구조, 유속, 수심, 수온 등 생태적 특성에 대한 정확한 정보를 얻는 것이 매우 중요하다.

호수의 어류 생산성을 추정하기 위해서 간단하고 널리 이용되는 Morphoedaphic Index(MEI=TDS/Z)라고 하는 지수가 있다(Henderson et al., 1973; Jenkins, 1982; Ryder, 1965, 1982; Ryder et al., 1974; Schlesinger & Regier, 1982). MEI는 호소 내 총 용존 물질에 대한 평균 수심의 비로서 부영양화의 척도이며 어류의 성장도나 생산성과 매우 밀접한 관련성을 가지는 지수로서 알려져 있다(Chow-Fraser, 1991). 용존물질의 양이 많으면 플랑크톤이 풍부하여 영양 상태가 높아지고 유기물 생산이 많으므로 어류의 생산도 증가한다. 수심이 깊어지면 저질로부터의 인의 용출이 감소하여 영양 상태가 낮아지고 유기물 생산이 적어 어류의 생산량도 적게 된다.

2) 어족 자원 관리 대책

호수 내 바람직한 어족관리를 위하여 연안 식생대를 보호하고, 수변 급경사를 지양하여 다양한 수변 및 수생식물이 서식할 수 있도록 하는 것이 중요하다. 일반적으로 연안식생대는 생산성과 생물 다양도가 가장 높은 지역으로 생태계 회복을 위하여 중점적으로 보호되어야 할 지역이다.

우리나라의 많은 호수에서는 상업적 어획이 허용되고 있어 어류가 감소하고 싱업성 어류가 감소하는 군집 변형의 원인으로 지목되고 있다. 담수어류는 자원량이 매우 적으며 담수생태계의 건강성 및 수질 보호와 관련되어 있으므로, 어류 보호를 위해서 선진국에서는 일반적으로 담수 어류의 상업적 어획이 허용되지 않는다. 지속 가능한 어획을 위해서는 정확히 잉여 생산량만을 포획하여야 하나 그러한 관리는 사실상 불가능하기 때문이다. 또한 경제성 어종의 인공 방류가 많이 이루어지고 있는데 이것도 자연적인 어류군집을 간섭하고 왜곡하는 현상으로서 생태계 교란으로 볼 수 있다.

‖ 제 17 장 ‖

하천 생태계

제 17 장 하천 생태계

1. 하천 생태계의 구성

하천 생태계에서 전형적인 먹이연쇄 과정은 일차생산자인 부착 조류를 기반으로 저서 대형 무척추동물과 이를 먹이원으로 하는 식충성 어종(insectivore), 그리고 이를 잡아먹는 어식성 어종(piscivore)으로 이어진다(〈그림 17-1〉).

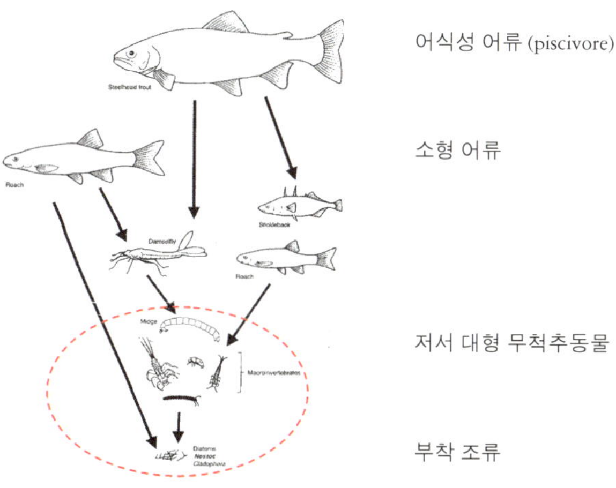

〈그림 17-1〉 하천 생태계의 전형적인 먹이사슬 구성

1) 하천 연속성의 개념(River continuum concept)

하천 연속성의 개념(Vannote et al., 1980)은 하천 상류에서 하류에 이르는 동안 물리적인 환경의 변이가 서서히 일어나고 이로 인하여 생물 군집이 일정한 경향을 가지고 변화한다는 개념이다(〈그림 17-2〉).

(1) 상류(upstream)

입자가 굵은 먹이가 많다. 부유생물(plankton)은 적고 부착생물이 많다. 외부에서 유입된 낙엽이 주요 먹이이다. shredder가 많다. 어류는 수서곤충을 먹고 산다. 숲에 그늘이 져서 부착조류 적다. 유속이 빠르고 하상이 바위나 자갈이다.

(2) 중류(middlestream)

하폭이 증가하여 빛이 도달하고 부착조류 증가한다. grazer가 증가하는 경향을 보인다.

(3) 하류(downstream)

입자가 작은 먹이가 많다. 부유생물이 많고 부착생물이 적다. collector, filter-feeder가 많다. 플랭크톤과 저니를 먹는 어류가 많다. 유속이 느려지고 하상에 clay와 silt가 증가한다.

2) 하천의 주요 생물군

하천은 다양한 생물군이 서식하는 공간이다. 분해자 역할을 수행하는 곰팡이류, 하천의 일차생산자 역할을 수행하는 부착조류, 이를

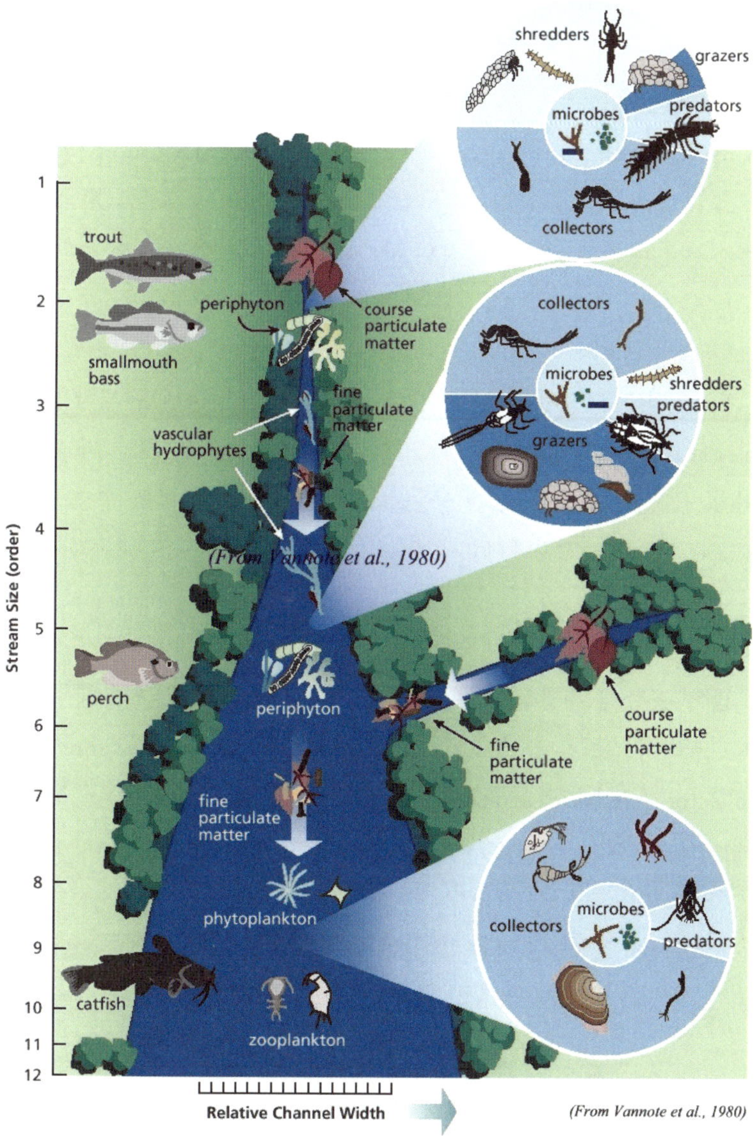

〈그림 17-2〉 하천 연속성(River continuum concept)의 개념도

먹는 수서곤충 및 대형 무척추동물 그리고 어류 등이 있다.

(1) 곰팡이(fungi)

낙엽을 분해하고 영양소가 많은 먹이로 만든다. 낙엽은 탄소는 많으나 소화가 어려운 셀룰로스이고 단백질은 없다. 곰팡이가 서식하여 수중 질소를 흡수하고 단백질을 만들어야 동물의 먹이가 될 수 있다.

(2) 부착생물(periphyton)

돌 표면에 부착하여 사는 생물. 주로 광합성 단세포 부착 조류(attached algae)이다. 대부분 규조류이고 녹조류, 남조류도 있다. 조류 외에 곰팡이, 박테리아, 원생동물 등이 함께 출현한다. 수중 동물(scraper)의 주요 먹이가 된다.

(3) 수서곤충(aquatic insect)

많은 곤충의 유생이 물속에 산다. 하루살이, 강도래, 날도래, 잠자리, 깔따구 등의 유생이다. 먹이를 먹는 방법에 따라 shredder, collector, predator, scraper(grazer) 등으로 나뉜다(〈표 17-1〉).

(4) 대형 무척추동물(macroinvertebrates)

수서곤충, 환형동물(지렁이), 대형 갑각류(새우, 가재), 연체동물(다슬기) 등의 다세포 동물을 단세포 원생동물과 구분하여 지칭한다.

(5) 어류(fish)

물속에서 아가미로 호흡하고 지느러미로 유영하면서 사는 모든 연골 및 경골 어류를 지칭한다. 국내의 민물고기는 50여 종의 한국 특

〈표 17-1〉 하천에 사는 대형 무척추동물의 대상 먹이와 섭식 방법에 따른 분류

섭식기능군	특성	종류
써는 무리 (뜯어먹는 무리) (shredder)	낙엽을 잘라 먹는다. 낙엽을 잘게 부수는 역할을 한다. 낙엽 표면의 곰팡이를 먹고 낙엽은 다시 배설한다.	강도래 일부, 날도래 일부, 파리류 일부 작은 종류는 자르기보다는 잎의 살 부분을 뜯어 먹는다 - 잎맥이 그대로 남아서 망사처럼 된다.
줍는 무리 (collector)	부유하는 유기쇄설물을 아가미로 걸러 먹는다. 주로 filter-feeder(여과섭식자)이다.	물벼룩, 요각류, 조개류
	부유하는 유기쇄설물을 다양한 filter(몸의 센털, silk-그물)로 걸러먹는다.	하루살이 일부, 모기, 먹파리, 날도래 일부
	수체 바닥에 가라앉은 유기쇄설물을 주워 먹는다.	깔다구(Chironomidae) 일부
긁는 무리 (scraper/grazer)	돌 표면의 부착조류를 긁어 먹는다.	다슬기, 달팽이류 하루살이 일부, 날도래 일부
포식자 무리 (predator)	사냥하듯이 특정 동물을 포획하여 잡아먹는다.	잠자리유충, 물장군, 물자라, 강도래 일부, 날도래 일부, 파리 일부

산종을 비롯하여 총 200여 종이 알려져 있다.

2. 하천의 지표생물(biological indicator)

하천의 생물 군집은 유기물 오염도와 용존 산소 농도에 따라 달라진다. BOD가 높고 DO가 낮으면 저산소에 내성이 있는 종이 우점한다. 생물을 유기물 오염도에 대한 내성으로 분류할 수 있다. 내성도에 따라 점수를 매기고 하천의 동물군을 조사한 후 각 종의 지수를 평균하여 오염도를 판정한다(〈표 17-2〉).

〈표 17-2〉 수질오염에 따른 지표 저서동물

오염지수	구분	특성	지표생물
1	빈부수성 (oligosaprobic)	청정수역 생물	강도래류, 하루살이류, 가재, 옆새우, 다슬기류
2	β-중부수성 (β-mesosaprobic)	미역감을 수 있을 정도의 물	잠자리유충, 각다귀, 날도래, 선충류
3	α-중부수성 (α-mesosaprobic)	물이 흐리고 혼탁 해감이 많고 정체	거머리류, 복족류, 부족류
4	강부수성 (polysaprobic)	오염도가 높은 물에 내성을 가진 종	실지렁이류, 붉은깔다구류, 물달팽이류, 왼돌이물달팽이류

3. 하천의 부영양화와 부착 조류

하천의 무기영양염류 증가는 부착 조류의 증가를 유발한다. 부착조류의 과다 번식은 여러 가지 측면에서 수생동물에 나쁜 영향을 준다. 부착조류의 광합성과 분해, 호흡으로 인하여 주간에는 산소 과포화가 발생하여 해를 주고, 야간에는 산소가 감소하여 동물에 해를 준다. 특히 부착조류가 과도하게 번성하면 낮 동안에 하천 바닥에 광합성으로 생성된 산소 기포가 쉽게 관찰된다.

하천의 부영양화는 주로 하수 및 하수처리장 방류수에 의해 발생한다. 생물학적 처리에만 의존하는 하수처리는 인을 충분히 제거하지 못할 경우에 하천의 부영양화를 막을 수 없다. 부착조류의 현존량에 따른 하천의 영양 상태는 육안으로 쉽게 관찰할 수 있다(〈표 17-3〉).

물의 흐름이 영양염류의 확산을 도와주고 세포 주변의 영양염 고갈층을 제거하여 주기 때문에 하천의 부착조류는 호수의 식물플랑크톤에 비하여 더 낮은 영양염류 농도에서도 잘 성장한다. 호수에서 인의 농도가 0.01~0.02mg/L 이하이면 빈영양호의 수질을 보이지만

〈표 17-3〉 하천의 부영양 상태에 따른 부착조류 분포

분수역 구분	특성
빈영양 수역	부착조류가 우상목 규조류이고 연한 갈색
	부착조류 밀도 < 100 mgChlophyll-a/m^2
부영양 수역	부착조류의 양이 많고 사상체의 녹조류와 남조류가 많다.
	부착조류 밀도 > 100 - 200 mgChlophyll-a/m^2
유기물오염 수역	부착생물이 많으며, 조류 외에 곰팡이와 bacteria가 많고 회색을 띤다.

하천에서는 이 농도에서도 부착조류가 번성하는 예가 많다. 따라서 하천의 부착조류가 성장하지 않는 빈영양 환경이 되기 위해서는 인의 농도가 0.01mgP/L 이하이어야 한다.

생물학적 처리를 위주로 하는 하수처리장의 방류수는 0.5~1.0mgP/L 이므로 하천 부영양화 기준의 수십 배에 해당하는 높은 농도이다(방류수 기준 농도는 0.2~2mgP/L). 홍수기에는 일반적으로 하수의 유량이 차지하는 비율이 작기 때문에 하천에 큰 영향을 미치지 않지만 갈수기에는 하수처리장 방류수가 차지하는 비율이 커지고 하천 부영양화의 주원인이 된다. 대형 호수에서는 다량의 물이 유출되는 홍수기에 많은 인이 유입하여 호수에 저류되므로 홍수기의 수질이 호수의 부영양화를 좌우하며 따라서 비점오염원의 유출이 주원인이다. 반면에 하천에서는 갈수기에 부영양화 현상이 발생하므로 하수의 비중이 더 크게 나타난다.

4. 부착조류의 계절변동

하천의 부착조류의 현존량은 하상의 기질(substrate), 영양염류 농도, 유속, 탁도, 수서곤충의 섭식 등에 의해 결정된다. 하상이 모래이고 유

동성이 너무 크면 조류의 부착이 어렵다. 댐 하류의 하천에서는 모래가 감소하여 장갑화가 일어나 부착조류의 성장에 유리한 조건이 된다. 기본적으로 인의 농도에 의해 부착조류의 최대 현존량이 결정된다.

영양염류의 농도 외에 유속과 수서곤충의 섭식량에 따라 계절 변동이 나타난다. 유속이 너무 느리면 부착조류 생물막(biofilm)의 표면에서 농도구배가 작아지고 영양염류의 확산 속도가 감소하여 영양염류의 부족으로 성장이 느려진다. 반면에 유속이 너무 빠르면 탈리가 일어나 현존량이 감소한다. 그러므로 소하천에서는 유속이 느린 갈수기에 부착조류의 현존량이 증가하는 경향을 보이고 홍수 시에는 모래가 부딛히고 돌이 구르면서 조류가 탈리되어 현존량이 급감한다. 부착조류의 현존량은 부착조류를 먹는 수서곤충의 양에 의해 크게 변동하는데, 겨울에는 동물의 섭식활동이 낮아서 부착조류의 현존량이 축적되어 증가하는 경향을 보이며 수서곤충의 섭식이 활발한 계절에는 섭식이 조류의 현존량을 감소시키는 요인이 된다.

수질이 좋은 인공하천인 청계천에서도 부착조류는 부영양 수준을 보인다. 서울 도심을 관통하는 청계천은 지난 2003년부터 약 2년간에 걸친 복원 사업으로 도심형 인공 하천으로 조성되었다. 서울시는 청계천의 안정적 수량과 수질 확보를 위해 한강에서 취수된 약 9만 8천 톤의 물을 화학 처리하여 인을 제거한 후 청계천으로 유입시키고 있다(신 등, 2008). 그럼에도 2006년 9월부터 2007년 7월까지 청계천에 서식하고 있는 부착조류를 조사한 결과 현존량은 0.3~48.6 ㎍Chla/cm^{2}의 부영양 하천의 범위를 보였다. 부착조류는 봄과 가을(9월~11월)에 높은 생체량을 보였으며, 강우 후에 조사한 8월에 낮은 현존량을 나타냈다(〈그림 17-3〉).

청계천에서 나타나고 있는 부착조류는 규조류 종수가 가장 많았

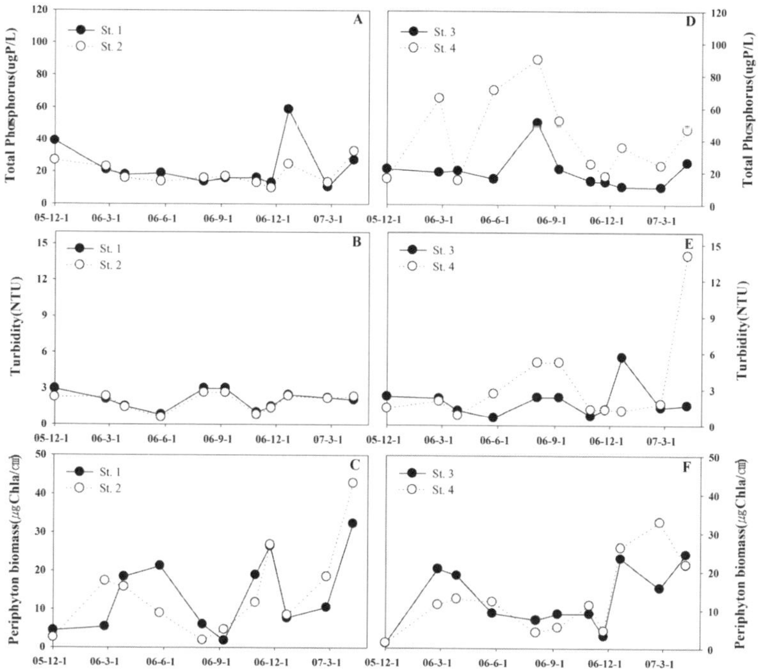

* (St. 1: 청계4가 배오개다리, St. 2: 청계6가 오간수교, St. 3:성동구 고산자로 고산자교, St. 4: 성동구 사근동 중랑천 합류전) 부착조류의 밀도가 홍수기에 낮아지고 갈수기에 높아진다(신명선 등, 2008).

〈그림 17-3〉 2006년 9월부터 2007년 7월까지 청계천의 총인, 탁도, 부착조류 현존량의 계절적 변동

지만 세포밀도는 남조류가 가장 높게 나타났다. 청계천에서 우점하고 있는 부착조류는 계절에 관계없이 남조류(특히, *Oscillatoria* sp.)가 우점종으로 나타났다. 또한 유기물 오염 수역에서 주로 나타나는 *Navicular pupula, Oscillatoria tenuis, Scenedesmus quadricauda*와 *Synedra ulna* 등이 출현하였다.

5. 하천의 직선화와 수로화(channelizaion)

하천의 형태를 변형하는 것은 하천생태계 훼손의 가장 큰 요인이다. 자연적인 하천 유로의 형태는 구불구불 구부러지는 모습이다(〈그림 17-4〉). 이런 형태를 뱀이 기어가는 형태와 유사하다고 해서 영어로 meandering이라 부르며 한자 용어로 사행(蛇行)으로 번역하였다. 하천이 사행하면 여울과 소, 자갈과 모래가 어우러지는 다양한 미소서식지가 형성된다. 각각의 미소서식지에는 다른 종류의 생물이 살기 때문에 서식지의 다양성이 동물의 다양성으로 이어진다. 바위틈에 사는 어류와 모래밭에 사는 어류가 다른 것이다.

하천이 사행하기 위해서는 하천의 폭이 넓어야 한다. 홍수 시 물에 잠기는 하천변의 토지를 범람원(flood plain) 또는 홍수터라 하는데, 범람원이 넓어야 하천이 사행할 수 있고 서식지가 다양해져 생물다양성이 높아진다. 인구 밀집지역에 가까운 범람원은 제방을 쌓고 침수를 막아 흔히 농경지로 이용되는데 이를 두고 '인간과 하천의 땅뺏기 싸움'이라고 표현하기도 한다. 제방으로 하천 폭을 좁히면 하천이 사행하지 못하고 직선화된다. 폭이 좁으면 통수단면이 감소하므로 저수로를 인공적으로 깊게 준설하여 단면을 확보하기도 하는데 이를 직강화 또는 수로화라고 부른다. 하천이 직강화되면 수심이 균일해지고, 여울과 소 등의 다양한 미소서식지가 단순화되어 생물의 다양성 감소로 이어진다.

제방은 수변 식생대의 면적을 감소시키고 인근의 육상생태계와의 횡적 연결을 차단한다. 많은 곤충과 양서류 등의 육상동물이 물속에 알을 낳고 유생기를 수중에서 보내며, 물에서 먹이를 얻는 동물도 많다. 그러므로 인근의 삼림서식지 및 수변식생대와 하천의 횡적 연결

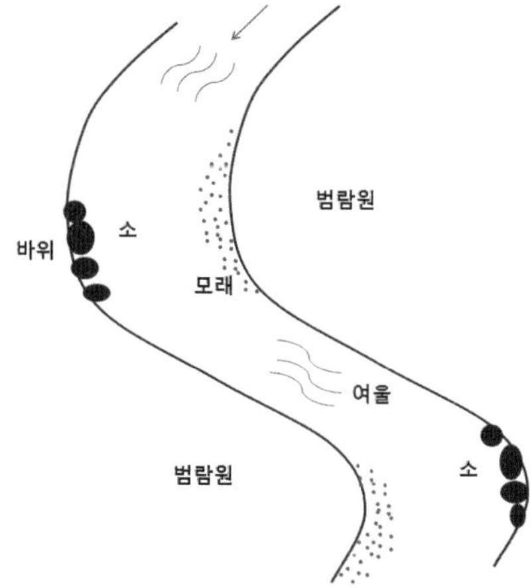

〈그림 17-4〉 사행하는 자연 하천에서 형성되는 다양한 서식처

은 동물군집의 다양성에 중요한 요소이다. 제방의 재료와 경사도는 횡적 연결성에 중요한 요소이다. 경사가 크면 생태계 단절이 더 심하게 나타난다.

근래 선진국에서 하천의 자연성 회복을 위해 제방을 뒤로 물리거나 철거하여 하폭을 넓히는 사례들이 늘고 있다. 대표적인 사례가 네덜란드의 하천관리 프로젝트로서 제방만으로는 홍수를 막고 생태계를 개선할 수 없다는 인식에 의해 하폭을 넓히는 방안을 선택하였다. 하천의 폭을 넓히고 공간을 주자는 뜻으로 'Room for the River'라는 구호를 내세우고 사업을 시행하였다.

우리나라의 하천은 지난 50년간 많은 제방건설로 인하여 직강화를 겪고 있다. 전국의 대부분의 하천구간이 제방으로 둘러싸여 있다. 일부 소하천에서는 콘크리트로 만든 직벽 제방으로 단절되어 있고, 하상도 콘크리트로 도포되어 지하수와의 교환이 불가능하고 하상서식지가 단순화되는 사례들이 많다(〈그림 17-5〉). 이러한 물리적 변형은

* 생태학적으로 건강하지 않고 하류의 홍수 위험을 높인다.

〈그림 17-5〉 콘크리트 제방으로 폭을 좁힌 소하천의 모습

매우 심각한 생태계 스트레스 요인으로 작용하여 수질이 좋은 곳임에도 불구하고 생물다양성이 낮은 것을 흔히 볼 수 있다. 하천의 자연성 회복을 위해서는 점진적으로 제방 증고를 지양하고 홍수터를 매입하여 하천폭을 넓히는 대안이 필요하다.

6. 하천에서 발생하는 어류 폐사

하천에서는 다양한 원인으로 어류의 대량 폐사가 자주 발생하고 있다. 어류 폐사는 주로 용존산소 부족으로 인한 사고나 독극물 및 농약 같은 유독 물질에 의해 발생하고 있으며, 특히 상류의 청정 지역에서는 다양한 민감 어종이 살고 있기 때문에 독성 물질 등의 스트레스가 발생하면 많은 어류의 폐사가 발생한다(〈부록 IV〉).

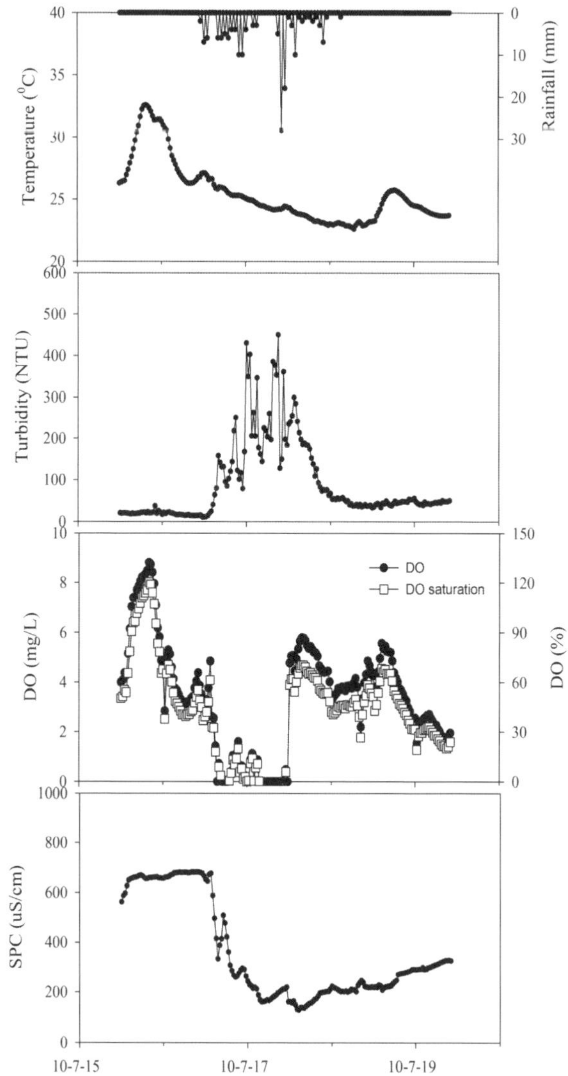

* 소규모 강우가 내린 후 산소가 고갈되는 현상이 나타난다(김범철 미발표 자료).

〈그림 17-6〉 부영양한 도심 하천에서의 강우 초기 탁도 증가와 DO 감소 및 전기전도도(SPC) 감소 현상(안양천, 2010년 7월 15~19일)

하천에서 일어나는 물고기 폐사 원인은 크게 인위적 요인과 자연적 요인으로 구분될 수 있다. 인위적 요인으로는 독극물(농약류 포함), 각종 오·폐수, 기름 유출 그리고 토사 유출에 따른 흙탕물의 발생 등을 들 수 있으며, 자연적 요인으로 용존산소 고갈, 질병(바이러스) 등을 들 수 있다. 용존산소 고갈은 정체 수역에서 여름에 주로 발생하며, 하천에서는 초기 우수의 유입으로 인한 BOD의 급격한 증가로 소규모 강우 직후에 발생한다. 강우 초기 탁도의 급격한 증가와 용존산소의 고갈은 도심 하천에서 어류 폐사의 주원인이 될 수 있다(〈그림 17-6〉).

겨울철 정체된 수역에서는 두꺼운 얼음의 형성으로 수중 산소가 고갈되어 물고기가 폐사하는 동계 폐사 현상(winter kill)도 발생할 수 있다고 외국에서 보고되나, 흐르는 하천에서는 발생 가능성이 낮은 것으로 알려져 있으며, 아직 국내에서 이에 대한 연구 사례는 보고된 예가 없다. 그 외에 오·폐수에 포함된 암모니아, 공사용 시멘트로 인한 알칼리성, 대형 댐으로 인한 용존기체의 과포화, 용존 산소의 급격한 변동도 어류에 치명적인 영향을 주는 것으로 알려져 있다. 어류 폐사의 요인들을 항목별로 정리하면 다음과 같다.

1) 용존산소의 영향

어류의 성장에 적합한 용존산소 농도는 어종에 따라 다르나 약 $4 mgO_2 \cdot L^{-1}$ 이상으로, $3 mgO_2 \cdot L^{-1}$ 이하에서는 어류 성장에 현저한 제한을 주는 것으로 알려져 있다(Klyashtorin, 1976). 하천에서의 산소 고갈은 BOD가 높은 물의 유입과 상류의 댐으로부터의 산소가 낮은 물의 방류로 일어난다. 하천에 댐과 보가 있을 때 성층현상으로 인하여 심층의 산소가 고갈되는 경우가 흔히 발생하는데 이때 심층수를 방류하면 산소가 고갈된 물이 하류로 방류되어 하류의 물고기가 죽는 사고가 발생한다. 따라서 산소가 고갈된 물을 방류하는 댐에서는 산소공급 장치가 필요한 경우도 있다.

겨울에 발생하는 어류 폐사의 경우 결빙 이후에 대기로부터의 산소공급이 감소하여 발생한다(Goldman and Horne, 2004; Wetzel, 2001). 어류는 낮은 용존 산소농도의 지점을 회피하는 능력을 보인다(Wannamaker and Rice, 2000; Elliott, 2000; Burleson et al., 2001). 반면에 어류의 행동학적 연구에서 용존산소과포화의 지역을 회피하지 못한다는 결과가 보고된 바 있다(Serafy and Harrell 1993). 용존산소 과포화는 아가미와 같은 조직에 생화학적인 스트레스를 줄 수 있고, 활성항산화방어 시스템, 산소 메커니즘에 대해 잠재적인 독성을 나타내는 것으로 알려져 있다(Ritola et al., 1999; Ritola, 2002a, 2002b).

어류는 산소고갈뿐 아니라 하루 중 용존산소 농도의 급격한 변동으로도 스트레스를 받는다고 보고된 바 있다(Garey & Rahn, 1970). 부영양 하천에서는 낮에 광합성으로 산소가 과포화 수준으로 높아지고 밤에는 부착생물의 호흡으로 크게 감소하는 일주기 변화를 보이며 부영양할수록 변동 폭이 크다.

2) 암모니아의 영향

암모니아성 질소의 직접적 독성은 물고기의 아가미에 염증을 유발하여 죽게 할 수 있다(Thurston et al., 1981). 암모니아는 중성 pH 조건에서는 암모늄 이온(NH_4^+)으로 존재하여 독성이 작지만 pH가 높아지면 free ammonia(NH_3)로 존재하며 독성이 강해진다. 암모니아는 하수처리장 방류수에 다량 함유되어 있다. 생물학적 하수처리의 경우 BOD를 제거하더라도 유기탄소만 제거되고 암모니아는 그대로 방류한다. 연어과 어류 등의 냉수어종은 잉어과 온수어종에 비하여 민감하여 암모니아에 의한 독성피해를 더 많이 받는다. 미국의 EPA는 물고기의 보호를 위하여 강, 호수에서 NH_3의 농도를 0.02 ㎎N · L^{-1}로 규제하고 있다(Person- Le Ruyet et al., 1997; Foss et al., 2003).

3) pH의 영향

물고기가 생존하기 좋은 pH 범위는 6.5~8.5이다(Ellis 1937). pH가 낮거나 높으면 독성을 가지며, pH 5 이하 10 이상이면 대부분의 생물에게 해로운 영향을 준다(Weibe 1931; AFS 1979; Alabaster and Lloyd 1980). 산성비로 하천이 산성화되는 사례는 북유럽과 미국 동북부 등지에서 흔히 발생하고 있다. 그러나 우리나라에서는 산성비로 인한 하천의 산성화는 나타나지 않고 있다. 이는 산성비가 토양에 의해 완충되고 있으며 아직 토양의 완충 능력이 남아 있는 것으로 해석된다. 그러나 광산배수가 유출되는 지역에서는 강한 산성이 나타나 동물이 살지 못하는 지역이 존재하고 있다.

세계적으로 산성화가 흔히 발생하고 있어 현재 많은 문헌들은 낮은 pH에 대해서는 많이 연구되었지만, 알칼리성 피해에 대해서는 연구가 적다. 우리나라에서는 산성보다는 알칼리성 피해가 더 많이 발생하고 있다. pH가 상승하는 자연적인 원인으로는 수생식물과 조류의 광합성과 높은 온도가 원인이다. pH가 높으면 물고기는 점액질을 내보내고, 해부학적으로 피부 상피조직의 파괴, 아가미 상피조직 파괴, 눈과 각막 이상 등의 피해가 생긴다(Boyd 1990).

부영양하천이나 부영양호에서는 조류의 광합성에 의해 pH가 9 이상으로 상승하는 사례가 발생한다. 이는 광합성 과정에서 수중의 이산화탄소가 흡수되어 감소하기 때문이다. 그 외에 알칼리성의 인위적인 요인으로는 석회암과 시멘트가 가장 흔한 원인이다. 토목공사 과정에서 수체에 시멘트가 접촉하면 시멘트의 칼슘 용해로 강한 알칼리성이 나타나고 국지적인 어류 폐사가 일어날 수 있다.

4) 잔류염소의 영향

어류에 영향을 미치는 염소 농도에 대한 연구로는 해산 어종의 양식을 위한 염소 소독제 투여의 영향에 대한 몇몇 연구가 있다(Chien and Chou, 1989; Cohen, 1977). 하지만 하천에서의 염소 농도에 대한 연구는 아직 보고된 바가 적다. 염소계 소독제는 수용성으로서 산화력이 강하다. 대부분의 미생물을 신속히 죽일 수 있는 살균 소독제로 음용수의 소독에 이용될 뿐만 아니라 표백제와 탈취제 등으로 여러 산업 분야에서 광범위하게 이용하고 있으며, 하수처리장에서 방류수의 소독을 목적으로도 사용하여 하천의 어류가 죽는 사고도 있다. 발전소에서 송수관 내 부착 생물을 제거하기 위해 염소 소독을 사용하여 어류 폐사가 발생한 사례도 있으며, 수영장의 배수로 인해 염소소독제가 하천으로 배출되어 어류 폐사가 발생하기도 하였다.

5) 황화수소의 영향

일반적으로 해수와 인접한 부영양호한 기수호에서 황화물의 독성은 어류 폐사를 일으키는 중요한 메커니즘으로 알려져 있다(Theede et al., 1969; Kiemer et al., 1995; Thronson and Quigg, 2008). 해수 중에는 황산이온이 많이 함유되어 있어 혐기성 조건에서 황화수소가 많이 생성되는데 성층화되어 있던 기수호에서 강력한 바람은 수체의 혼합을 야기시키고, 이로 인해 심층의 낮은 산소농도와 높은 농도의 황화수소가 표수층으로 확산되어 동물의 급격한 폐사를 유발시킨다 (Marti-Cardona et al., 2008). 이러한 현상의 반복적인 발생은 먹이연쇄의 구조에도 큰 영향을 가질 수도 있다. 담수의 유입은 밀도가 큰 해수의 표면을 덮어 안정된 성층을 형성하지만 바람은 수층의 혼합을 유발시키곤 한다. 이때 급격한 수체의 혼합은 동물플랑크톤과 어류의 사멸을 유발할 수 있다.

‖ 제 18 장 ‖

호수의 부영양화

제 18 장 호수의 부영양화

1. 부영양화의 정의

식물플랑크톤의 양이 많고 혼탁한 호수를 부영양호라 하고 식물플랑크톤이 적고 맑은 호수를 빈영양호라 부른다. 빈영양호에서 부영양호로 변하는 현상을 부영양화라 하며 무기영양염류의 유입이 증가하여 조류에 의한 유기물 일차생산이 증가하면서 호수 내 유기물에너지의 함량이 증가하는 현상이다. 부영양화의 정도를 부영양화도 또는 영양상태(trophic state)라 한다.

호수의 유기물에너지가 증가하는 원인은 외부에서 유입하는 유기물 부하량의 증가와 호수 내 일차생산량의 증가로 나누어 볼 수 있다. 유역의 삼림 밀도의 증가, 축산 분뇨의 유출, 도시 하수의 유출 등이 외부 기원 유기물 증가의 큰 요인이 될 수 있다. 최근 들어서는 여름철 집중 강우 시 자주 발생하는 탁수도 유기물이나 인, 질소 같은 영양염류를 대량으로 동반하여 유출되기 때문에 심각한 외부오염원이 되고 있다. 대부분의 경우 유기물은 인과 질소를 함유하고 있으므로 외부기원 유기물의 증가는 인 등의 영양염류 유입 증가와 동시에 일어난다.

유기물이 유입되지 않더라도 무기인과 무기질소 등의 무기영양염류의 유입량 증가만으로도 광합성 생물의 증가를 유발하여 간접적으로 호수 내 유기물 생산량을 증가시킨다. 유기물은 적으나 무기영양염류가 많이 배출되는 사례는 화학 비료와 하수처리장 방류수 등이다.

부영양화로 인한 호수 내 유기물의 증가는 먹이연쇄를 따라 여러 가지 연쇄적 변화를 유발하여 호수 생태계 전반에 걸쳐 영향을 나타낸다. 호수물의 맑기는 흙탕물이 유입된 홍수기를 제외하고는 주로 식물플랑크톤의 양에 따라 좌우되므로 부영양화에 의해 식물플랑크톤이 증가하면 물이 혼탁해 진다. 식물플랑크톤이 많은 물은 광합성에 의해 BOD가 증가하고 침강한 식물플랑크톤의 분해에 의해 심층의 수중 산소감소를 가져오며, 산소의 변화는 산화환원전위의 변화를 수반하여 무기화학적 특성도 변화시킨다. 부영양화는 생물량과 군집조성에도 영향을 준다. 유기물의 증가는 박테리아와 동물플랑크톤의 증가에 이어 어류 현존량의 증가도 가져오며 저산소에 대한 내성에 따라 우점종도 달라진다. 따라서 부영양화도는 호수의 생물학적, 화학적 특성을 결정짓는 가장 중요한 인자이다.

부영양화는 조류성장의 제한영양소가 증가함으로써 나타난다. 조류성장의 제한 요소(limiting factor)로서는 제한영양소(limiting nutrient), 빛, 수온 등을 들 수 있다. 이 가운데 제한영양소의 농도가 최대 조류성장량을 결정짓게 되며, 인위적 변화의 영향을 쉽게 받는 요인이다. 생태계의 제한영양소는 최대 생물 현존량을 결정짓는 요소인데 육상생태계에서는 질소가 결핍되어 제한영양소가 되고, 담수에서는 인이 결핍되어 제한영양소가 된다. 한편 해양에서는 질소가 제한영양소이다. 따라서 호수의 부영양화는 인의 증가로 발생한다.

2. 부영양화도의 판정

호수의 부영양화도를 판정하기 위해서는 식물플랑크톤의 양, 광합성량, 영양염류의 농도, 투명도 등의 지표를 측정한다. 가장 직접적인 지표는 식물플랑크톤의 현존량과 일차생산량을 측정하는 것이다. 식물플랑크톤 현존량과 일차생산량은 측정이 어려우므로 여러 가지 간단한 지표를 사용하여 간접적으로 판정한다. 가장 많이 사용되는 지표는 TP, Chl.a, SD의 세 항목이며, 이외에 심층 산소 소비율, 세균 밀도, 식물플랑크톤 우점종 등도 부영양화도 판정의 지표가 될 수 있다.

부영양화도를 판정하는 데 있어서 유의할 점은 호수 상황에 따라 지표로 사용할 수 없는 경우도 있다는 것이다. 식물플랑크톤의 양은 계절적으로 변동이 크기 때문에 어느 계절 자료를 사용하는가에 따라 부영양화도 평가가 달라진다. 겨울에 플랑크톤이 많은 호수가 있는가 하면 대형 댐에서는 홍수 후 늦여름에 많아진다. 또 체류 시간이 짧은 하천형 저수지에서는 인의 농도가 높더라도 조류가 충분히 성장할 시간을 갖지 못하기 때문에 동일한 TP 농도를 가진 호수에 비하여 Chl.-a는 낮게 된다. 호수에서 준설을 하거나 홍수기에 탁류가 유입하는 경우에는 무기 부유물질의 증가로 투명도는 감소하지만 조류는 오히려 감소하기도 한다. 따라서 자료를 면밀히 검토하여 부영양화도를 나타낼 수 있는 지표를 취사선택하여야 한다. 한편 일본에서는 일반인을 대상으로 육안 관찰에 의해 쉽게 평가할 수 있는 부영양화 지표를 7단계로 구분하여 제시하고 있다(〈그림 18-1〉).

인이 제한영양소인 호수에서 인 농도가 증가하면 식물플랑크톤의 밀도가 증가하고, 식물플랑크톤의 밀도가 증가하면 투명도가 감소하므로 이들 세 가지 지표는 높은 상관관계를 보인다. 미국의 호수에서

Level 0 남조류 발생 없음

Level 1. 남조류가 육안으로 확인되지 않지만 네트로 농축시 확인됨

Level 2. 남조류가 수면에 흩어져 육안으로 확인되는 정도

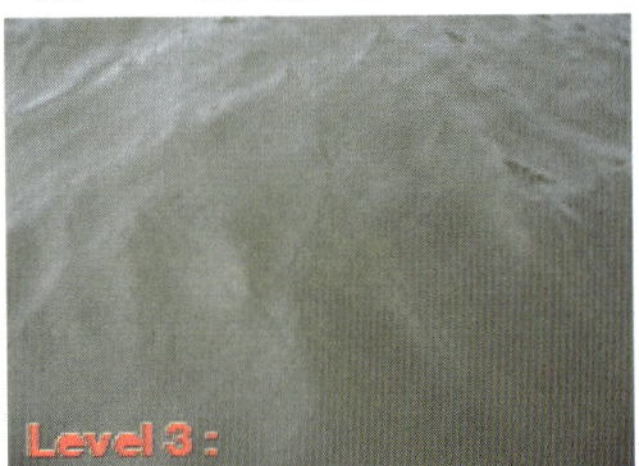

Level 3. 남조류가 수면전체에 퍼져있음

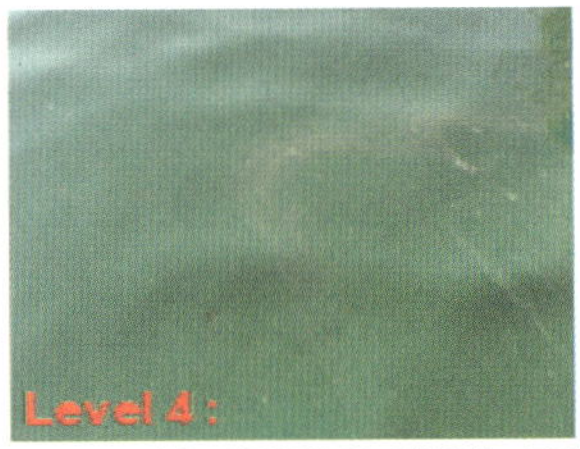

Level 4. 막을 형성하여 호면을 덮음

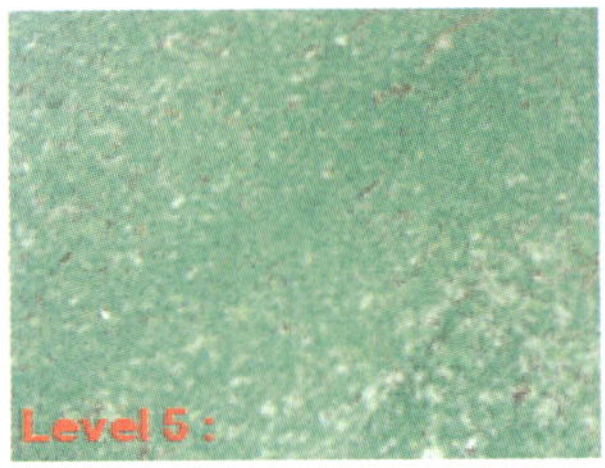

Level 5. 스컴이 두꺼운 매트를 형성하여 호면을 덮음

Level 6. 남조류 스컴 표면이 흰색이 되거나, 부패되어 냄새 발생

〈그림 18-1〉 일본에서 제안된 육안으로 관찰하는 남조류의 발생에 따른 7단계 부영양화 평가

도 동일한 경향을 보이고 있다(〈그림 18-2〉). 인이 제한영양소인 호수에서 총인 농도는 엽록소-a의 농도와 양의 상관관계를 가진다. 투명도와 엽록소-a양은 역상관관계를 보이고, 총인과 투명도는 양의 상관관계를 보인다(〈그림 18-2~4〉). 그러나 이들 세 가지 항목 가운데 부영양화도 평가가 불일치하는 경우에는 가장 직접적인 부영양화 결과를 보여주는 항목으로서 엽록소-a를 사용하여야 한다.

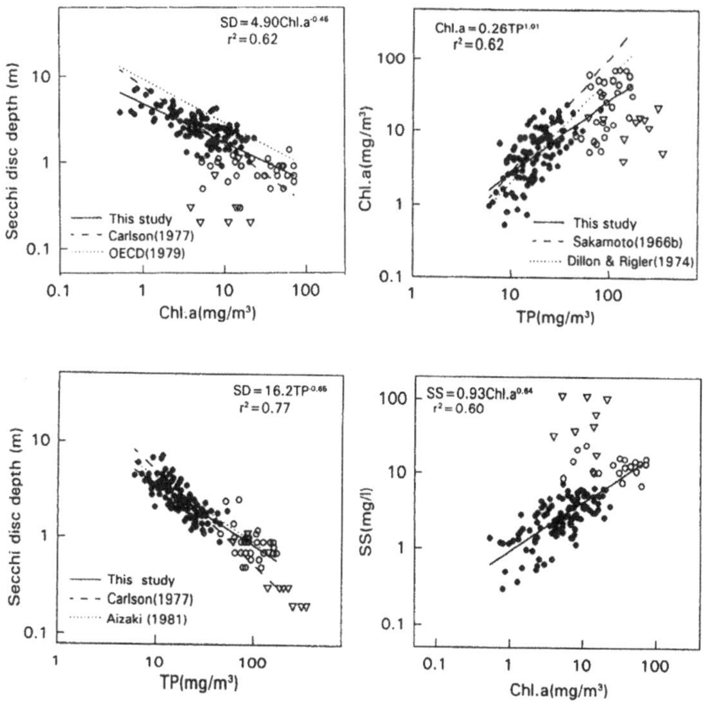

* 김범철 미발표 자료.

〈그림 18-2〉 한국 호수에서의 chl-a vs 투명도, TP vs Chl-a, TP vs 투명도, Chl-a vs SS농도 간의 상관관계

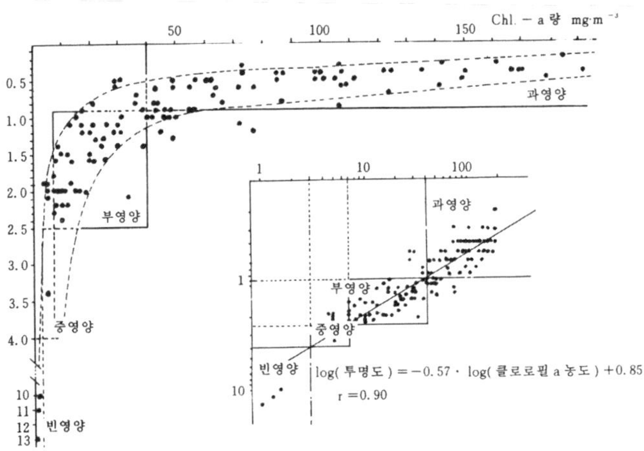

자료: Forsberg and Ryding, 1980.

〈그림 18-3〉 호수에서의 투명도와 수중의 엽록소-a 양과의 관계

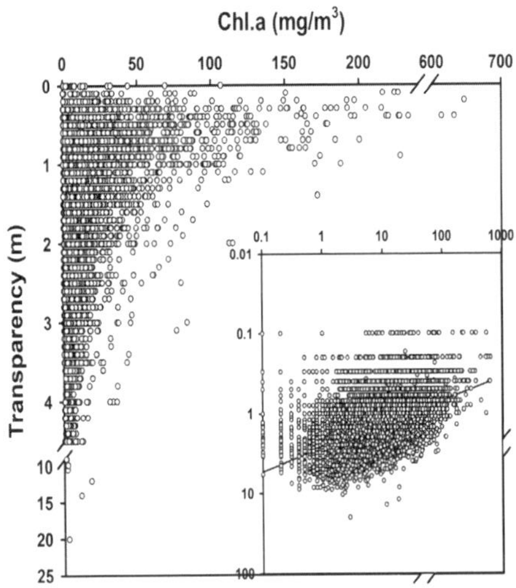

자료: 환경부, 농어촌공사, 김범철.

〈그림 18-4〉 한국 호수에서 투명도와 수중 엽록소-a 농도와의 관계

호수의 부영양화도의 판정 기준은 국가와 지역(미국과 유럽) 및 연구자에 따라 다르다(〈표 18-1〉). 또한 부영양화도 기준에 적용하는 자료의 계절도 다르다(〈표 18-2〉). 식물플랑크톤은 봄과 여름에 많이 성장하므로 조류가 많이 성장하는 계절의 평균 자료를 주로 사용한다. 그러나 조류의 문제는 평균이 아니라 최대 밀도를 보일 때 발생하므로 연간 최대 밀도를 판정의 지표로 사용하기도 한다. 우리나라의 인공호에서는 조류 밀도의 계절 변화 양상이 호수에 따라 크게 다르다. 깊은 호수에서는 겨울에 조류의 밀도가 낮아지며, 수심이 얕고 체류시간이 짧은 저수지에서는 겨울에도 조류의 밀도가 높은 곳이 많으므로 호수에 따라 적용하는 계절을 달리하는 것이 좋다.

〈표 18-1〉 OECD가 제시한 총인, 엽록소-a 농도, 투명도의 연평균과 최대 최소치에 의한 부영양화도의 판정(Vollenweider)

부영양화도 판정	TP 연평균	Chl. 연평균	Chl. 최대치	연평균 투명도	최소 투명도
ultra-oligotrophic	≤4.0	≤1.0	≤22.5	≥12.0	≥6.0
oligotrophic	≤10.0	≤2.5	≤8.0	≥6.0	≥3.0
mesotrophic	10～35	2.5～8	8～25	6～3	3～1.5
eutrophic	35～100	8～25	25～75	3～1.5	1.5～0.7
hypertrophic	≥100	≥25	≥75	≤1.5	≤0.7

〈표 18-2〉 조류가 성장하는 계절(6~9월)의 총질소(TN), 총인(TP), 엽록소-a 양과 투명도의 평균치를 사용하는 부영양화도의 판정 기준

부영양화도	Total N (mg/m^3)	Total P (mg/m^3)	chlorophyll-a (mg/m^3)	투명도 (m)
빈영양(Oligotrophic)	400	15	3	4.0
중영양(Mesotrophic)	400-600	15～25	3～7	2.5～4.0
부영양(Eutrophic)	600-1500	25～100	7～40	1.0～2.5
과영양(Hypertrophic)	1500	100	40	1.0

자료: Forsberg and Ryding, 1980.

체류시간이 긴 자연호에서는 봄의 수직순환기의 총인농도가 여름의 조류 밀도를 결정짓는 요소이므로 봄철 총인과 여름철 엽록소-a의 상관관계가 높은 상관성을 보인다. 따라서 이런 곳에서는 총인 농도로서는 spring turnover의 농도를 사용하고 조류의 농도는 조류가 많이 성장한 계절(봄이나 여름)의 자료를 사용하는 것이 적절하다. 순환기에는 수질이 균일하므로 적은 수의 시료를 채취하여도 총인의 농도를 정확히 평가할 수 있는 이점도 있다.

수심이 깊어 심수층의 물의 이동이 적은 호수에서는 심층 산소소비율이 부영양화의 좋은 지표가 될 수 있다. 심층의 산소소비율은 표수층으로부터 침강하는 유기물의 양에 비례하므로 부영양화될수록 침강하는 식물플랑크톤과 POM이 증가하며 산소소비량이 증가한다. 대개 봄 순환기 이후부터 여름 홍수기까지의 용존 산소 감소 자료를 이용하는 것이 좋다. 산소소비율은 장기간의 누적된 결과를 보여주므로 단기간 변동이 큰 수질 항목보다 부영양화도를 잘 평가할 수 있다. 그러나 수심이 얕고 체류 시간이 짧은 호수에서는 적용할 수 없다.

부영양화도는 생물 지표로도 판정할 수 있다. 남조류가 대량 증식하는 녹조 현상은 부영양호에서만 주로 출현하므로 남조류에 의한 녹조 현상이 부영양호의 지표가 될 수 있다. 특히 *Microcystis*는 여름에 부영양호에서 가장 흔히 출현하는 종류로서 부영양호의 지표가 된다. 깔따구(Chironomidae)의 유생은 수중에서 살고 있는데 낮은 DO에도 내성을 가진 *Chironomus*와 *Chaoborus*는 심수층의 산소가 고갈된 부영양호에서 대량으로 번성하는 예가 있으며 심층산소가 부족한 부영양호의 지표종이다. 하천에서는 부영양화되면 부착조류 가운데 우상목이 증가하므로 우상목/중심목(pennate diatoms/centric diatoms)의 비가 부영양화의 지표로 쓰이기도 한다.

3. 영양상태지수(trophic state index, TSI)

부영양호와 빈영양호를 나누는 기준들이 다양하고 서로 다르기 때문에 어떤 호수를 부영양호로 판정하여야 할지 빈영양호로 판정하여야 할지를 결정하기 어렵다. 따라서 부영양화를 비교하기 위해서는 객관적인 지수로 나타내는 것이 필요하다. 이러한 취지에서 Carlson (1977)은 투명도를 기본으로 적용하며, 여기에 투명도(SD)와 엽록소-a 농도(Chl)와의 상관관계, Chl과 총인 농도(TP)와의 상관관계를 연결지어 SD, Chl, TP를 사용하여 부영양화도를 정량적으로 나타낼 수 있는 영양상태지수(부영양화지수)를 개발하였다.

수중에 무기 부유물이 적은 호수에서는 부유물 대부분이 식물플랑크톤이며 투명도는 식물플랑크톤의 현존량에 의해 좌우된다는 전제하에 투명도를 기본으로 부영양화도를 평가하고자 하였다. 투명도가 1/2로 감소할 때 식물플랑크톤 현존량은 약 2배 증가한다. Carlson은 지금까지 보고된 최대 투명도인 41m보다 크고 이에 가장 가까운 정수의 멱수를 가진 2의 배수 64m(=2^6)를 부영양화도 지수 0으로 정하였고 투명도가 1/2로 감소할 때마다 지수가 10씩 증가하도록 하였다. 따라서 투명도가 2m일 때 TSI는 50으로 정의되고 투명도가 2^6, 2^5, 2^4, 2^3, 2^2, 2^1, 2^0, 2^{-1}, 2^{-2}, 2^{-3}, 2^{-4}m로 감소함에 따라 영양상태지수는 0, 10, 20, 30, 40, 50, 60, 70, 80, 90, 100으로 증가한다. 즉 다음과 같은 투명도를 기본으로 하는 영양상태지수 TSI(SD)를 제창하였다.

$$TSI(SD) = 10 \times \left(6 - \frac{\ln(SD)}{\ln 2}\right) \quad \text{------------------------------ (1)}$$

여기에 Chl과 TP의 상관관계를 첨가하여 TSI(Chl)와 TSI(TP)도 제안하였다. 미국의 많은 호수에서 조사된 투명도와 엽록소-a 농도와의 경험적인 관계식인

$$SD = 7.69(Chl.a)^{-0.68} \text{ 또는 } \ln(SD) = 2.04 - 0.68\ln(Chl.a)$$

을 (1)식에 대입하여 TSI를 SD의 함수에서 Chl.a의 함수로 변형시켜 TSI(Chl)를 만들었다.

$$TSI(Chl.a) = 10 \times (6 - \frac{2.04 - 0.68\ln(Chl.a)}{\ln 2}) \quad \text{----------- (2)}$$

여기에 이번에는 엽록소-a 농도와 총 인 농도 사이의 경험적인 관계식,

$$\ln(Chl.a) = 1.449\ln(TP) - 2.442$$

를 (2)식에 대입하여 TSI를 TP의 함수로 변형시켰다.

$$TSI(TP) = 10 \times (6 - \frac{\ln\frac{48}{TP}}{\ln 2})$$

그 결과 SD, Chl, TP의 세 가지 변수를 사용하는 영양상태지수를 제창하였으며 일반적으로 이 세 가지 TSI의 평균치를 제시한다. 부영양호와 빈영양호의 경계는 TSI 50~55에 해당한다.

우리나라의 주요 호수를 대상으로 투명도와 엽록소-a, TP의 상관관계를 분석한 결과는 외국의 경우와 유사하다. 그러나 일부 호수에

서는 무기 부유물질(부유토사)로 인하여 투명도가 크게 저하되는 예도 있으며 체류 시간이 짧은 호수에서는 여름 홍수기에 TP에 비하여 SD와 엽록소-a 농도가 낮은 것을 볼 수 있다. 투명도와 엽록소-a, TP의 관계는 다음과 같은 회귀식으로 나타났다.

$$SD = 4.90(Chl.a)^{-0.45} \quad (r^2 = 0.62)$$
$$Chl.a = 0.26\,TP^{1.01} \quad (r^2 = 0.62)$$
$$SD = 16.2\,TP^{-0.65} \quad (r^2 = 0.77)$$

한편 유럽의 호수에서는 $SD = 9.33(Chl.a)^{-0.51}$의 관계식을 얻었다(OECD). Aizaki 등(1981)은 엽록소-a를 기본 기준으로 하고 일본 호수에서의 상관관계식을 적용함으로써 수정된 지수를 제안하였다. 우리나라 호수의 지표 간 상관관계가 외국과 다르다면 우리나라의 상관관계를 적용하여 Aizaki 등이 일본의 호수에서 얻은 상관관계를 적용한 것과 같이 TSI를 한국의 지수로 수정할 수도 있다. 부영양화지수의 중심이 되는 지표는 지수마다 다르며 지표 간의 상관관계도 지역의 자연 환경에 따라 다르다.

따라서 한국의 호수를 대상으로 상관관계를 도출하고 수질을 종합 평가할 수 있는 지수가 제안되었다(환경부, 2006; 수생태복원사업단, 2009; 김범철과 공동수, 2019). 부영양화와 수질을 평가하는 항목으로서 COD, Chl, TP 등을 선정하고 상관관계를 분석하여 지수를 도출하였다. 각 평가 지표 항목의 25% percentile과 75% percentile을 산출하고 이 값을 부영양화지수(Korean Trophic State Index: TSI_{KO}) 40과 60으로 정하였다. 각 항목의 수질 자료를 로그변환하여 이를 TSI_{KO}와 선형관계로 설정하고 TSI_{KO}와 각 항목의 관계식을 만들었다.

$$TSI_{KO}(Chl.a) = 12.2 + 38.6\log(Chl.a\ mg \cdot m^3)$$

$$TSI_{KO}(COD) = 5.8 + 64.4\log(COD\ mg/L)$$

$$TSI_{KO}(TP) = 114.6 + 43.3\log(TP\ mg/L)$$

$$TSI_{KO}(SD) = 56 - 49.6\log(SD\ m)$$

$$TSI_{KO}(TUR) = 29.7 + 28.1\log(TUR\ NTU)$$

다섯 가지의 TSI_{KO}를 종합할 때에는 외부 기원 유기물의 지표인 COD에 50%의 비중을 주고, 내부 생성 유기물에 50%의 비중을 준 종합 TSI_{KO}는 다음과 같이 계산된다.

$$TSI_{KO} = 0.5TSI_{KO}(COD) + 0.25TSI_{KO}(Chl\text{-}a) + 0.25TSI_{KO}(TP,\ SD\ or\ TUR)$$

4. 우리나라 호수의 부영양화 실태

국내의 대부분의 호수들이 1980년대 후반부터 급격한 부영양화로 남조류의 물꽃현상과 수질 악화를 겪고 있다. 유역에 사람이 살지 않는 산간의 소형 저수지들을 제외하고는 모두 유역에 농경지와 축산 농가가 있어 호수를 부영양화시킬 정도로 인의 유입량이 크다. 우리나라 호수의 부영양화는 축산과 내수면 양식 어업의 규모가 증가한

1980년대 후반에 급격히 진전되었다. 그 결과 과거에는 남조류가 나타나지 않던 호수에서도 여름이면 남조류가 출현하여 호수를 녹색으로 물들이고 있으며 유기물 농도 증가, 수돗물의 냄새 발생, 독성 남조류의 증식 등의 피해를 유발하고 있어 호수 수질 악화의 가장 주요한 원인이 되고 있다.

국내 하천에는 대부분 많은 댐이 건설되어 있어 수자원의 근원이 하천에서 호수로 바뀌어 가고 있다. 많은 취수장이 호수에서 취수하고 있으며, 하천에서 취수하는 경우에도 상류의 댐에 저수하였던 물을 조절 방류하고 이 물을 하류에서 취수하는 것이므로 저수지 수질의 영향을 크게 받는다. 따라서 부영양화는 국내 수자원 수질 악화의 가장 보편적인 요인으로 등장하고 있다.

우리나라의 대형 호수 중 빈영양호는 거의 없으며 모두 중영양호 내지 부영양호의 수질을 보이고 있다. 부영양화도를 과거와 비교할 수 있는 자료는 많지 않으나 1980년대에 들어 매우 증가한 것으로 보인다. 소양호의 부영양화지수(TSI)는 1981년에 38이었는데 1990년경에는 50으로 증가하였으며, 팔당호는 1987~1988년에 TSI가 48이었으나 근래에는 63으로 증가하였고 의암호는 1981년에 44였으나 52로 증가하였다. TSI가 10 증가하면 엽록소 농도는 약 2.5배 증가하므로 대부분의 호수에서 2배 이상 증가한 것으로 보인다(〈표 18-3〉).

부영양화도의 계절적 변동은 호수에 따라 다르게 나타난다. 수심이 깊은 소양호와 같은 호수에서는 겨울에 급격한 식물플랑크톤의 감소가 나타난다. 겨울에는 표층 수온이 낮아져 혼합층이 깊어지므로 식물플랑크톤이 빛이 부족한 깊은 곳까지 순환하여 빛의 부족으로 감소하는 것으로 보인다. 반면에 수심이 얕은 호수에서는 겨울에도 혼

〈표 18-3〉 국내 주요 호수의 수문학적 특성 및 부영양화도(TSI)

호수	최대저수 용량 (10^8 m^3)	최대 수심 (m)	투명도 (m)	TP (mgP/L)	TN (mgN/L)	TN/TP 원자비	Chl-a (mg/m³)	평균 TSI
소양호*	29.0	100	2.8	0.016	1.35	102	12.5	50
충주호*	27.5	70	3.1	0.015	2.22	157	4.6	47
대청호*	14.9	60	2.8	0.017	1.79	103	9.5	50
안동호*	12.5	50	2.5	0.018	2.39	163	4.8	49
합천호*	7.9	70	2.1	0.022	1.07	51	10.5	54
옥천호*	4.7	50	1.8	0.029	2.03	76	9.4	55
주암호*	4.6	40	3.4	0.015	0.77	59	6.6	48
팔당호*	2.2	20	0.9	0.074	1.97	38	9.4	63
진양호*	1.8	7	1.4	0.034	1.28	40	7.9	57
의암호*	0.6	15	2.3	0.024	1.41	65	7.4	52
영산강*	2.5	12	0.8	0.111	3.20	29	20.3	68
금강*	1.4	8	0.9	0.132	2.31	18	48.7	71
낙동강*	1.3	10	0.9	0.109	3.19	29	41.9	70
파로호	10.1	70	4.9	0.012	1.30	295	3.3	34
춘천호	1.5	30	3.6	0.019	1.49	218	7.8	41
청평호	1.9	20	1.9	0.026	1.84	164	11.1	50
금광저수지	0.1	16	1.4	0.039	1.68	115	22.5	56
덕우저수지	0.04	9	0.8	0.090	2.43	72	71.8	67
멱우저수지	0.01	3	0.4	0.187	2.56	48	135	74
동방저수지	0.01	3	0.5	0.320	2.53	35	171.1	75
왕송저수지	0.02	7	0.5	0.255	4.53	46	195.9	78
흥부저수지	0.02	6	0.6	0.151	3.67	61	123.9	74

자료: 김범철 등, 1997.

합층이 깊지 않으므로 충분한 빛을 받을 수 있어 높은 밀도를 보인다. 특히 팔당호나 낙동강 하구호와 같이 체류 시간이 짧은 호수에서는 체류 시간이 가장 중요한 요인으로 작용하여 우기에는 떠내려가는 효과에 의해 식물플랑크톤의 밀도가 낮아지고 갈수기인 겨울－초봄에 높은 밀도를 보인다.

영양염류의 계절적 변동에 있어서 상류의 깊은 호수와 하류의 얕은 호수는 다른 경향을 보인다. 수체가 큰 상류 호수에서는 홍수 시 인의 유입이 크게 증가하여 홍수 후에 조류의 번성이 나타나는 데 반하여 하류에서는 유량이 감소하는 겨울의 갈수기에 농도가 높게 나타난다. 대형 댐에서 홍수 후에 조류의 번성이 나타나는 현상은 대청호에서 보고된 바 있다(오희목과 김도한, 1995). 하류에서는 배출량이 일정한 점오염원인 도시 하수의 유입이 있으므로 갈수기에 영양염류의 농도가 높아진다. 반면에 상류에 위치한 호수는 도시 하수보다는 농경지의 비료와 축산 분뇨, 퇴비 등의 비점오염원이 주요 오염원이므로 폭우가 내릴 때 유역으로부터 대량 유출이 발생한다. 따라서 폭우 후에 인의 농도가 높아지고 식물플랑크톤의 증식이 나타난다. 소양호의 예를 보면 갈수기에는 인의 유입이 거의 없고, 연중 인부하량의 대부분이 수차례의 폭우에 집중되어 나타난다.

영양염류의 농도는 상류의 호수에서는 낮고 하류의 호수에서는 높은 경향을 보이고 있다. 특히 하구호에서는 인과 질소의 농도가 매우 높아 제한 영양소로서 작용하지 않을 만큼 충분히 존재한다. 따라서 하구호에서는 식물플랑크톤의 성장제한 요소가 영양염류가 아닌 빛과 체류 시간이다. 인과 질소의 농도비(N/P)를 보면 우리나라 모든 호수에서 생물체의 평균 조성비인 16보다 큰 값을 보이고 있다. N/P를 볼 때 모든 호수에서 인이 제한영양소일 것으로 예상된다.

우리나라의 거의 모든 대형 댐의 여름 식물플랑크톤 우점종은 남조류이다. 특히 부영양호의 지표종이라 할 수 있는 *Microcystis*가 많이 출현하고 있다. 팔당호에서도 경안천 유입부에서는 심한 남조류 녹조현상이 나타난다. 남조류는 인의 농도가 높은 부영양호에서 여름에 서식하므로, 대부분의 저수지에서 남조류가 우점종이라는 것은 이 호수들이 부영양화되었음을 의미한다. 소양호에서는 과거에는 와편모조류인 *Peridinium*이 우점종이었으나 1980년대 후반에 들어 남조류가 하계 우점종으로 나타나기 시작하였다.

5. 우리나라 호수의 수질 및 부영양화 평가지수(Lake Water Quality Index, LQI)

호수의 수질과 부영양화를 평가하는 지표를 만들기 위하여 한국의 호수 자료를 사용한 지수가 개발되었다(〈표 18-4〉, Lee et al,, 2014). 이 지수는 호수수질지수 (Lake Water Quality Index, LQI)로 명명되었다. 평가 항목으로서 TOC, TP, Chl. 탁도를 사용하였다. 이 지수는 기존의 TSI와 몇 가지 다른 점이 있다.

첫째 TOC가 포함되었고 투명도가 제외되었다. TOC는 상수원으로 사용되는 원수의 수질을 평가하는 지표로서 의미를 가진다. 우리나라에서는 수질 지표로서 과거의 BOD COD에서 TOC로 변환하였으므로 상수원의 수질을 평가하는 항목으로서 의미가 있다. 투명도가 제외된 것은 우리나라에서는 탁도를 주로 측정하고 있으므로 투명도 대신 측정이 편리하고 정확한 탁도로 대체한 것이다.

둘째, 평가점수가 절대평가가 아니라 우리나라 호수를 대상으로 상대평가를 하도록 만들어 졌다는 것이다. 우리나라 여러 다양한 호수의 수질을 측정한 후 누적 분포함수를 구하고 이를 0부터 100점 사이의 점수가 되도록 함수를 만들었다(〈그림 18-5〉). 그러므로 50점이면 우리나라 호수의 중앙값에 해당하는 수치이며 90점이면 90% 누적분포에 해당하는 점수라는 의미이다. 그러므로 단위가 서로 다른

〈표 18-4〉 한국형 호수수질평가지수(Lake Water Quality Index, LQI)의 계산식*

<table>
<tr><th>지표 선택</th><th>호수수질지수 계산식</th><th>단위</th></tr>
<tr><td rowspan="4">주요 평가 항목</td><td>$LQI(TOC) = \left(1 - \frac{1}{1 + 78.9\,TOC^{-3.11}}\right) \times 100$</td><td>mg/L</td></tr>
<tr><td>$LQI(Chl) = \left(1 - \frac{1}{1 + 24.8\,Chl.a^{-1.41}}\right) \times 100$</td><td>mg/m³</td></tr>
<tr><td>$LQI(TP) = \left(1 - \frac{1}{1 + 583\,TP^{-1.93}}\right) \times 100$</td><td>mg/m³</td></tr>
<tr><td>$LQI(Turb.) = \left(1 - \frac{1}{1 + 17.5\,Turb.^{-2.02}}\right) \times 100$</td><td>NTU</td></tr>
<tr><td rowspan="4">보조 항목</td><td>$LQI(COD) = \left(1 - \frac{1}{1 + 113\,COD^{-3.19}}\right) \times 100$</td><td>mg/L</td></tr>
<tr><td>$LQI(SS) = \left(1 - \frac{1}{1 + 24.1\,SS^{-1.99}}\right) \times 100$</td><td>mg/L</td></tr>
<tr><td>$LQI(SD) = \left(\frac{1}{1 + 2.07\,SD^{-2.26}}\right) \times 100$</td><td>m</td></tr>
<tr><td>$LQI(TN) = \left(1 - \frac{1}{1 + 1.45\,TN^{-3.59}}\right) \times 100$</td><td>mg/L</td></tr>
<tr><td colspan="3">$LQI(Average) = (LQI(TOC) + LQI(Chl) + LQI(TP) + LQI(Turb.))/4$</td></tr>
</table>

* TOC, Chl, TP, turbidity를 주요 평가 항목으로 선정하고 COD, SS, SD, TN 은 보조항목으로 적용하였다. (Turb; turbidity, NTU; nephelometric turbidity unit, SD; Secchi disc transparency) (Lee et al., 2014)

항목들의 상대적인 위치를 비교할 수 있으며 일반인들도 쉽게 인식할 수 있다.

셋째 특징은 지수가 로지스틱 함수로 만들어져 있어 누적분포의 양측 극단에서 지수의 과다한 변동이 없고 중앙부에서 지수의 민감도

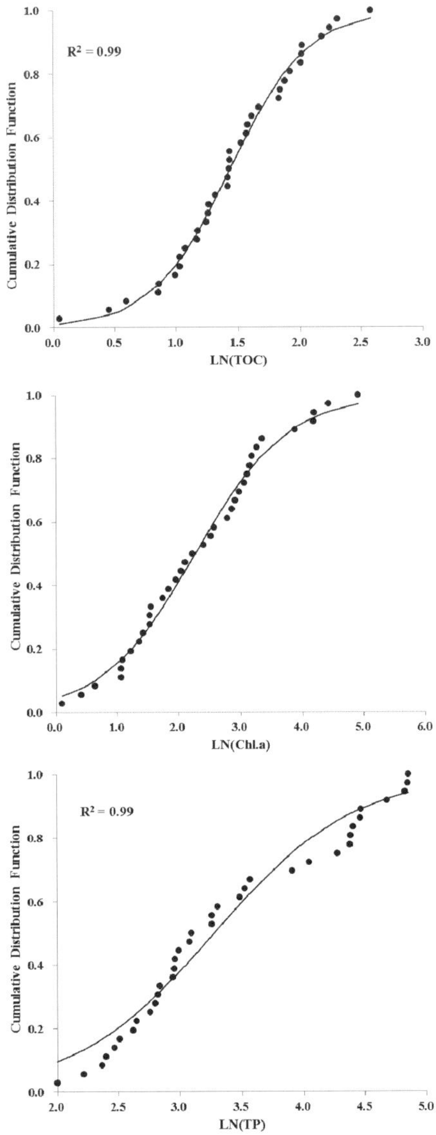

자료: Lee et al. 2014.

〈그림 18-5〉 우리나라 호수 수질 조사 자료의 누적분포확률 로지스틱함수 곡선

가 높으며 양 극단에서는 민감도가 낮다는 것이다(<그림 18-6>). 기존의 TSI는 로그함수로 만들어져 있는데 이 경우 농도가 낮은 호수에서 지수가 지나치게 민감하게 되므로 작은 농도변화에 대해 지수가 큰 편차를 보이게 되는 단점을 가지고 있었다. 로지스틱 함수는 양 극단의 민감도를 줄임으로써 이러한 단점을 보완하였다.

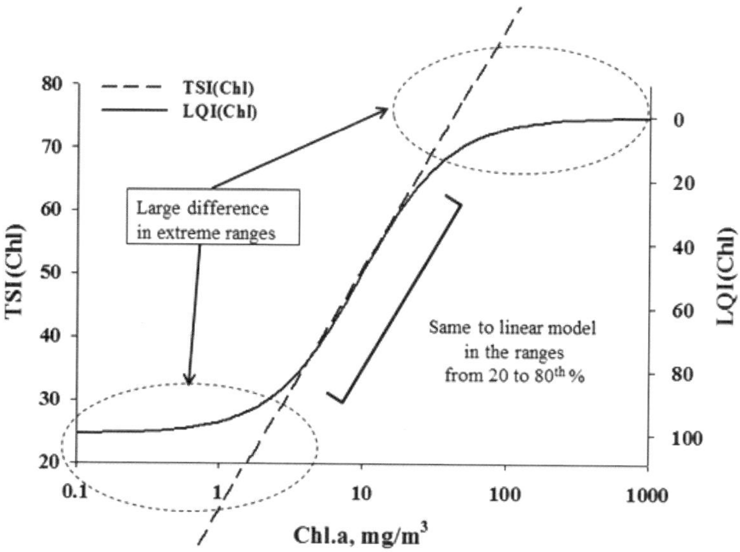

* LQI에서는 양 극단의 지수가 지나치게 민감해지는 것을 방지하고 있다.

자료: Lee et al. 2014.

<그림 18-6> 로그함수를 사용한 TSI와 로지스틱함수를 사용한 LQI의 비교

6. 부영양화의 원인

호수의 부영양화는 제한영양소의 유입 부하량에 의해 결정된다. 국내 주요 수계에서는 모두 질소/인의 비가 크고 인이 제한영양소로 작용하고 있으므로 인의 부하량이 부영양화의 주요 결정 인자이다. 인의 존재 형태는 용존형(dissolved phosphorus)과 입자형(particulate phosphorus)으로 나눌 수 있는데 오염물의 종류와 성상에 따라 강우에 따른 유출 양상이 달라진다. 일반적으로 용존물질은 강우 시 영향을 받지 않거나 희석되는 경향이 있으며 입자상 물질은 강우에 따른 유속의 증가로 농도와 이동량이 증가한다. 오염원이 도시 하수나 산업 폐수와 같은 경우에는 오염물의 배출량이 강우량과 관계없이 일정하므로 강우에 의해 오염물의 농도가 낮아질 수 있다. 오염물이 입자상으로 유역에 퇴적된 경우에는 폭우 시에만 유출되므로 홍수 시 농도가 오히려 높아질 수 있다.

오염원의 형태를 점오염원(point source)과 면오염원 또는 비점오염원(nonpoint source)으로 분류하기도 한다. 점오염원은 공장폐수, 도시 하수 등의 오염원으로서 오염물이 한곳에서 집중적으로 유출되는 형태이다. 하수처리장을 건설하여 처리하면 제거하기가 쉬운 오염원이다. 이에 비하여 비점오염원은 농경지의 비료, 퇴비, 목장의 가축배설물 등의 산재한 소규모 오염원이거나 넓은 면적의 토지에서 발생하는 오염원이다. 비점오염원은 강우 시에 대량 유출되는 특성을 가지므로 강우량의 계절 변동이 큰 우리나라의 실정에서는 비점오염의 유출이 계절적으로 크게 변동할 수밖에 없다.

우리나라 인의 발생원으로서는 비료에 의한 발생량이 가장 크고, 두 번째가 가축의 배설물로서 사람의 배출보다 월등히 큰 것으로 추

〈그림 18-7〉 강원도 고랭지 경작지의 퇴비 사용 현장

산된다. 특히 유역에 대도시가 없는 중상류의 호수에서는 주로 비료와 가축 분뇨로 만든 퇴비가 인의 공급원인 것으로 보고되고 있다(〈그림 18-7〉). 축산이 인의 공급원으로 대두되는 것은 우리나라의 축산이 대부분 수입 사료에 의존하므로 유역 밖으로부터 많은 영양염류가 유역 내로 유입되기 때문에 가축 분뇨는 농경지에 퇴비로 뿌려졌다가 폭우 시에 유출되는 비점오염원의 성격을 가진다. 그러므로 우리나라 저수지의 부영양화의 주요 원인은 비료와 퇴비 및 가축 배설물이라고 볼 수 있다.

우리나라에서 사용된 비료에 함유된 인의 양은 연간 133,000tP/yr으로 계산되었으며, 가축사료에 함유된 인의 양은 74,000tP/yr으로 산정되었다. 비료와 축산을 합하면 전체 발생량의 85%를 차지한다.

〈표 18-5〉 우리나라에서 사용된 비료와 사료에 포함된 인의 양과 사람의 배출량의 비교

근원	인 발생량(tP/yr)	점유율(%)
비료	133,000	56
가축 사료	73,000	31
사람의 배출	31,000	13

자료: 김범철 등, 1997.

한편 사람의 1일 배출량을 1.8gP/day라고 가정할 때 사람에 의해 배출되는 양은 31,000tP/yr로서 비료와 사료에 비해 그 비중이 작다(〈표 18-5〉). 게다가 사람의 배출은 대도시가 위치한 하천의 하류에서 배출되며, 상수원 저수지가 위치한 중상류에는 대도시가 없으므로 상수원 저수지의 부영양화 대부분은 축산과 농경이라고 볼 수 있다. 우리나라에서는 하천 상류 지역의 산간 지역에는 인구가 적고 산업 활동이 적으므로 점오염원의 기여도는 작으며 소규모 점오염원이 비점오염원의 성격을 띠고 산재하거나 면오염원의 형태를 띠고 있다. 우리나라 하천의 유량은 강우에 따라 계절적으로 크게 변동하는 양상을 보이며, 비가 내리지 않은 때에는 유역으로부터의 유출 수량이 매우 적어 연간 부하량에 대한 기여도도 매우 작다.

비점오염원이 우세한 유역으로부터 유출되는 하천의 인 농도는 유입수량의 증가에 따라 크게 증가한다. 1996년 소양강에서 인의 농도가 갈수기의 30mg/㎥에서 폭우 시에 400mg/㎥ 이상까지 급등하는 양상을 보였다(〈그림 18-8〉). 특히 7월 폭우에 초기 유출 시에는 과거 수 년간의 가뭄 이후에 비가 내려서 인의 농도가 최고치를 기록하였다. 인의 농도는 강우 초기에 가장 높은 농도를 보이고 이후에는 감소하는 경향을 보인다. 유입수량이 급격히 증가하는 시기에 인의 농

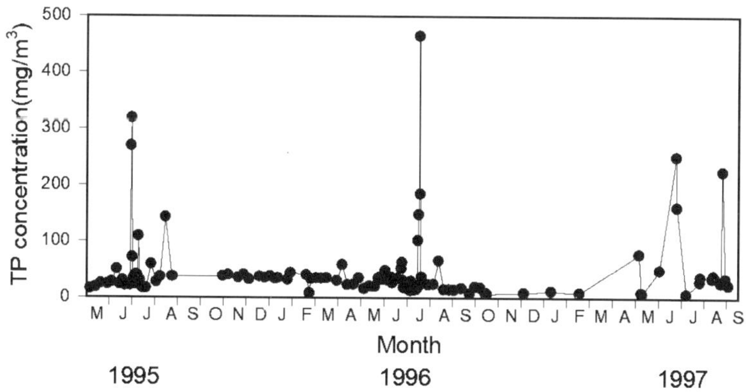

* 홍수 시 인농도가 급격히 높아지는 현상이 나타난다.

자료: Kim et al., 2000.

〈그림 18-8〉 소양호 유입수(소양강)에서 인농도의 계절변동

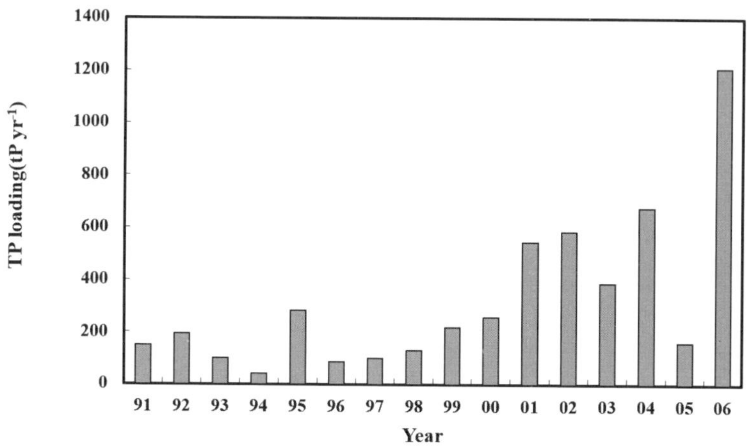

자료: 김범철.

〈그림 18-9〉 소양호로 유입된 인 부하량의 연간 변동

도도 급격히 높아지므로 이를 곱한 인 부하량은 갈수 시기에 비하여 매우 높아지는 양상을 보인다. 그러므로 소양호로 유입되는 인의 연간 부하량은 연간 수차례의 폭우 시 유출에 집중되고 있으며, 그 결과 폭우 후에 조류의 대발생이 나타난다. 인 부하량은 강우량이 적었던 2005년을 제외하고 지난 2000년 이후 지속적으로 증가하는 경향을 보이고 있다(〈그림 18-9〉).

‖ 제 19 장 ‖

부영양화 방지 대책

제 19 장 부영양화 방지 대책

1. 유역오염원 관리 대책

부영양화를 막기 위한 대책은 크게 호수 유역의 오염원 관리에 의한 사전 방지 대책과 호수 내에서 이루어지는 사후 수질 개선 대책으로 나눌 수 있다. 일반적으로 호수 내 대책보다 유역의 오염원 관리가 더 효율적이며 비용이 적게 든다. 따라서 유역관리에 우선적으로 투자하는 것이 바람직하며 호수 내 대책은 유역의 오염원을 제거한 후에 내부부하량을 감축하기 위해 사용하거나, 유역의 오염원을 관리하기가 불가능할 때 사용하는 차선의 방안이다.

1) 도시 생활하수 처리(municipal sewage treatment)

생활하수는 많은 양의 유기물과 인, 질소 등을 포함하고 있으므로 호수 내에서 산소 소비와 유기물 농도 증가의 큰 원인이 된다. 유기물은 호수 내에서 산소를 소모할 뿐 아니라 유기물에 포함되어 있는 인과 질소는 또다시 조류의 증식을 가져오는 순환을 가지므로 호수를 부영양화시킨다. 동물은 먹이 중의 유기물을 산화하여 에너지원으로 사용하고 나머지 무기영양소는 배설한다. 그러므로 사람과 가축의 배설물이 배출되는 곳은 부영양화된다. 가정하수에는 세제의 보조 성분인 인도 포함되어 있다. 가정 하수의 인 농도는 약 3mgP/L 정도로서 부영양호의 기준인 0.02~0.03mg/L보다 100배 높다. 그러므로 하수가 호수로 배출되는 경우에는 호수의 부영양화가 심하게 발생한다.

하수 중의 유기물을 제거하기 위해서 도시하수를 하수처리장에 모아 생물학적 처리법으로 정화한다. 활성오니법이나 회전원반법이 많이 이용되는 방법이다. 전통적인 생물학적 하수처리법은 유기물제거 효율은 높으나 인의 제거율이 10% 정도로 낮은 편이다. 유기물은 제거하더라도 호수 내 유기물 일차생산을 유발하는 인의 제거율이 낮으므로 부영양화를 막을 수 없다. 그러나 근래에 생물학적 처리의 인 제거 효율을 높이는 기술(biological nutrients removal, BNR)이 많이 발전하여 40% 이상의 제거율을 보이는 예도 있다. 농촌의 소규모 부락의 경우에는 하수관로와 하수처리장 건설이 어려우므로 정화조를 설치하여 각 발생원에서 처리하여 배출하고 있다. 농촌 하수처리장 보급과 함께 수세식 화장실의 보급이 증가하고 있는데 생물학적 처리의 인의 제거율이 낮아서 재래식 화장실을 사용할 때보다 오히려 하천의 부영양화가 더 심해지는 부작용을 보이고 있다. 경기도의 왕송저수지, 기흥저수지 등은 인근에 하수처리장이 건설되어 방류수가 호수로 유입하면서 부영양화가 극심하게 발생한 사례이며, 왕송저수지 인근의 부곡 하수처리장에서는 인을 제거하는 화학적 고도 처리 시설을 도입하여 방류수의 인 농도를 낮춤으로써 수질 개선 효과를 얻었다.

하수처리 공정에서 인을 완전히 제거하기 위해서는 생물학적 처리에 화학적 처리를 추가하여야 한다. 생물학적 처리의 중간 공정이나

〈표 19-1〉 여러 나라의 하수처리장 방류수 인 농도 기준 비교

국가명	방류수 인 농도 기준 (mg/L)	참고문헌
미국	0.2 - 1.0	곽(1995) 환경부(2006) 환경부(2001)
노르웨이	0.3 - 0.4	
스웨덴	0.2 - 05	
영국	1 - 2	
필란드	0.5	
덴마크	0.3 - 0.5	
네덜란드	1 - 2	
독일	0.5 - 1.0	
호주	0.2	
스위스	0.8	
일본	0.5 - 1.0	
한국	2.0	

자료: 김범철 등, 2007.

말단부에 알루미늄염, 철염 등을 첨가하면 용존무기인을 침전시킬 수 있다. 일본의 비와호 인근 하수처리장에서는 이러한 방법으로 인의 농도를 0.05mgP/l 이하로 낮추어 방류하고 있다. 그 외의 선진국에서는 방류수 인 농도 기준이 매우 낮아 화학적 처리를 병행하고 있다(〈표 19-1〉). 미국에서는 많은 하수처리장에서 인의 농도를 0.01mg/l 정도로 낮추어 방류하고 있으며, 인 제거가 기술적으로도 가능하고 비용도 크게 부담이 되지 않는 것으로 결론짓고 있다(USEPA 2007).

그러나 우리나라에서는 과거에 하수처리장 방류수의 인 농도 기준이 2~6mg/l로 하수의 인 농도에 비해 높게 설정되어 있었기 때문에 법적으로 추가 처리가 필요하지 않았고 인 제거 방법이 확산되지 않고 있는 실정이었다. 그러나 환경부에서 하수의 인 저감을 강화하기 위하여 준비하던 중 2009년 4대강 사업이 시행되면서 인 기준 강화를 시행하였다. 인 기준은 지역에 따라 0.2~2mg/l로 강화되었으나

아직은 호수 부영양화 기준인 0.03mg/l을 크게 초과하는 수준이며 선진국 수준에 비교해도 높은 편이다.

2) 도시지표유출수(urban storm runoff) 처리

강우 초기에 배출되는 도시지표유출수는 오염도가 매우 높다. 중금속과 유해 물질의 오염도 뿐 아니라 유기물과 인의 오염도도 높다. 많은 도시 하천의 인 농도가 강우 시에는 생활 하수와 유사한 농도로 높아진다. 게다가 강우 시 지표유출수는 수량이 매우 많으므로 호수로 유입하는 경우에는 점오염원인 생활하수보다 더 큰 부하량을 가진다. 우리나라 호수 대부분은 산간 지역에 만들어져 있으며 도시는 저지대에 분포하고 있으므로 대부분의 호수 유역에는 도시가 존재하지 않는다. 그러나 호수 유역에 도시가 위치하여 도시지표유출수가 호수로 유입하는 곳에서는 호수 부영양화를 막기 위하여 도시지표유출수를 처리하는 것이 매우 중요하다.

도시지표유출수의 처리에 있어서 가장 어려운 점은 이것이 강우 시에만 간헐적으로 발생하고 수량이 많으므로 이 물을 처리하기 위해서 기존의 연속배양식 처리장을 운영하기는 곤란하다는 점이다. 기존의 생물학적 처리 공정은 일정한 양의 오수가 유입하는 연속배양 방식을 채택하고 있으므로 유기물의 공급이 과다하면 처리가 불완전하고, 유기물의 공급이 너무 적으면 미생물이 죽는 특성을 가진다. 따라서 강우 초기에만 발생하는 도시지표유출수의 처리에는 생물학적 처리법을 사용하기 어렵고 물리화학적 처리가 적절하다.

가장 일반적인 방법은 저류지를 만들어 일단 초기 유출수를 저류하였다가 침전처리 후 방류하거나, 처리장치를 가동하여 처리 후 방류하는 것이다. 저류지에서 알루미늄염 응집제를 첨가하여 침전을 촉진하고 인의 재용출을 억제하기도 한다. 대개 초기 강우 30mm 정도의 유출을 처리하는 것을 목표로 한다. 가동 비용이 적게 드는 장점은 있으나 다량의 물을 저류하기 위해서 큰 규모의 저류지가 필요하기 때문에 토지가 많이 소요된다는 단점이 있다. 부지가 부족한 도시에서는 지하에 저류조를 만들기도 하는데 강우의 집중도가 높은 우리나라에서는 구미에 비하여 더욱 큰 저수 용량을 필요로 하기 때문에 실용화가 어려울 것으로 보인다.

저류지가 부족한 경우에 사용하는 방법이 물리·화학적 처리법을 사용하는 고속 처리 장치이다. 원심분리형 swirl concentrator, 화학적 응집제를 첨가하는 고속 응집 침전 장치 등이 사용된다. 침전장치에서 물리적 침강 속도를 증가시키기 위해 알루미늄 응집제를 사용하는 것은 알루미늄이 인을 제거하는 데에 효율적이기 때문에 호수로 유입하는 유입수에서 인을 제거하여 호수의 부영양화를 억제하는 좋은 방법이다. 물리·화학적 처리장치는 생물학적 처리와는 달리 강우 시에만 간헐적으로 가동할 수 있다는 장점을 가진다.

3) 축산 분뇨와 퇴비 유출 저감

우리나라의 대부분의 대형 댐에서는 축산 분뇨가 유역의 가장 중요한 오염원으로 평가되므로 축산 총량을 규제하거나 축산 분뇨를 수거하여 처리하는 체제는 수질 개선을 위하여 최우선적으로 투자하여야 할 대상이다. 축산 분뇨 관리의 핵심은 강우 시 유출을 막는 저장시설을 갖추는 것과 이를 퇴비화하는 시스템을 확충하는 것이다. 축분의 퇴비화는 화학 비료를 대체함으로써 비료의 총 사용량을 감축시키는 효과가 있으며 유기물이 토양에서 분해되므로 유기물 유출도 감축시킬 수 있다.

그러니 축산 분뇨는 수집에 많은 비용이 들고 퇴비화되어도 인의 유출을 완전히 막는 것은 아니다. 농경지의 인은 일부만이 작물에 의해 흡수되고 나머지 대부분은 토양입자에 흡착되어 있다가 토양 유실과 함께 하천으로 유출된다. 따라서 농경 지역의 부유물질은 많은 인을 함유하고 있으며 농경 지역의 탁수는 항상 인의 함량이 높다. 특히 축산 분뇨로 만들어진 퇴비에는 질소에 비해 인의 상대적 함량이 높기 때문에 퇴비를 많이 사용하면 작물의 요구량에 비해 인을 많이 시비하게 되고 그 결과 많은 인을 유출시켜 부영양화의 주요 원인이 된다.

4) 농경지의 비료 유출 저감 방안

대형 댐은 대개 중상류의 산간 지역에 위치하고 있으므로 유역의 인구 밀도가 낮으므로 사람이 배출하는 오염물의 양이 많지 않고 농경지의 비점오염원으로부터 유출되는 인이 전체 인 부하량의 대부분을 차지한다. 비료는 일부분만 식물에 흡수되고 나머지는 강우 시 유출되어 부영양화의 원인이 된다. 비료의 유출은 농도는 낮지만 양이 많으므로 총량으로 볼 때는 가장 큰 발생원이다.

우리나라는 많은 양의 인 비료를 수입하고 있으며 질소 비료를 많이 생산하고 있다. 우리나라는 세계적으로 비료를 많이 사용하는 나라이며 지금도 계속 증가하고 있다. 1980년도에 250 kg/ha/yr이던 비료 사용량이 1990년대 이후에 450 kg/ha/yr로 증가하였다.

비료 중의 질소는 주로 용존형(NH_4^+, NO_3^-)으로 유출되므로 강우 시 농도 증가가 없으나, 인은 토양의 표면에 흡착되어 입자상으로 존재하므로 표층 토양의 침식과 함께 유출되어 강우 시 유출수의 농도가 증가한다. 그러므로 비점오염원으로부터의 인 유출은 연간 수차례의 폭우 시에 집중되어 나타나며 이때 유량이 매우 크기 때문에 처리하기가 불가능하며 유역 토양의 침식과 유출을 억제하는 종합적 토지관리에 주력하여야 한다.

비료의 유출량을 줄이기 위해서는 필요 이상의 비료 사용을 자제하고 시비의 시기를 조절하여 강우 유출을 막는 계몽활동이 효과가 크다. 농경지의 토양 분석을 거쳐 토양에 필요한 비료를 필요량만큼만 시비하도록 기술 지원을 해주는 것도 비료 남용을 줄이는 대책이 된다. 농경지의 인 유출은 인을 흡착한 표토의 유실에 의해 일어나므로 표토의 보호가 호수 부영양화 방지 대책이 될 수 있다. 표토 유실을 막기 위한 방안으로는 밭에 볏짚을 덮어주는 멀칭, 밭고랑 주변의 식생을 보존하여 하천변 침식 방지, 밭고랑을 등고선에 평행하게 만드는 등고선 재배(contour farming), 밭을 갈지 않고 작물의 뿌리를 남겨둔 채 작물을 심는 무경운 재배(no tillage), 강우의 침식 강도를 줄이기 위하여 키가 큰 작물과 작은 작물을 함께 심는 간작(intercropping), 경사가 큰 농경지의 경작 제한 등의 방법이 있다.

5) 호수별 오염 총량 관리제

호수의 수질관리를 위해서는 유역을 단위로 하여 오염물의 유입총량을 규제하는 방안이 필요하다. 비점오염원은 저농도로 배출되며 저농도의 오염원이라도 이들이 모여 호수의 수질 악화를 가져오는 누적효과가 나타나기 때문에 농도 규제로는 수질을 개선할 수가 없다. 따라서 호수별로 환경 용량을 설정하고 오염물의 배출량을 지역별로

할당하는 총량 관리제가 최적의 호수 수질 관리 방안이다.

2. 호수 내 대책(in-lake treatment)

부영양화 방지를 위해서는 유역의 오염원을 관리하는 것이 가장 투자의 효율이 크고 확실한 방법이나 유역의 오염원이 관리가 불가능할 때에는 호수 내에 유입한 후 처리하는 방법을 쓰기도 한다.

1) 화학적 응집 침전에 의한 인 불활성화(phosphorus inactivation)

호수 내 대책으로서 가장 효과가 확실하고 경제적인 것은 화학적 응집 침전에 의해 인과 부유물을 제거하는 방법이다(〈그림 19-1〉, 김범철 2021). 황산반토(황산알루미늄, alum, $Al_2(SO_4)_3$)가 주로 사용되며 PAC, lime (CaO, $Ca(OH)_2$), $FeCl_3$ 등도 사용된다. $Al(OH)_3$ 침전이 만들어지면서 부유물과 함께 공침하며 인산이온도 함께 흡착되어 침전한다. 황산반토는 산성물질이므로 부영양호의 알칼리성 피해를 줄이는 데에 도움이 되지만 지나치게 많이 투여하여 pH가 6 이하로 낮아지면 알루미늄의 침전이 용해되므로 pH6까지만 첨가하여야 한다. 효과가 오래 지속되려면 저질의 교란이나 외부로부터의 인 유입이 없어야 한다. 체류 시간이 짧은 인공호에서는 유입수량이 많기 때문에 호수 내 투여만으로는 효과가 오래 지속될 수 없으며 반복 투여하던가 유입하천수에 혼합하여 투입하는 방법이 좋다.

우리나라에서는 아직 호수 내에서 화학적 처리제를 첨가하는 방법이 유해성에 대한 우려로 널리 시행하고 있지 않다. 그러나 미국 뉴욕시의 상수원 저수지에서는 탁수가 발생하는 경우에 탁수가 정수장

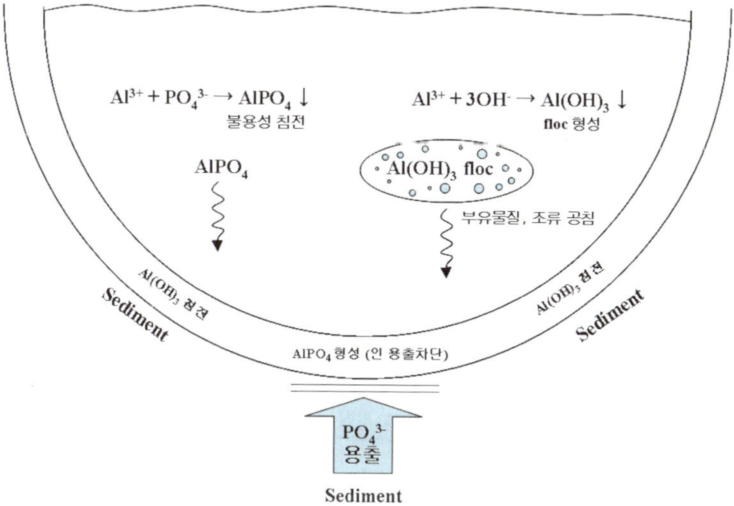

* 김범철, 2021.

〈그림 19-1〉 호수 내 화학적 응집 침전에 의한 인불활성화 모식도

에 유입되지 않도록 저수지 내에 황산알루미늄을 넣어 침전시키는 방법을 사용하고 있다. 알루미늄은 안전한 물질로서 오랫동안 정수 처리제로 사용하고 있으며 호수 내에서 부유물질을 침강시키지 않으면 정수공정에서 알루미늄 응집제를 많이 사용하여야 하므로 오히려 인체에 더 알루미늄 섭취량이 많아지기 때문이다. 많은 연구 결과 호수 내 알루미늄 이온이 곧 바로 침강하며 수생동물에 해가 없는 것으로 알려져 있다.

2) 전처리댐(pre-reservoir), 침전지

전처리댐 또는 부댐은 호수의 상류 유입부에 작은 댐을 건설하여 유입수를 체류시킴으로써 인의 침강을 유도하여 본 댐의 수질을 개선

■ 습지와 침전지의 복합 기능

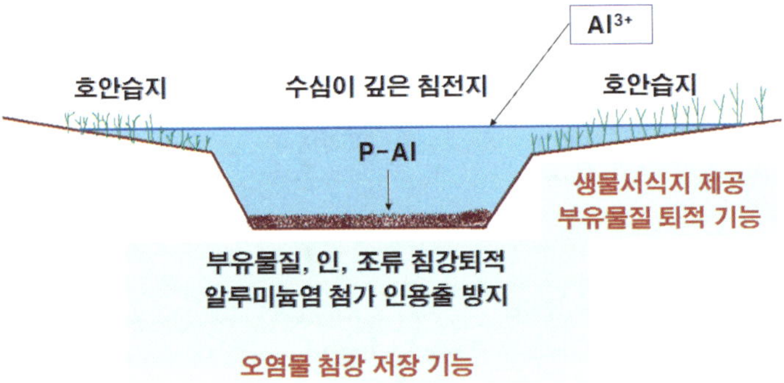

〈그림 19-2〉 인공습지형 침전지의 개념도

하는 방법이다(〈그림 19-2〉). 일종의 침전지로 볼 수 있으며 비점원오염을 제거하기 위한 침전지(wet detention pond)와 유사한 개념이다. 유역으로부터 유입하는 표토와 결합된 입자상인, detritus, 식물플랑크톤 등은 전처리댐에서 체류시킴으로써 일부를 침강에 의해 제거할 수 있다. 독일의 Bahnwach 저수지에서는 전처리댐에 모인 물을 철을 이용한 응집침전법으로 처리한 후 본 댐에 넣어 줌으로써 수질을 개선하고 있다.

침전지의 수심은 깊을수록 오염물을 저장하는 용량이 크기 때문에 준설 주기를 길게 할 수 있다. 수변은 완경사로 만들어 수생식물이 살고 동물의 서식처를 제공하는 효과를 겸하도록 만드는 것이 일반적이다.

우리나라에서는 환경부의 비점오염 저감사업의 일환으로 많은 침전저류지 및 침사지가 설치되고 있다.

3) 생물학적 방법

부영양화의 피해는 식물플랑크톤의 증식에 의해 일어나므로 인의 부하량이 낮더라도 조류의 억제가 가능하다면 부영양화의 피해를 줄일 수 있다. 생물학적 방법의 하나로서 육식 어류의 방류에 의해 동물플랑크톤 현존량을 증가시키는 생물학적 먹이연쇄 조절 방법(biomanipulation)이다. 먹이연쇄 조작에 의한 수질 개선 기작은 다음과 같다.

> 육식어류(piscivore) 증가 → 소형 플랑크톤 식성 어류(planktivore) 감소 → 동물플랑크톤 증가 → 식물플랑크톤 감소

육식 어류의 증가는 소형 플랑크톤 식성 어류를 감소시켜 동물플랑크톤을 증가시킬 수 있다. 먹이연쇄 조절에 사용하는 어류는 송어, walleye, 배스 등이 있다. 국내에서는 쏘가리가 육식 어류로서 먹이연쇄조절에 이용할 수 있다면 효과를 기대할 수 있으나 오히려 집중적인 어획의 대상이 되고 있다. 이 방법은 일단 어류를 방류하면 지속적으로 효과를 나타내므로 관리 경비가 들지 않는 경제적 방법이 될 수 있다. 그러나 어식성 어류에 의한 먹이연쇄 조절은 먹이연쇄가 복잡한 경우에는 효과가 나타나지 않는 경우도 많이 있다. 실제로는 먹이연쇄가 단순하지 않고 어류의 식성이 다양하며, 살치나 붕어와 같은 일부 어류는 식물플랑크톤을 직접 먹기 때문에 어식성 어류에 포식되면 오히려 식물플랑크톤이 증가할 수 있다.

식물플랑크톤의 감소를 위해 직접 식물플랑크톤을 먹는 어류를 방사하기도 한다. 중국에서는 백연(silver carp)을 방사하여 남조류를 저감하였다는 보고가 있으며, 우리나라에 살고 있는 붕어와 살치도 식물플랑크톤 섭식에 같은 효과를 가질 수 있을 것으로 생각된다. 물

벼룩과 같이 여과 섭식 능력이 큰 동물플랑크톤을 방사하여 동물플랑크톤 군집을 변화시키는 방법도 시도되고 있다. 또한 조개류를 이용하여 플랑크톤을 섭식하는 연구도 수행된 바 있다. 미국에서는 오대호에 얼룩말 담치가 유입하여 번성한 후 플랑크톤이 감소하였다는 보고가 있었으며, 일본에서는 민물진주를 생산하면서 동시에 플랑크톤을 저감하여 수질을 개선하려는 시도도 있었다.

수초가 과다 번식하여 선박 운항에 지장을 주거나 낚시를 할 수 없게 되는 경우에는 수초 제거를 위해 수초를 먹고 사는 초어(grass carp)를 방사하기도 한다. 초어나 백연은 외래종으로서 국내에서는 자연번식이 되지 않으며 일정 시간이 지나면 자연 소멸하므로 외래종 도입으로 인한 생태계 교란의 우려가 적다. 그러나 미국에 도입된 백연은 과잉 번식하여 생태계를 크게 파괴하고 있다.

4) 호수 내 수초대에 의한 영양염류 제거

호숫가의 완경사 습지 식생은 영양염류와 부유물을 감소시키는 데 기여할 수 있다. 습지의 식물 줄기 사이에서는 물의 유동이 감소하여 미립 부유물이 쉽게 침강한다. 이때 인을 포함하는 입자들이 침강하여 영구퇴적되며, 퇴적이 진행됨에 따라 연안선은 호수 중앙부로 전진하게 된다(〈그림 19-3〉). 즉, 관리 비용이 들지 않으면서 수질이 정화되는 대신 호수의 면적과 저수량이 감소하는 것이다. 호수의 면적이 충분한 간척지호, 새만금호 등에서 최적의 수질 관리 방법이다.

침수식물의 인, 질소 흡수 능력은 수중의 영양염류 농도를 감소시킬 수 있다. 특히 부영양화의 피해가 큰 여름에 침수 식물이 많이 성장하여 호수의 인, 질소를 감축하고 부영양화의 피해가 적은 겨울에

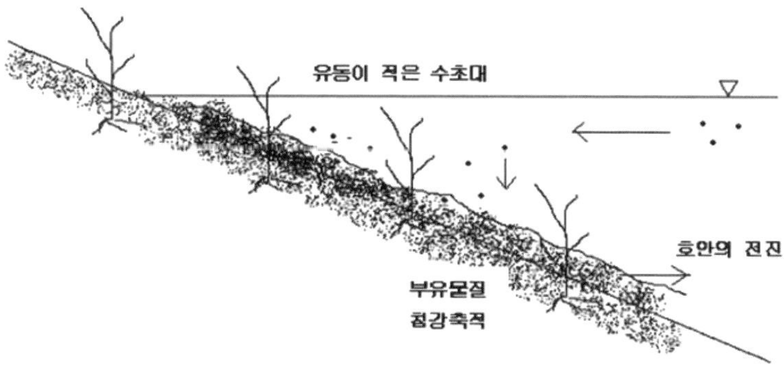

* 호안의 수생식물대가 부유물질을 침강시키며 수질을 개선하고 호안이 중앙부로 전진한다.

〈그림 19-3〉 호안 식생대의 수질 개선 시작

는 수초의 분해에 의해 영양염류를 일부 용출시키므로 여름에 식물플랑크톤에 의한 피해를 줄이는 데 기여할 수 있다. 또한 침수식물은 식물플랑크톤의 성장을 억제하는 타감물질(allelopathy)을 생성하므로 조류와의 경쟁에서 식물이 우세한 환경을 만들 수 있다.

침수식물 외에도 모든 식물의 사체는 부식질(humic substances)을 생성하는데 부식질은 조류 가운데 특히 남조류에게 저해성이 큰 것으로 보고되어 있어 남조류로 인한 녹조현상을 저감하는 데 도움이 된다. 그러나 부식질은 정수장에서 염소소독을 할 때에 발암 물질의 전구물질이므로 염소 소독을 하는 수돗물의 원수에서는 수생 식물이 많이 번식하는 것이 장애가 될 수 있다.

일본 나가노현의 수와호는 과거에 호안을 급경사 콘크리트 호안으로 바꾼 후 녹조현상이 매우 심하게 발생하였다. 생태학자들의 연구 결과 수변 식물대를 복원하기로 결정하여 2000년경 콘크리트 호안에 흙을 덮어주고 식물을 심어 인공적으로 수생 식물대를 복원하였는데 그 후 녹조현상이 사라졌다고 보고하고 있다.

5) 인공 식물섬에 의한 동물 서식처 제공

수초대가 없는 경우이거나 수위 변동이 커서 수초대가 형성되지 못하는 곳에서는 동물 서식처 제공을 위하여 인공 식물섬(浮島 floating vegetation island)을 만들기도 한다(〈그림 19-4〉). 인공 식물섬의 식물이 흡수하는 인의 일부는 다시 호수로 유출되며, 식물섬의 생체량이 호수의 규모에 비하여 작으므로 영양염류의 제거 효과는 크지 않으나 식물의 뿌리는 수위변동이 커서 수변식생대가 빈약한 댐에서 동물의 서식처와 산란처를 제공하는 효과를 가진다. 일본의 가스미가우라호변에 만든 biopark에서는 호수물을 끌어들여 호숫가에 만든 수초밭을 통과시킴으로써 수생식물을 성장시키고 식물을 수확하여 영양염류를 제거하고 수질을 정화하고 있다.

사진: 김범철.

〈그림 19-4〉 동복호에 설치된 인공 식물섬

6) 선택적 중층 방류에 의한 홍수 탁류 배출

우리나라의 인 부하 특성은 여름의 홍수기에 집중된다. 여름 홍수기에 홍수기에 유입하는 탁류에는 높은 농도의 인이 포함되어 있다. 홍수기의 유입수는 호수 표층수에 비하여 수온이 낮기 때문에 중층류를 형성한다(〈그림 19-5〉). 저수지의 발전 방류구가 중층에 형성되어 있는 경우에는 이를 통하여 탁류가 배출된다. 가을의 전도기까지 배출되지 않은 탁수는 표층에까지 확산되어 다음해 봄에 식물플랑크톤 번성의 원인이 된다. 이 탁수의 수직 순환을 최소화하고 빠른 시간

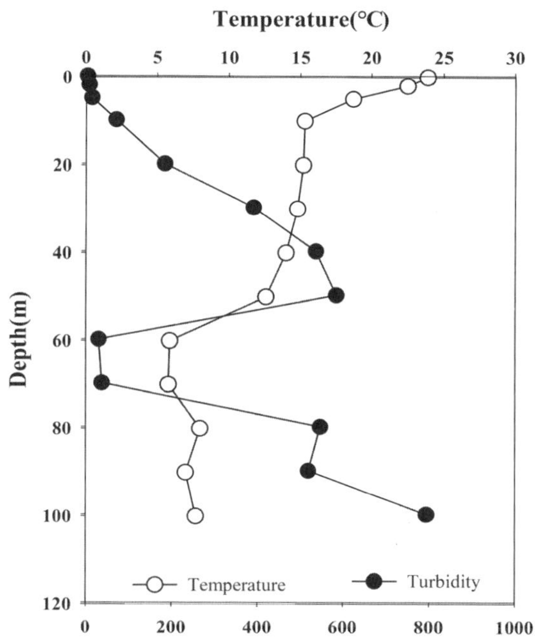

* 2006년 7월24일, 김범철 미발표자료.

〈그림 19-5〉 여름철 소양호에서 집중 강우에 따른 중층의 탁도 증가

내에 중층의 방류구를 통하여 하류로 배출함으로써 표수층의 인 농도 증가를 막을 수 있다.

그러나 중층 탁수의 방류는 해당 호수의 수질과 생물상을 보호할 수 있으나, 하류의 댐이나 하천에는 악영향을 미치므로, 반대로 탁수를 방류하지 않고 표층의 맑은 물을 방류하기 위해 선택 취수탑을 사용하기도 한다. 즉, 중층에 탁수가 유입하였을 때 표층의 맑은 물을 방류하여 하류의 생태계를 보호하며 부유물이 침강할 시간을 주는 것이다(〈그림 19-6〉). 과거에 만들어진 댐에서는 방류하는 물의 수심이 중층으로 고정되어 있었으나 근래 이를 보완하기 위하여 원하는 수층의 물을 방류할 수 있는 선택적 취수 시설이 만들어지고 있다. 우리나라에서는 임하댐, 소양댐 등 여러 대형 댐에 설치되어 있다.

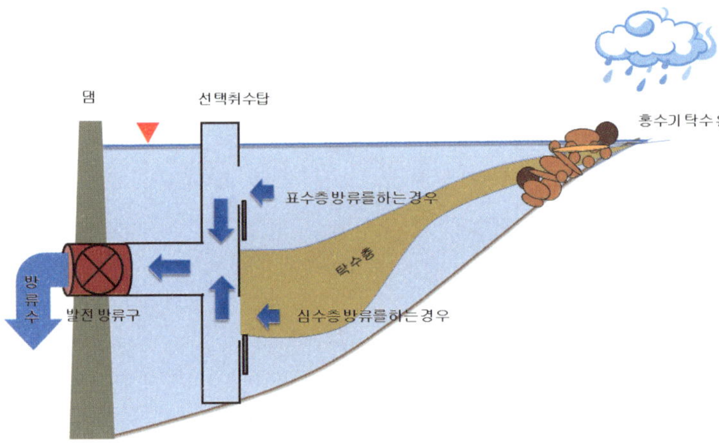

* 표수층을 방류하여 냉수 피해를 줄일 수 있고, 탁수를 피하여 맑은 표수층을 방류할 수 있다. 호수의 수질보호를 위하여 탁수를 선택적으로 속히 배출하는 데에 사용되기도 한다.

〈그림 19-6〉 선택취수탑에 의한 댐방류수의 수심 선택

7) 저질산화(sediment oxidation)

호수 심층의 저질 표면이 혐기성이 되면 저질의 철(Fe^{3+})이 환원되어(Fe^{2+}) 용해됨으로써 철과 결합되어 있던 인이 용출된다. 이를 억제하기 위하여 공기 펌프로 심층에 산소를 공급하면 저질의 산화환원전위가 높아져 인의 용출을 억제할 수 있다. 그러나 심수층과 표수층이 교란되면 지질의 영양염류가 표수층으로 공급되어 오히려 조류의 성장을 촉진하는 수가 있으므로 심수층에 산소를 공급하여 다시 심수층에 공급하는 방법으로 성층을 파괴하지 않고 유지하는 설비를 사용하는 것이 바람직하다. 특히 수심이 얕은 호수에서는 심층수를 순환시키면 조류의 폭발적인 증가를 유발할 수 있다.

심층의 산화환원전위를 높이는 방법으로서 공기 펌프를 이용한 포기 외에 산소를 공급하는 화학물질로서 과산화칼슘(calcium peroxide, CaO_2)이 사용되기도 하며 질산이온과 같은 전자수용체를 넣어 주기도 한다. 과산화칼슘은 서서히 산소를 방출하는 물질(slow oxygen-releasing material)인데 pH를 높이는 단점이 있다. 산소가 고갈된 수중에서는 질산이온이 산소를 대신하여 전자수용체 역할을 할 수 있으므로 저질에 질산염을 첨가하여 저질의 산화환원전위를 높이고 철의 환원을 막을 수 있다. 질산염을 저질 표면에 유입시키거나 관을 통하여 직접 저질 속에 주입하는 방법을 사용한다.

8) 인공 폭기에 의한 성층 파괴(destratification)

수심이 깊은 호수에서 심수층을 폭기하면서 상하층을 순환하여 인위적으로 성층을 파괴하면 조류가 빛이 없는 깊은 곳까지 혼합되므로

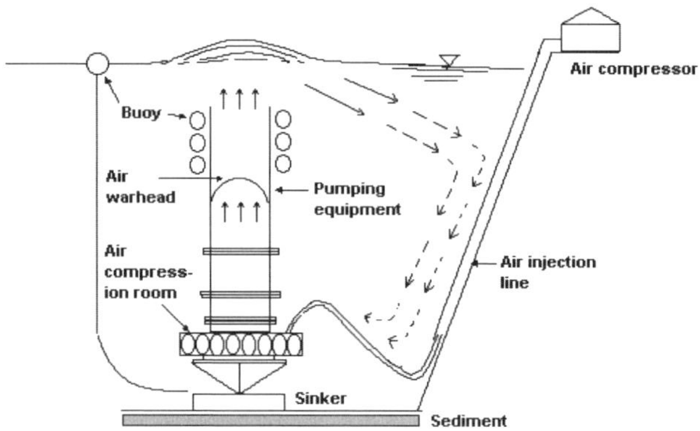

* 허우명 등, 1999.

〈그림 19-7〉 수중폭기 설치모식도

조류가 받는 빛이 부족하여 조류의 양이 감소하게 된다(〈그림 19-7〉). 이 방법은 특히 강한 빛을 좋아하는 남조류의 감소에 효과가 크다. 즉, 강한 빛을 요구하는 남조류는 감소하고 약한 빛에 적응하는 규조류로 대체됨으로써 수중의 냄새, 독소 발생 등의 피해를 줄일 수 있다. 평균 수심이 약 15m 이상(최대수심 약 40m 이상)으로 깊은 호수에서는 조류의 현존량이 감소한다. 그러나 수심이 얕은 곳이거나 수직혼합이 충분하지 않은 곳에서는 조류의 총량이 오히려 증가하게 되므로 주의를 요한다. 우리나라에서는 달방댐, 대청댐, 횡성댐 등에 설치되어 있다. 달방댐에서는 인공폭기 가동에 의해 식물플랑크톤의 우점종이 남조류에서 규조류로 바뀐 것으로 보고되었다. 그러나 혼합층의 두께가 증가하여 식물플랑크톤이 성장할 수 있는 수층이 증가함으로써 수면적당 조류의 양은 오히려 증가하였다(Heo et al., 2004).

9) 준설(sediment removal)

유기물과 인함량이 높은 저질을 제거함으로써 저질로부터의 내부 부하량을 감소시킬 수 있다. 그러나 일반적으로 준설은 수심증가와 저수량을 늘이는 효과는 확실하나 수질 개선의 효과는 불확실하며 비용이 많이 드는 방안으로서 경제성이 없는 경우가 대부분이다.

준설이 수질 개선에 효과를 가지기 위해서는 다음과 같은 전제 조건이 충족되어야한다. 첫째, 외부에서 계속 유입되고 있는 오염원을 제거한 후 실시하여야 수질 개선의 효과를 기대할 수 있다. 저질을 제거하더라도 외부로부터 유입이 계속되는 경우에는 곧 다시 저질표면에 오염된 저질층이 쌓이므로 저질로부터의 인 용출이 감소하지 않는다. 특히 체류시간이 짧은 인공호에서는 강우 시마다 인유입이 반복된다.

둘째, 저질 표면으로부터의 인 용출을 줄이기 위해서는 인 함량이 낮은 저질이 수층과 접할 수 있도록 유기물과 인의 함량이 낮은 퇴적층 깊이까지 준설하여야 한다. 따라서 유기물의 함량이 높은 퇴적층이 두꺼운 경우에는 많은 양의 저질을 준설해야 하므로 비용이 많이 든다. 일반적으로 50cm 이내에 깨끗한 저질이 존재하여야 준설이 경제성을 가질 수 있다. 준설을 계획하기 전에 저질층의 코어분석을 실시하여 필요한 준설 깊이를 측정하여야 한다.

셋째, 저질의 재부유를 막는 방법으로 준설하여야 한다. 고형화되어 영구 퇴적되어 있던 저질이 준설 시 재부유되면 수중에서 일시에 산화되면서 산소를 고갈시켜 어류 폐사가 일어날 수 있다. 따라서 재부유를 억제하는 흡입식 준설기를 사용하여 준설하여야 하며, 부유물 방지막을 설치하는 것도 도움이 된다.

넷째, 준설토를 처리할 침전지가 확보되어야 한다. 흡입식으로 준설한 저질에는 다량의 물이 포함되어 있으므로 이를 침강시키고 농축하여 처리할 수 있는 넓은 면적의 침전지가 필요하다. 침강을 돕기 위하여 응집제를 처리하기도 한다. 준설토는 강우 시 호수로 다시 유출되기 쉬우므로 이를 막을 수 있는 위치에 충분한 크기의 침전지를 확보하여야 한다.

저질을 준설하는 외에 저질 표면을 덮어 저질로부터의 용출을 억제하여 내부 부하량을 줄이는 sediment capping 방법도 있다. 오염되지 않은 모래를 덮거나 알루미늄염의 침전으로 덮기도 한다.

| 참고문헌 |

고려대학교 곤충학연구소, 1998. 한국곤충생태도감 I-V. 삼성문화인쇄(주).

공동수. 1992. 팔당호의 육수생태학적 연구, 고려대 박사학위논문. 421pp.

공동수, 박재홍. 1999. 남양주 가평, 축령산 및 그 일대의 저서성 대형무척추동물. 환경부, 22pp.

곽종운, Lars Gillberg. 1995. 하수처리에서 응집제의 염기도가 인 제거에 미치는 특성, 한국수처리기술연구회지, 3, pp.57-67.

권오길, 박갑만, 이준상. 1993. 원색한국패류도감. 아카데미서적, 서울, 443pp.

경기도. 2004. 경기도 6개 호수 생물상조사. 경기도 보건환경연구원.

김동섭, 김범철. 1990. 팔당호의 일차생산. 한국육수학회지, 23(3): 167-179.

김범철. 2021. 알루미늄염 응집제 활용에 의한 저수지의 수질개선과 가치 제고 방안. 전원과 자원. 한국농공학회. 63(1): 9-16.

김범철, 공동수. 2019. 5. 한국형 부영양화지수(TSI_{KO})의 인자로서 TOC의 적용성 검토. *Journal of Korean Society on Water Environment*, Vol. 35, No. 3, 271-277.

김범철 등. 1996. 우리나라호소의 부영양화 현황. 호소의 부영양화 방지대책에 관한 한일 세미나 발표논문집. 1996. 11. 7 한국수질보전학회, pp.39-45.

김범철 등. 2007. 국내 호수의 제한영양소와 하수처리장 방류수 인 기준 강화의 필요성. 한국물환경학회지 23(4): 512-517.

김범철, 김은경, 표동진, 박호동, 허우명. 1995. 국내호소에서의 남조류 독소발생. 한국 수질보존 학회지. 11: 231-237.

김범철, 김호섭, 박호동, 최광순, 박종근. 1999. 국내 호수에서 발생한 남조류의 microcystin 함량과 독성 평가. 한국 육수학회지, 32: 288-294.

김범철, 안태석, 조규송. 1989a. 한강 수계 인공호의 부영양화에 관한 비교 연구. 한국육수학회지 21(3):151-163.

김범철, 조규송, 허우명, 김동섭. 1989b. 소양호 부영양화의 연변화 추이. 한국육수학회지 22(3); 151-158.

김범철, 최광순, 김동섭. 1996. 비점오염원의 홍수유출과 호수의 부영양화. Proceeding of Korea-Japan joint symposium on Ecological Engineering. 춘천.

김범철, 황길순, 김동섭. 1999. 소양호의 일차생산과 유기탄소 수지. 한국육수학회지 32(3): 200-206.

김익수, 강언종. 1993. 원색한국어류도감. 아카데미서적.

김익수, 박종영. 2002. 한국의 민물고기. 교학사.

김익수. 1997. 한국동식물도감, 제 37권 동물편(담수어류). 교육부. pp. 133-520.

김재원. 1968. 광릉계류의 수서곤충 현존량. 한국육수학회지, 1: 51-54.

김훈수. 1976. 한국동식물도감 제19권 동물편(새우류). 문교부, pp.1-414.

노태호, 전동준. 2004. 한국산 수서곤충류 섭식기능군 유형 및 군집 안전성 분석. 한국육수학회지, 37(2): 137-148.

변화근, 전상린, 김도한. 1997. 소양호의 어류상과 어류군집. 한국육수학회지, 30: 325-335.

성치남, 백근식, 최지혁, 조현욱, 김종홍. 1997. 주암호 지천의 수질과 어류 군집 한국육수학회지. 30(2): 107-118.

손영목 등. 1997. 팔당호의 어류군집 동태, 한국어류학회지 9(1): 141-152.

손영목, 송호복, 변화근, 최재석. 1997. 팔당호 어류군집 동태. 한국어류학회지 9: 141-152.

송광래. 1995. 한국산 거머리강(환형동물문)의 분류. 고려대학교 석사학위논문 pp.1-58.

송호복. 1994. 줄납자루, Acheilognathus yamatsutae(잉어과)의 생태학적

연구. 강원대학교 박사학위논문, 181pp.
송호복, 권오길. 1992. 댐 건설에 따른 의암호의 어패류상 변화. 강원대학교 논문집-과학기술연구- 31: 178-186.
신유항. 1993. 원색한국곤충도감. 아카데미서적, 서울, pp.1-453.
오희목, 김도한. 1995. 대청호 남조류 수화발생에 대한 단기적 예측. 한국육수학회지, 28(2): 127-136.
양홍준 등. 1997. 안동댐유역의 어류상과 어류군집구조, 한국육수학회지 30(4): 347-356.
양홍준, 채병수, 남명모. 1991. 홍천강 상류수역의 추계어류상. 한국육수학회지. 24:37-44.
양홍준, 채병수, 남명모. 1997. 안동댐유역의 어류상과 어류군집구조. 한국육수학회지, 30: 347-356.
오봉세 등. 1999. 팔당호 어업대상 어류의 종조성과 계절변동. 한국육수학회지, 32(4): 308-318.
원두희, 전영철, 권순직. 2004. 충주 계명산 일대 수계의 저서성 대형무척추 동물 군집. 한국자연보전학회지, 2(1-2): 89-109.
위인선. 1974. 영산강의 저서동물에 의한 생물학적 수질판정. 한국육수학회지, 7: 29-35.
유종생. 1976. 원색한국패류도감. 일지사, 서울, pp. 1-196.
윤일병. 1988. 한국동식물도감 제30권 동물편(수서곤충류). 문교부, pp.1-840.
윤일병. 1995. 수서곤충검색도설. 정행사, 서울, pp. 1-162.
윤일병, 김동상, 변종욱. 1981. 낙동강 상류수계의 수서곤충군집에 관한 연구. 한국육수학회지, 14(3): 27-49.
이상하 등. 2006. 도암호 수질과 어류군집 특성연구. 한국 하천호수학회지 39(2): 188-195.
이창복. 1999. 대한식물도감. 향문사. 서울.
임문교, 최기철. 1973. 조종천의 수서곤충. 한국육수학회지, 6(3):37-40.
한국자연보존협회. 1989. 전국 주요 인공호 현황. 자연보호, 제12권 제6호.
전동준, 김원목. 2001. 수원·화성, 태행산 및 그 일대의 저서성 대형무척추동물. 제 2차 전국자연환경기초조사 보고서, 환경부: 62-74.
전상린. 1990. 한국생태계조사연구보고서. 서울시 342-357.
전상린, 김강연. 1972. 한강유역의 어류상에 관한연구. 과학기술처 R-72-81:117-123.
정문조. 1968. 안양천의 수질오염과 수서곤충상. 한국육수학회지, 1(1): 39-47.
정영호, 최홍근. 1983. 낙동강 하구의 습생 및 수중식물 구계와 분포. 식물학회지 26: 197-206.
최신석, 송호복, 황수옥. 1997. 대청호의 어류군집. 한국육수학회지. 30: 155-166.
최재석. 2005. 의암호의 어류상, 한국어류학회지 17(1): 73-83.
최재석. 2005. 춘천호의 어류상, 한국환경생물학회지 23(2): 173-183.
최재석 등. 2003. 소양호의 어류군집 동태. 한국어류학회지 15(2): 95-104.
최재석 등. 2004. 파로호의 어류상 및 어류군집. 한국환경생물학회지 22(1): 111-119.
최재석 등. 2006. 경기 6개호수의 어류군집특성. 한국하천호수학회지. 39(2): 178-186.
최재석, 이광열, 장영수, 고명훈, 권오길, 김범철. 2003. 소양호의 어류군집 동태. 한국어류학회지. 15(2): 95~104.
최홍근, 김용범, 조도순. 1992. 경안천 상류지역의 식물상과 식생연구. 경안천 자연생태계 조사연구보고서. 경기도. pp. 38-78.
최홍근. 1985. 한국산 수생관속식물지. 서울대학교 박사학위논문. 서울.
한강유역환경청. 2003. 북한강 상류 2개 호소(소양호, 화천호) 환경기초조사. 한강수계관리위원회.
한국건설기술연구원. 2002. 환경부 G-7 사업 국내 여건에 맞는 자연형 하천공법의 개발, 하천복원가이드라인. 한기획, 서울, pp. 1-255.
한국곤충학회 및 응용곤충학회. 1994. 한국곤충명집. 건국대출판부, 서울, pp. 1-744.

한국동물분류학회. 1997. 한국동물명집. 아카데미서적, 서울, pp. 1-489.
국립수산과학원. 2007. 외래담수어의 현황. 한국민물고기보존협회.
허우명, 김범철, 김윤희. 1999. 달방댐 유입수의 강우에 따른 인농도 변화와 인부하량, 한국육수학회지, 32, pp.43-48.
홍영표. 1991. 한강수계 서식하는 피라미(Zacco platypus)와 갈겨니(Zacco temmincki)의 분포 및 군집동태에 관한 연구. 충남대학교 박사학위 논문.
환경부. 1980. 한강유역의 생태계 조사에 대한 종합적인 연구. 국립환경과학원, 292pp.
환경부. 2004. 팔당 호소 환경조사-한강수계 환경기초조사사업. 한강유역환경청.
환경부. 2001. 호소환경 조사지침.
환경부. 2006. 물환경관리기본계획.
환경부. 2001. 호소환경조사기법개발에 관한 연구.
황길순, 김동섭, 허우명, 김범철. 1994. 대청호의 일차생산과 가두리양어장 및 유역으로부터의 유기물 부하량. 한국육수학회지, 27 : 299-306.
황순진, 이상훈. 1998. 경기도 인공호수의 수질개선과 효과적인 관리방안: 평택호를 중심으로. 경기개발연구원. pp. 33-41.

岡田要, 1982. 新日本動物圖鑑 上, 中, 下. 北隆館, 東京.
川村多實二, 1980. 日本淡水生物學. 北隆館, 東京,pp. 1-760.

AFS (American Fisheries Society), 1979, A review of the EPA Red Book: quality criteria for water. R. V. Thurston, R. C. Russo, C.M. Fetterolf, Jr., T.A. Edsall, and Y.M. Barber, Jr. eds. American Fisheries Society, Water Quality Section. Bethesda, MD. PP: 305.
Aizaki, M., A. Otsuki, T. Iwakuma, T. Fukushima, T. Kawai, N. Imamura, S. Ebise, and N. Yasuno, 1981. Limnological data in Lake Kasumigaura. Res. Rep. Natl. Inst. Environ Stud. 22: 319-376.

Alabaster, J.S. and R, Lloyd. 1980. Water quality criteria for freshwater fish. Butterworth, London. PP: 85.

Amon, R.M, W., and R. Benner. 1994. Rapid cycling of high-molecular weight dissolved organic matter in the ocean. Nature 369: 549-552.

Amy, G.L., Chadik, P.A. and Chowdhury, Z.K., 1987. Developing Models for Predicting THM Formation Potential and Kinetics. J. of Amer. Water. Asso., 79, pp.89-97.

An, K.G., Hong, Y.P. Kim, J.K, Choi, S.S. 1992. Studies on the zonation and community analysis of freshwater fish in Kum-river, Korea. Korean Journal of Limnology 25(2):99-112.

Andersson, G., H. Berggren, G. Cronberg & C. Gelin, 1978. Effects of planktivorous and benthivorous fish on organisms and water chemistry in eutrophic lakes. Hydrobiologia 59:9-15

Arcifa, M. S., T. G. Northcote & O. Froehlich, 1986. Fish zooplankton interactions and their effects on water quality of a tropical Brazilian Reservoir. Hydrobiologia 139: 49-58.

Azam, F, Fenchel, T, Field, J. G., Graf, J. S., Meyer-Rei1, L. A. and Thingstad, F. 1983. The Ecological Role of Water-Column Microbes in the Sea. Mar. Ecol. Prog. Ser. Vol. 10: 257-263.

Benndorf, J., 1988. Limnologica 19, 116 pp. Manipulation of the pelagic food web by stocking with predacious fishes. Int. Revue ges. Hydrobiologia 69:407-428.

Bonneau, J. L. 1999. Ecology of a fish biomanipulation in a great plains reservoir. Dissertation. University of Idaho.

Borutskij, E. V., 1973. Feeding of Hypophthalmichthys molitrix (Val.) and Aristichthys nobilis (Val.) in natural waters and ponds of the Soviet Union. In: G. V. Nikolskij, P. L. Pirozhnikov. Trofologiiya vodnykh zhivotnykh. Itogi Izadachi: Moskva, Izdat., Nauka: 299-322.

Boyd, C.E., 1990, Water quality in ponds for aquaculture. Alabama Agricultural Experiment Station, Auburn University, Auburn, Alabama. Birmingham Publishing Co., Birmingham, Alabama. PP: 482.

Burleson M. L., D. R. Wilhelm and N.J. Smatresk, 2001, The

influence of fish size on the avoidance of hypoxia and oxygen selection by largemouth bass. 59; PP: 1336-1349.

Carlson R. E. 1977. A trophic state index for lakes. Limnol. Oceanogr. 22:361-369.

Carlson, C. A., H. W. Ducklow and A. F. Michaels. 1994. Annual flux of dissolved organic carbon from the euphotic zone in the northwestern Sargasso Sea. Nature, 371:405-408.

Carpenter, S. R., J. F. Kitchell & J. R. Hodgson, 1985. Cascading trophic interactions and lake productivity. BioScience 35:634-639.

Carpenter, S. R., J. F. Kitchell, & J. R. Hodgson. 1992. Trophic cascade and biomanipulation: Interface of research and management- A reply to DeMelo et al. Limnology and Oceanography 37: 208-213.

Carpenter, S. R., J. F. Kitchell, J. R. Hodgson, P. A. Cochran, J. J. Elser, M. M. Elser, D. M. Lodge, D. Kretchmer, X. He & C. N. von Ende, 1987. Regulation of lake primary productivity by food-web structure. Ecology 68:1863-1876.

Chapra, S. C. 1975. Comment on "An empirical 168 Notes method of estimating the retention of phosphorus in lakes" by W. B. Kirchner and P. J. Dillon. Water Resour. Res. 11: 1033-1034.

Chien, Y. H. and Chou, Y. H., 1989, The effects of residual chlorine, temperatures and salinities on the development of pacific oyster (Crassostrea gigas). Asian Fisheries Science. 3; PP: 69-84.

Choi, et al., 2004. Temporal and vertical variability in the relationship among organic matter indices in a deep reservoir ecosystem. Lake and Reservoir Management. Vol. 20(2): 130-140.

Chow-Fraser, P., 1991. Use of the morphoedaphic index to predict nutrient status and algal biomass in some Canadian lakes. Canadian Journal of Fisheries and Aquatic Science 48:1909-1910.

Cohen G. M., 1977, The influence of cations on chlorine toxicity. Bulletin of Environmental Contamination & Toxicology. 18; PP: 131-137.

Cooper, E. L., C. C. Wagner & G. E. Krants, 1971. Bluegills dominate the production in mixed population of fishes. Ecology 52: 280-290.

Dillon, P. J. and F. H. Rigler (1974) The phosphorus-chlorophyll relationship in lakes. Limnology and Oceanography 19(5): 767-773.

Doudoroff, P., and M. Katz, 1950, Critical review of literature on the toxicity of industrial wastes and their components to fish. I. alkalies, acids, and inorganic gases. Sewage Ind. Wastes. 22; PP: 1432- 1458.

Eddy, S. and J. C. Underhill. 1974. Northern fishes with special reference to the upper Mississippi Valley. Third Edition. University of Minnesota Press. St. Paul, MN.

Elliott J.M., 2000, Pools as refugia for brown trout during two summer droughts: trout responses to thermal and oxygen stress. Journal of Fish Biology. 56; PP: 938-948.

Elser, J. J., C. Luecke, M.T. Brett and C. R. Goldman. 1995. Effects of food web compensation after manipulation of rainbow trout in an oligotrophic lake. Ecology 76(1):52-69.

Evans, M.S., and D.J. Jude. 1986. Recent shift in Daphnia community structure in southeastern Lake Michigan: A comparison of inshore and offshore regions. Limnology and Oceanography 31:56-67.

Forsberg, C., and S.O. Ryding. 1980. Eutrophication parameters and trophic state indices in 30 Swedish waste receiving lakes. Arch Hydrobiol., 89: 189-207.

Foss, A., Vollen, T. and Oiestad, V., 2003, Growth and oxygen consumption in normal and O2 supersaturated water, and interactive effects of O2 saturation and ammonia on growth in spotted wolffish(Anarhichas minor Olafsen). Aquaculture. 224; PP: 105-116.

Garey, W. F. and Rahn, H., 1970, Gas tensions in tissues of trout and carp exposed to diurnal changes in oxygen tension of the water. J. Exp. Biol. 52; PP: 575-582.

Goad, J. A., 1984. A biomanipulation experiment in Green Lake Seattle Washington USA. Archiwam Hydrobiologia 102:137-154

Hama, T., and N. Handa. 1980. Molecular weight distribution and characterization of organic matter from lake waters. Arch. Hydrobiol. 90: 106-120.

Hama, T., and N. Handa. 1987. Pattern of organic matter production in natural phytoplankton population in a eutrophic lake 1. Intracellular products. Arch. Hydrobiol. 109: 107-120.

Henderson, H. F., R. A. Ryder, and A. W. Kudhongania. 1973. Assessing fishery potentials of lakes and reservoirs J. Fish. Res. Board Can. 30: 2000-2009.

Henrikson, L., H. G. Nyman, H. G. Oscarson & J. A. E. Stenson, 1980. Trophic changes without change in the external nutrient loading. Hydrobiologia 68:257-263.

Hergenrader, G. L., 1983. Enhancement of water quality in Nebraska farm ponds by control of eutrophication through biomanipulation. Tech. Compl. Rep. NE. Water Resource Center, Report No. OWRT-A-067-NEB(1), 34pp.

Hergenrader, G. L., 1984. Phytoplankton control and water quality improvement through manipulation of animal communities. Tech. Compl. Rept., Nebraska Water Research Center, Lincoln. USGS G854-03. 14-08-0001-G854, 82pp.

Hill, K. R. 1999. Evaluation of the impact of common carp on an intensively managed largemouth bass, channel catfish, and panfish fishery. Federal aid to fish restoration completion report: small reservoir investigations, project no. F-160-R. Iowa Department of Natural Resources.

Horne, A. J. and Goldman, C. R., 2001. Limnology. McGraw-Hill Co., New York.

Horne, A. J., and Goldman, C.R. 2004, Limnology. PP: 327.

Horppilla, J. & T. Kairesalo, 1990. A fading recovery: the role of roach (Rutitus rutilus) in maintaining high phytoplankton productivity and biomass in lake Vesijarvi, Southern Finland, Hydrobiologia 200/201: 153-163.

Hutchinson, G.E., 1957. A Treatise on Limnology. Vol. 1, Geography, Physic and Chemistry. Wiley & Son, New York, 1015pp.

Januszko, M. 1974. The effect of three species of phytophagous fish on algae development. Polykie Archiwam Hydrobiologia 21:431-454.

Jenkins, R. M. 1967. The influence of some environmental factors on standing crop and harvest of fishes in U.S. reservoirs. Reservoir

Fishery Resources Symposium, Transaction of American Fisheries Society 298-321.

Jenkins, R. M. 1982. The morphoedaphic index and reservoir fish production. Transaction of the American Fisheries Society 111:133-140.

Jung, Sungmin, Myoungsun Shin, Jaiku Kim, Jaesung Eum, Yunkyoung Lee, Jaeyong Lee, Youngsoon Choi, Kyunga You, Jeffrey Owen, and Bomchul Kim, 2016. The effects of Asian summer monsoons on algal blooms in reservoirs. Inland Waters. Vol 6: pp. 406-413.

Kahl, R. 1991. Restoration of canvasback migrational staging habitat in Wisconsin: a research plan with implications for shallow lake management. Technical Bulletin No. 172. Department of Natural Resources, Madison, WI.

Kajak, Z., J. I. Rybak, I. Sodniewska & W. A. Godlewska Lipowa, 1975. Influence of the planktivorous fish Hypophthalmichthys molitrix (Val.) on the plankton and benthos of the eutrophic lake. Polykie Archiwam Hydro biologia 22:301-310.

Kiemer M. C. B., K. D. Black, D. Lussot, A. M. Bullock and I. Ezzi, 1995, The effects of chronic and acute exposure to hydrogen sulphide on Atlantic salmon (Salmo salar L.). Aquaculture 135; PP: 311-327.

Kim, Bomchul, 1987. An ecological study of phytoplankton in Lake Soyang. Ph. D. Thesis. Seoul Nat., Univ.

Kim, Bomchul, and Kyu-Song Cho, 1989. The Hypolimnetic Anoxic Zone and the Metalimnetic Oxygen Minimum Layer in a Deep Reservoir, Lake Soyang. Kor. J. Lim. 22(3):159-166.

Kim, Bomchul, Jae-Hyung Shim, and Kyu-Song Cho, 1985. Temporal and Spatial Variation of Chlorophyll a Concentration in Lake Soyang. J. Kor. Wat. Pollut. Res. Contr., Vol. 1(1):18-23.

Kim, B., D. S. Kim, G. Hwang, and K. S. Cho, 1991. primary production of phytoplankton and macrophytes in an eutrophic lagoon, Lake Kyungpo, korea. Rep. suwa hydrobiol., 7 : 99-103.

Kim, Bomchul, Park, Ju-Hyun, Hwang, Gilson and Choi, Kwangsoon, 1997. Eutrophication of Large Freshwater Ecosystems in Korea,

Korean Journal of Limnology, 30(Supplement), pp.512-517.
Kitchell, J. F., H. F. Henderson, E. Grygierek, J. Hrbacek, S. R. Kerr, M. Pedini, T. Petr, J. Shapiro, R. A. Stein, J. Stenson & T. Zaret, 1982. Management of lakes by food chain manipulation, U. N. F. A. O., Rome, 215pp.
Klyashtorin, L.B., 1976, The sensitivity of young sturgeons to oxygen deficiency. J. Icthyol. 16:677-681.
Krasner, S. W. 1999. Chemistry of disinfection by-product formation. in P. C. Singer ed. Formation and control of disinfection by-products in drinking water. pp27-52.
Lamarra, V. A. Jr., 1975. Digestive activities of carp as a major contributor to the nutrient loading of lakes. Verh. Int. Ver. Limnol. 19:2461-2468.
Lammens, E. H. R. R., H. W. De Nie, W. L. T. van Densen & J. Vyverberg, 1985. Resource partitioning and niche shifts of bream(Abramis brama) and eel(Anguilla anguilla) mediated by predation of smelt(Osmerus eperlanus) on Daphnia hyalina. Canadian Journal of Fisheries and Aquatic Science 42:1342-1351.
Lampert W., and U. Sommer, 1997. Limnoecology, Oxford University Press.
Leah, R. T., B. Moss & D. E. Forrest, 1980. The role of predation in causing major changes in the limnology of a hypereutrophic lake. Int. Revue ges. Hydrobiologia 65:223-247.
Lee, Yunkyoung, Jai-Ku Kim, Sungmin Jung, Jaesung Eum, Chulgoo Kim, Bomchul Kim, 2014. Development of a water quality index model for lakes and reservoirs. Paddy and Water Environment, Volume 12 (1) Supplement: pp. 19-28.
Livingston, D.A. 1963. Chemical composition of rivers and lakes. p. G1-G61. In M. Fleischer(ed.) Data of geochemistry. 6th ed. Geol. Surv. Professional Pap. 440-G. Washington
Lorenzen, C. J., 1967. Determination of chlorophyll and phyto-pigments: spectrophotometric equations. Limnol. Oceanogr. 12: 343-346
Lyche, A., B. A. Faafeng & Brabrand, 1990. Predictability and possible mechanisms of plankton response to reduction of planktivorous

fish. Hydrobiologia, 200/201: 251-261
Lynch, M. & J. Shapiro, 1981. Predation, enrichment, and phytoplankton community structure. Limnology and Oceanography 26:86-102.
Marti-Cardona B., T. E. Steissberg, S. G. Schladow, and S. J. Hook, 2008, Relating fish kills to upwellings and wind patterns in the Salton Sea. Hydrobiologia 604; 85-95.
McComas, S. 1993. Lake smarts: The first lake maintenance handbook. Terrene Institute.
McKee, J.E., and H.W. Wolf., 1963, Water quality criteria (second edition). State Water Quality Control Board, Sacramento, CA. Pub. No. 3-A.
McQueen, D. J. & J. R. Post, 1984. Effects of planktivorous fish on zooplankton, phytoplankton and water chemistry. Lake and Reservoir Management, Proceedings of the Fourth Annual Conf. NALMS, McAfee, NJ. October. 35-42.
McQueen, D. J. and D. R. S. Lean. 1986. Influence of water temperature and nitrogen to phosphorus ratios on the dominant blue-green algae in Lake St. George, Ontario. Canadian Journal of Fisheries and Aquatic Science. 44: 598-604.
Meijer, M. L., A. J. P. Raat & R. W. Doef, 1989. Restoration by biomanipulation of the Dutch shallow, eutrophic lake Bleiswijkse Zoom; first results. Hydrobiol. Bull. 23:49-59.
Miranda, L.E., K.B. Hodges. 2000. Role of aquatic vegetation density on hypoxia and sunfish abundance in bays of a eutrophic reservoir. Hydrobiologia 427: 51-57.
Ochiai, M., and T. Hanya. 1980. Change in mono saccharide composition in the course of decomposition of dissolved carbohydrates in lake water. Arch. fur Hydrobiol., 90: 257-264
Ochumba, P. O. B. & D. I. Kibaara, 1989. Observations on blue-green algal blooms in the open waters of Lake Victoria, Kenya. Afr. J. Ecol. 27
OECD, 1982. Eutrophication of Waters, Monitoring, Assessment and Control. OECD, Paris. 154pp.
Opuszynski, K., 1980. The role of fishery management in counteracting

eutrophication processes. In: Dev. in Hydrobiology, Vol. 2, J. Barica & L. R. Mur (eds.), Dr. W. Junk Publishers, The Hague: 263-269

Owen, et al.,.1993. Characterization of natural organic matter and its relationship to treatability. American Water Works Association Research Foundation and American Water Works Association

Person-Le Ruyet J., Delbard, C., Chartois, H., Le Delliou, H., 1997, Toxicity of ammonia to turbot juveniles: 1. Effects on survival growth and food utilization. Aquat. Living Resour. 10; PP: 307-314.

Riemann, B., and M. Søndergaard. 1986. Carbon dynamics in eutrophic temperate lakes (eds), Elsevier Science Publishers B.V., Netherland

Ritola, O., Kiuru, T., Koponen, K., Molsa, H., Hanninen, O., Lindstrom-seppa, P., 1999, Rainbow trout(Oncorhynchus mykiss) exposed to oxygen supersaturation and handling stress: plasma cortisol and hepatic glutathione status. Acta Biologica Hungarica. 50(1-3); PP: 215-227.

Ritola, O., Peters, L. D., Livingstone, D.R., Lindstrom-Seppa, P., 2002a, Effects of in vitro exposure to ozone and/or hyperoxia on superoxide dismutase, catalase, glutathione and lipid peroxidation in red blood cells and plasma of rainbow trout, *Oncorhynchus mykiss*(Walbaum). Aquaculture Research., 33; PP: 165-175.

Ritola, O., Tossavainen, K., Kiuru, T., Lindstrom-Seppa, P. and Molsa, H., 2002b, Effects of continuous and episodic hyperoxia on stress and hepatic glutathione levels in one-summer-old rainbow trout(Oncorhynchus mykiss). Ichthyol., 18; PP: 159-164.

Ryder, R. A. 1965. A method for estimating the potential fish production of north-temperate lakes. Transaction of American Fisheries Society 94:214-218.

Ryder, R. A. 1982. The morphoedaphic index-Use, abuse, and fundamental concepts. Transaction of American Fisheries Society 111:154-164.

Ryder, R. A., S. R. Kerr, K. H. Loftus, and H. A. Regier. 1974. The morphoedaphic index, a fish yield estimator-review and evaluation.

J. Fish. Res. Board Can. 31: 663-688.

Sakamoto, M., 1966. Primary production by phytoplankton community in some Japanese lakes and its dependence on lake depth. Arch. Hydrobiol. 62:1-28.

Sanni, S. & S. B. Wærvågen. 1990. Oligotrophication as a result of planktivorous fish removal with rotenone in the small, eutrophic, Lake Mosvatn, Norway. Hydrobiologia 200/201: 263-274.

Schlesinger, D. A., And H. A. Regier. 1982. Climatic and morphoedaphic indices of fish yields from natural lakes. Trans. Am. Fish. Soc. 11:141-150.

Serafy, J.E. and R.M. Harrell, 1993, Behavioral response of fishes to increasing pH and dissolved oxygen: field and laboratory observations. Freshwater Biology. 30; PP: 53-61.

Shapiro, J. & D. I. Wright, 1984. Lake restoration by biomanipulation: Round Lake, Minnesota, the first two years. Freshwater Biology 14:371-383.

Shapiro, J., 1979. The need for more biology in lake restoration, In: Lake Restoration, Proceedings of a national conference, Aug. 22-24, 1978. Minneapolis Minnesota. EPA 440/5-79-001. U.S. Gov't Printing Office, Washington, D. C. 161-167.

Shapiro, J., 1980. The importance of trophic level interactions to the abundance and species composition of algae in lakes. In: J. Barica and L. R. Mur (eds). Hypertrophic Ecosystems. Dr. W. Junk Publishers Co. The Hague, The Netherlands 105-115.

Shapiro, J., B. Forsberg, V. Lamarra, G. Lindmark, M. Lynch, E. Smeltzer & G. Zoto, 1982. Experiments and experiences in biomanipulation: studies of ways to reduce algal abundance and eliminate bluegreens. U.S. Environmental Protection Agency. EPA-600/3-82-096, 251pp.

Shapiro, J., V. Lamarra & M. Lynch, 1975. Biomanipulation: an ecosystem approach to lake restoration. In: P. L. Brezonik and J. L. Fox (eds). Proceedings of a Symposium on Water Quality Management through Biological Control. University of Florida. Gainesville: 85-69.

Sieburth, J. McN., Johnson, K. M., Burney, C. H., Lavoie, D.M. 1977.

Estimation of in situ rates of heterotrophy using diurnal changes in dissolved organic matter and growth rates of picoplankton in diffusion culture. Helgolanderwiss. Meeresunters. 30: 565-570.

Sondergaard, M., E. Jeppesen, E. Mortensen, E. Dall, P. Kristensen & O. Sortkjær. 1990. Phytoplankton biomass reduction after planktivorous fish reduction in a shallow, eutrophic lake: a combined effect of reduced internal P-loading and increased zooplankton grazing. Hydrobiologia 200/201:229-240.

Stenson, J. A. E., T. Bohlin, L. Henrikson, B. I. Nilsson, H. G. Nyman, H. G. Oscarson & P. Larsson, 1978. Effects of fish removal from a small lake. Verh. int. Ver. Limnol. 20:794-801.

Takeo H, Nobuhiko H and Junko H. 1983. Determination of amino acid production rate of a marine phytoplankton population with 13C and gas chromatography-mass spectrometryl. Lmnol. Oceanogr., 32(5), 1987, 1144-l153.

Tatrai, I. & V. Istranovics, 1986. The role of fish in the regulation of nutrient cycling in Lake Balaton, Hungary. Freshwater Biology 16:417-424 temperate lakes (eds), Elsevier Science Publishers B.V., Netherland.

Theede, H., A. Ponat, K. Hiroki and C. Schlieper, 1969, Studies on the resistance of marine bottom invertebratesto oxygen-deficiency and hydrogen sulphide. Marine Biol. 2; PP: 325-337.

Thronson, A. and A. Quigg, 2008, Fifty-five years of fish kills in costal Texas. Estuaries and coasts 31; PP: 802-813.

Thurman, 1985. Organic geochemistry of natural water. Martinus Nijhoff/Dr W. Junk Publishers.

Thurston, R. V., Russo, R. C. and Vinogradov, G. A., 1981, Ammonia toxicity to fishes. Effect of pH on the toxicity of the un-ionized ammonia species. Environ. Sci. Technol. 15; PP: 837-840.

Vanni, M.J., C. Luecke, J.F. Kitchell and J.J. Magnuson. 1990. Effects of planktivorous fish mass mortality on the plankton community of Lake Mendota, Wisconsin: implication for biomanipulation. Hydrobiologia 200/201:329-336.

Vannote, R. L., G. W. Minshall, K. W. Cummins, J. R. Sedell, and C. E. Cushing. 1980. The river continuum concept. Can. J. Fish.

Aquat. Sci. 37:130-137.

Wannamaker C. M. and Rice J. A., 2000, Effects of hypoxia on movements and behavior of selected estrine organism from the southeastern United States. 249; 145-163.

Wetzel, R.G., 1983, 2001. Limnology. WB Sanders, Philadelphia, USA.

Wetzel, R.G., and P.H. Rich, 1973. Carbon in freshwater system. In G. M. Wetzel, R.G. and G.E. Likens, 1991. Limnological analyses. Springer-Verlag, New York.

Wetzel, T.G. 1972. The role of carbon in hard water marl lakes. In: G.E. Likens(ed.). Nutrients and eutrophication: The limiting-nutrient controversy. Special symposium. Limnology and Oceanography 1: 84-97.

Wiebe, A.H., 1931, Note on the exposure of several species of pond fishes to sudden changes in pH. Trans. Amer. Microsc. Soc. 50; PP: 380-383.

Wydoski, R. S. and R. W, Wiley. 1999. Management of undesirable fish species. Pages 403-430 in C. C. Kohler and W. A. Hubert, Editors. Fisheries management in North America. Second Edition. American Fisheries Society, Bethesda, MD.

부 록

부록 I. 생물분류체계(Beck et al.)

부록 II. 엽록소-a 농도 측정방법

부록 III. 어류의 생태적 특성

부록 IV. 강원도 지역 어류폐사 발생현황(2004~2008)

부록 I. 생물분류체계(Beck et al.)

Super Kingdom Prokarytes (원핵생물 상계)

Kingdom Monera (모네라계)

Phylum Schizonta

대부분의 박테리아 → Chemoheterotroph

Phylum Cyanonta

Cyanbacteria (남조류) → Photoautotroph

Super Kingdom Eukaryote (진핵생물 상계)

Kingdom Protista (원생생물계)

Subkingdom Algae (광합성 수행)

Phylum Euglenophyta (유글레나문) → 유글레나류

Phylum Chlorophyta (녹조식물문) → Chlorella, 해캄, Volvox

Phylum Pyrrophyta (와편모조류문) → 일명 Dinoflagellate (red tide이 원인)

Phylum Chrysophyta (황갈조식물문) → Dinobryon (빈영양호에서 우점출현)

Phylum Bacillariophyta (규조류문)

Order Pennales (우상목) → 하천의 대부분의 부착조류 와 호수의 *Asterionella* 속

Order Centrales (중심목) → 원통형의 껍질, 방사대칭형

Phylum Phaeophyta (갈조류문) → 미역, 다시마류

Phylum Rodophyta (홍조류문) → 김

Subkingdom Protozoa (Heterotroph) 6개의 문으로 구분

Phylum Zoomastigina (편모충류) → 박테리아의 주요한 포식자

Phylum Sarcodina (허족류 or 위족류) → 아메바 (박테리아 포식)

Phylum Sporozoa (포자충류) → 말라리아

Phylum Ciliophora (섬모충류)

Kingdom Animalia(동물계)

Phylum Aschelminthes (대형동물문)

Class Rotifera (윤충강) → 담수에 2000종 이상 (입주위에 원형으로 섬모가짐, algae와 bacteria 포식, 남조류포식)

강으로 분류하기도 하고 별도의 **Phylum Rotatoria** 로 분류

입주위에 원형의 섬모, bacteria 및 작은 윤충류 포식,

남조류의 grazer로 부각

Phylum Arthropoda (절지동물문) : 몸은 키틴질로 둘러싸여 있는 외골격을 가지므로 다리에는 마디가 있다. ex) 곤충류, 갑각류, 거미류 등

Class Insecta (곤충강) : 동물 중 가장 많은 종수 약 80만종,
대부분의 곤충이 일생의 대부분을 수중에서,
번식기에만 우화(水棲昆蟲, aquatic insects),
날도래, 강도래, 하루살이, 잠자리 등의 유충

Class Crustacea (갑각강)

Order Copepoda (요각목) → Calanoid, Harticoidada, Cyclopoida
(머리, 가슴, 꼬리의 세부분으로 나뉨)

Order Cladocera (지각목) → *Daphania, Bosmina, Holopedium*
Anomopoda, Ctenopoda, Onychopoda, Haplopoda 의 4개 Order(목)을 묶어서 Cladocera라 고 명명함

Order Decapoda (십각목) → 새우, 가재, 게

Phylum Cnidaria (자포동물문) : 히드라강, 해파리강, 산호충강

Phylum Nematoda (선형동물문) : 실모양의 가늘고 긴 동물

Phylum Nematomorpha

Phylum Mollusca (연체동물문)

Class Pelecypoda (부족류) : 조개, 재첩

Class Gastropoda (복족류) : 다슬기, 우렁이 snails

Class Cephalopoda (두족류) : 오징어, 문어 → 해양에만 서식

Phylum Ectoprocta (외항동물문) : 태형동물, 이끼벌레

Phylum Annelida (환형동물문)

Class Polychaeta (다모강) : 갯지렁이

Class Oligochaeta (빈모강) : 실지렁이

Class Hirudinea (거머리강)

Phylum Chordata

Subphylum Vertebrate (척추동물아문)

Super class Agnatha (무악상강)

Super class Pisces (어류상강)

Super class Tetrapoda

Class Amphibia (양서강)

Class Reptilia (파충강)

Class Aves (조류강)

Class Mammalia (포유강)

Kingdom Plantae (식물계)

Kingdom Fungi (균계)

mold, yeast, mushroom

부록 II. 엽록소-a 농도 측정방법

식물플랑크톤과 부착조류의 엽록소-a 농도는 조류의 현존량을 대신하는 간편한 지표로서 널리 이용되고 있다. 조류의 엽록소-a 함량은 0.7～1.5%이므로 엽록소-a 농도에 100을 곱하면 대략적인 조류의 건중량을 얻을 수 있다. 그러나 조류의 종류에 따라 엽록소-a 함량이 다르며, 같은 종이라도 서식 환경에 따라 함량이 달라지므로 변이가 있다. 또한 엽록소-a는 여러 가지 방법으로 측정할 수 있는데 각 방법들이 장단점을 가지고 있으며 측정 결과가 상이하므로 이것도 엽록소-a 농도를 생체량 지표로 사용하는 데 오차의 요인이 된다. 조

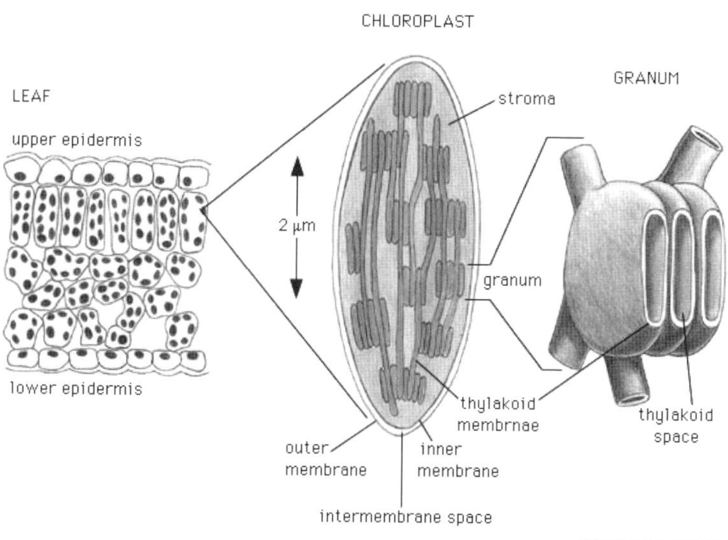

* 막이 겹쳐진 thylakoid에 엽록소-a 분자들이 부착되어 있다.

〈그림 II-1〉 엽록체의 구조

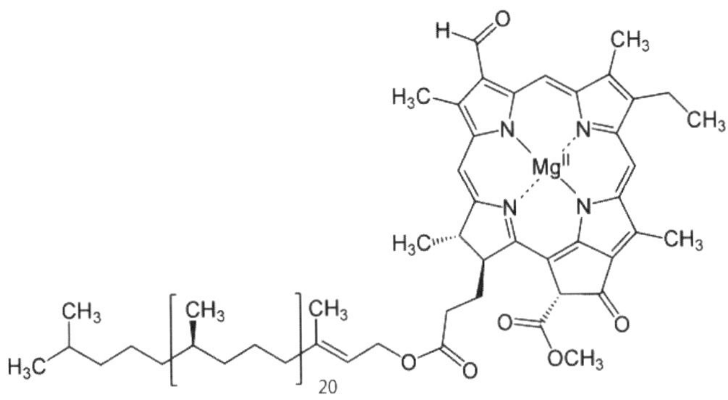

〈그림 II-2〉 엽록소-a의 분자 구조

류 추출액은 엽록소-a뿐 아니라 여러 가지 보조 색소를 포함하고 있으므로 이들의 간섭을 받을 수 있으며, 이에 대한 보정에 따라 다른 결과를 얻는다. 따라서 연구자의 상황과 목적에 따라 적절한 방법을 선택하여 사용하여야 한다.

현재 사용되고 있는 방법은 측정 원리에 따라 흡광법, 형광법, 액체 크로마토그래피법(HPLC)으로 크게 나눌 수 있다. 이 가운데 흡광법이 간단하고 과거부터 널리 사용되어 왔으므로 표준 방법으로 사용되고 있다. 형광법은 감도가 높으므로 적은 양의 시료로도 측정이 가능하고, 현장에서 세포가 살아 있는 현탁액 상태에서도 측정이 가능하다는 장점이 있으나 오차는 크다. HPLC는 여러 가지 색소와 불순물이 섞여 있는 시료에서 각 성분들을 분리하여 정확히 측정할 수 있는 장점이 있으나 비용과 시간이 많이 들므로 일반적인 호수 수질 환경 조사에서는 흔히 사용되지 않는다.

1. 엽록소 추출 방법

엽록소-a 농도를 측정하기 위해서는 일반적으로 용매를 사용하여 색소를 추출하고 부유물을 제거한 뒤 용매중의 엽록소 농도를 측정한다. 현재 추출 용매로서는 아세톤 90% 용액, 메탄올, dimethyl formamide(DMF) 등이 사용되고 있다. 이 가운데 아세톤이 전통적으로 많이 사용되어 왔으며 흡광계수도 잘 측정되어 있으며 표준 방법으로 채택되어 있다. 그러나 세포벽이 강한 녹조류와 남조류 세포는 아세톤에서 파괴되지 않아 색소가 잘 추출되지 않는다. 규조류가 우점 하는 해양 환경이나 규조류 물꽃이 발생한 호수의 시료에 대해서는 아세톤을 사용해도 좋으나 일반적인 부영양호에서는 녹조류와 남조류가 흔히 출현하므로 적절하지 않다. 따라서 아세톤을 사용하는 경우에는 세포의 파쇄를 돕기 위해 유리섬유여과지를 균질기(homogenizer)에서 마쇄하여 유리 가루가 세포를 분쇄하도록 하여야 한다.

현재 추출 용매로서는 DMF가 가장 좋은 것으로 평가되고 있다. 마쇄를 하지 않아도 대부분의 조류 세포가 파괴되어 추출 효율이 좋다. 게다가 용액 중에서 색소가 장시간 안정하므로 보관이 용이하며, 엽록소의 흡광 계수는 아세톤 용액에서의 흡광 계수와 유사하므로 기존의 아세톤 추출법의 계산식을 그대로 사용할 수 있다(Speziale et. al,. 1984).

※ 추출과정

① 적당량의 시료를 유리섬유여과지로 여과한다. 시료의 양은 식물플랑크톤의 밀도에 따라 결정된다. 흡광도는 0.1~0.5의 범위에 드는 것이 가장 정확하다. 빈영양호에서는 4L 이상의 물을 여과

하여야 하고 부영양호에서는 1L 정도의 시료를 여과하고 과영양호에서는 0.2~0.5L 정도를 여과하는 것이 적당하다.

② 여과지로는 유효 구경이 약 1㎛인 유리섬유여과지 GF/C가 적당하다. 그러나 세포가 작은 picophytoplankton이 우세한 곳에서는 유효 구경이 0.7㎛인 GF/F를 사용할 수도 있다. Millipore와 같이 cellulose nitrate 여과지를 사용하면 여과지의 폐색이 더 잘 일어나 많은 시료를 여과할 수 없으며 여과지가 용매에 녹은 후 부유물이 발생한다. 세포크기에 따라 구분하여 여과하는 경우에는 Nitex mesh, nuclepore filter 등을 조합하여 사용한다.

③ 여과 시 진공 펌프의 압력은 1/3기압 이상으로 유지하여 세포의 파괴를 막는다. 점액질을 많이 가진 남조류가 우점할 때는 여과지의 폐색이 일어나 여과에 많은 시간이 걸릴 수도 있다. 이때에는 여러 장의 여과지에 나누어 여과한 후 함께 추출하여 측정한다.

④ 시료를 즉시 측정할 수 없는 경우에는 여과지는 냉동 보관하거나 건조 보관하여 수개월간 보존이 가능하다. 아세톤 용액에서는 엽록소-a가 불안정하여 분해되기 쉬우므로 측정 직전에 추출하는 것이 좋다.
DMF 용액 내에서는 엽록소가 안정하여 1개월 이상 보존이 가능한 것으로 보고되고 있으므로 현장에서 원심분리관에 여과지를 넣고 DMF 5ml를 첨가하고 마개를 막아 보존하는 것이 좋다.

⑤ 보존하였던 여과지를 tissue homogenizer에 넣고 90% 아세톤용액 5ml를 첨가하고 마쇄한다. 용액이 증발한 경우에는 마쇄한 시료를 원심분리관에 넣고 용액의 양을 첨가하여 5ml로 정확히 맞춘다. 이때 두꺼운 여과지를 사용한 경우에는 오차를 줄이기 위해 여과지의 부피를 측정하여 보정한다. 여과지로 유리섬유를 사용하지 않은 경우에는 마쇄를 돕기 위해 유리섬유를 약간 첨가해 주는 것이 좋다. 추출 용매로서 아세톤 대신 DMF를 사용하면

마쇄를 할 필요가 없으므로 여과지를 원심분리관에 넣고 DMF 5ml을 첨가한 후 마개를 막고 흔들어 준다.

⑥ 밀봉하여 30분 이상 어두운 곳에 방치하여 엽록소를 용출시킨다. 아세톤 용액 추출액에서는 엽록소가 빛에 의해 분해되므로 모든 작업을 직사광선이 쬐지 않는 곳에서 실시하며, 냉장고에 보관하여 추출한다. 아세톤을 사용하고 마쇄를 하지 않는 경우에는 추출이 느리므로 6시간 이상 추출하여야 한다.

⑦ 세포 현탁액을 원심분리하여 부유물을 가라앉히고 상층액 3ml만 스포이드로 떠내어 1cm cuvette를 사용하여 흡광도 또는 형광을 측정한다.

2. 흡광법에 의한 측정

엽록소-a는 이중 결합과 단일 결합이 교대하는 구조를 가지므로 특정한 파장의 빛을 흡수하는 흡수 스펙트럼을 갖는다. 아세톤으로 추출한 엽록소-a의 추출 용액은 적색광(663nm)과 청색광(430nm)에서 흡수피크를 보이므로 이를 이용하여 농도를 측정한다. 그러나 조류 추출액에는 엽록소-b, 엽록소-c, 카로틴 등의 색소들이 혼합되어 있으며 pheophytin 등의 엽록소 분해산물도 섞여 있다.

엽록소는 Mg원자 주변에 4개의 피롤 핵으로 구성된 친수성인 머리와 소수성인 긴 사슬 꼬리로 되어 있는 비대칭적인 분자이다. 엽록소에서 Mg원자가 이탈된 것을 pheophytin이라 하고, phytol side chain이 끊어지면 chlorophyllide라 한다. Mg원자가 이탈되고 phytol side chain도 끊어지면 pheophorbide라 부른다. 식물플랑크톤 시료에는 엽록소-a, -b, -c 등의 분해산물들이 혼합되어 있으며 흡광파장이 유사하여 엽록소-a 측정을 간섭한다(〈그림 II-3〉).

혼합된 색소들의 간섭을 보정하는 방법으로서 3개의 파장에서 흡광도를 측정하여 엽록소-a, -b, -c, 카로틴의 흡광을 보정하는 데 중점을 둔 UNESCO법과 산첨가 후의 663nm의 흡광도 감소를 측정하여 phaeophytin-a의 간섭을 보정하는 Lorenzen법의 두 가지가 병용되고 있다. phaeophytin의 함량은 조류세포의 생리적 건강도에 따라 달라지는데 빠르게 성장하는 물꽃 형성 초기의 조류는 phaeophytin을 거의 가지고 있지 않으나 쇠퇴하는 식물플랑크톤 시료는 10~40%의 phaeophytin을 함유하고 있다. 따라서 UNESCO법으로 측정된 엽록소-a 농도가 약 1.3배 정도 큰 값을 보인다.

UNESCO법은 측정이 더 간단하고 쉬우나 phaeophytin-a의 흡광 피크가 665nm로서 엽록소-a와 스펙트럼이 중첩되므로 이를 구분하지 못하고 측정하는 단점이 있다. pheophytin의 흡광계수는 엽록소보다 작기 때문에 이 방법으로 측정한 엽록소-a 농도는 엽록소-a 농도와 총 엽록소-a(=chlorophyll-a+phaeophytin-a)의 중간정도의 크기를 나타낸다. UNESCO법은 생명 활동이 왕성한 조류와 활성이 떨어진 세포를 구분하지 않고 조류의 총량을 안정적으로 측정하는 특성을 가진다. 그러나 phaeophytin이 많이 함유되어 있는 시료는 활성이 낮으므로 일차생산력과 관련된 생체량 지표로서 사용하고자 한다면 UNESCO법보다는 Lorenzen법이 더 적합하다.

1) UNESCO법에 의한 엽록소-a 농도 측정(SCOR-UNESCO, 1966)

엽록소-a, -b, -c의 흡수간섭을 보정하지만 엽록소-a와 phaeophytin-a은 구분하지 않는 방법이다. 현재 일본과 한국에서 공정시험법으로 채택되고 있다. 엽록소-a는 663nm에서 흡광 피크를 가지므로 순수한 엽록소-a 용액이라면 이 파장에서만 흡광도를 측정하여도 엽록소-a의 농도를 측정할 수 있다. 그러나 조류 세포에는 흡광 피크가 645nm인 엽록소-b, 흡광 피크가 630nm인 엽록소-c가 혼합되어 있으며, 이들의 흡수 피크는 각각 다르지만 스펙트럼이 서로 중첩되므로 663nm에서 측정한 흡광도는 엽록소-b와 엽록소-c의 흡광을 포함하고 있다. 그러므로 이 중첩된 흡광도를 보정하면서 엽록소-a의 농도를 측정하는 것이다(〈그림 II-4~5〉).

즉, 조류 추출액은 세 가지 주요 색소의 혼합물이라고 간주하고 각 엽록소가 흡광 피크를 보이는 663, 645, 630nm의 세 파장에서 측정함으로써 각 엽록소의 흡광을 측정한다. 그리고 645nm와 630nm에서의 흡광도에 보정 계수를 곱한 후 663nm의 엽록소-a 흡광도에서 빼주어 보정한다. 또 645nm에서의 흡광도를 중심으로 엽록소-b의 농도도 계산할 수 있고, 엽록소-c의 농도도 계산할 수 있으나 오차가 크므로 널리 사용되지는 않는다.

※ 측정과 계산과정

① 630, 645, 663, 750nm에서 흡광도를 측정한다.

② 750nm에서의 흡광도 측정은 부유물에 의한 흡광도 증가를 보정하기 위한 것이다. 750nm의 빛은 엽록소가 흡광하지 않는 빛이므로 흡광도는 모두 엽록소-a 이외의 부유물질에 의한 흡광이라고 볼 수 있다. 따라서 각 흡광도(A663, A645, A630)에서 750nm의 흡광도를 빼 줌으로써 탁도를 보정한다 .

③ 탁도를 보정한 흡광도를 사용하여 다음 식으로 아세톤 추출 용매 내의 엽록소-a 농도(Ca)를 계산한다.

$Ca(g \cdot L^{-1}) = (11.64A_{663} - 2.16A_{645} + 0.10A_{630})/1000/Z$

Z; cuvette의 광투과거리 (light path length)(cm)

…………식(1)

④ 여과한 호수시료 체적당 엽록소-a 농도 계산

$Chl.a(\mu g \cdot L^{-1}) = Ca(g \cdot L^{-1}) \times 10^{6} \times$ 추출용매의 양(ml)/여과한 시료의 양(ml)

…………식(2)

⑤ 부착조류의 면적당 엽록소-a 농도 계산

$Chl.a(\mu g \cdot cm^{-2}) = Ca(g \cdot L^{-1}) \times 1000 \times$ 추출용매의 양(ml)/부착조류를 채취한 면적(cm^{2}) …………식(3)

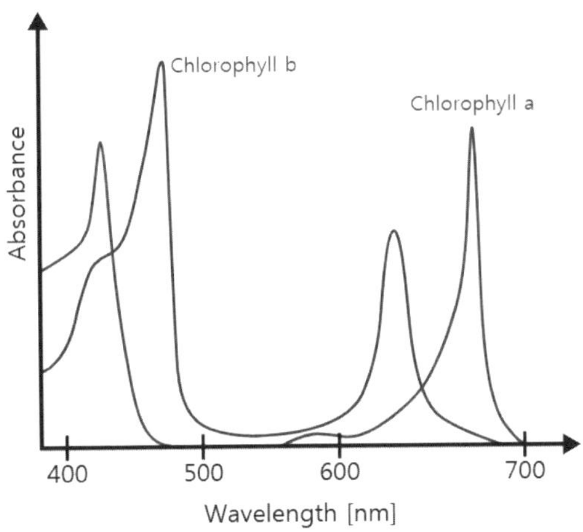

* 엽록소-a는 663nm에서 흡광도 피크를 보이는 반면에 엽록소-b는 645nm에서 흡광도 피크를 보인다.

〈그림 II-3〉 엽록소-a와 엽록소-b의 흡광 스펙트럼 비교

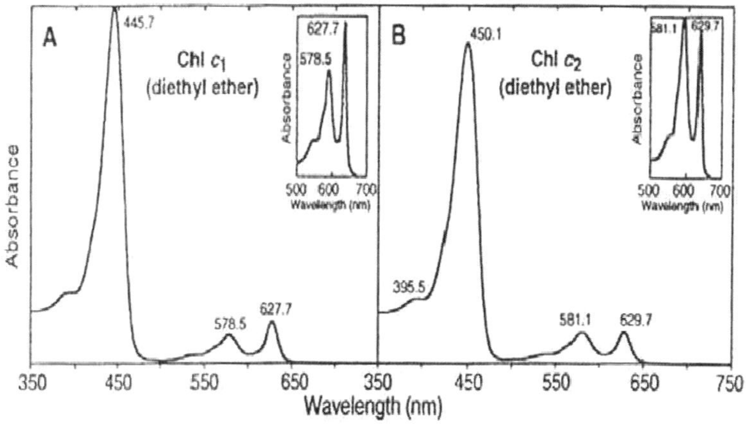

* 630nm 부근에서 흡광도 피크를 보인다.

〈그림 II-4〉 diethyl ether 용액 내에서의 엽록소-c의 흡광도 스펙트럼

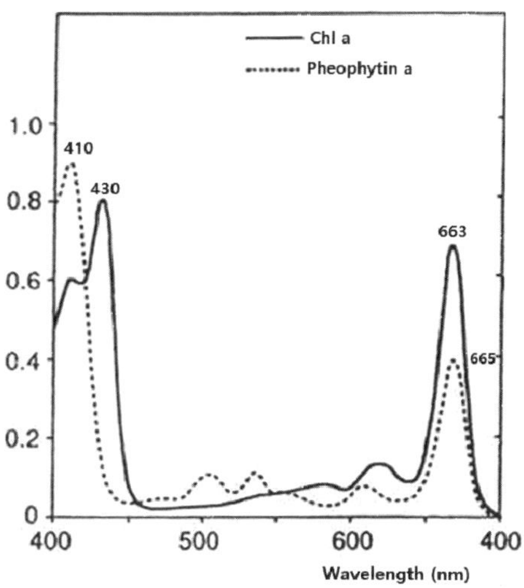

* 663-665nm에서 chlorophyll-a의 흡광도가 phaeophytin-a의 흡광도보다 높다.

〈그림 II-5〉 chlorophyll-a와 phaeophytin-a의 흡광 스펙트럼 비교

2) Lorenzen 법에 의한 엽록소-a와 pheophytin-a의 농도 측정 (Lorenzen, 1967)

Standard Methods에서 채택하고 있는 또 하나의 방법은 엽록소-a와 phaeophytin-a를 구분하는 방법으로서 광합성 활성도에 비례하는 지표로서 사용하기에는 UNESCO법보다 우수하므로 근래에 들어 점차 UNESCO법보다 널리 사용되는 추세이다. 665nm에서 chlorophyll-a의 비흡광도가 phaeophytin-a의 비흡광도의 1.7배이며, 추출액 중 chlorophyll-a에 산을 첨가하면 Mg이 이탈되어 phaeophytin-a로 변하고 흡광도가 1/1.7로 감소한다(〈그림 II-5〉). (산첨가 전의 흡광도)/(산첨가 후의 흡광도)의 비를 acid ratio라고 부르며 이를 이용하여 chlorophyll-a와 phaeophytin-a의 상대적 조성비를 측정한다. 엽록소-a 농도 계산의 원리는 다음과 같다.

산을 첨가하기 전에 측정된 원시료의 흡광도(A_{665o})는 chlorophyll-a와 phaeophytin-a의 두 가지 색소의 혼합물의 흡광에 의한 것으로 가정한다(식3, 식4).

$$A_{665o} = \text{chlrophyll-a의 흡광} + \text{phaeophytin-a의 흡광} = KaCa + KpCp \qquad \cdots\cdots\cdots\text{식(4)}$$

Ka; chlorophyll-a의 비흡광도($g^{-1} \cdot L \cdot cm^{-1}$)=87.7~92.0($g^{-1} \cdot L \cdot cm^{-1}$)

Ca; 추출액의 chlorophyll-a 농도($g \cdot L^{-1}$)

Kp; phaeophytin-a의 비흡광도($g^{-1} \cdot L \cdot cm^{-1}$)

Cp; 추출액의 phaeophytin-a 농도($g \cdot L^{-1}$)

$$Ka/Kp = 1.7 \qquad \cdots\cdots\cdots\text{식(5)}$$

추출액에 산을 첨가한 후에는 모든 chlorophyll-a가 pheophytin-a로 변하므로 산첨가 후의 흡광도(A_{665a})는 모두 phaeophytin-a에 의해 이루어진 것으로 가정한다.

$$A_{665a}=Kp(Ca+Cp) \qquad \cdots\cdots\cdots\text{식(6)}$$

그러므로 시료의 색소가 100% chlorophyll-a인 경우에는(산첨가 전의 흡광도/산첨가 후의 흡광도)의 비(acid ratio=A665o/A665a)가 1.7이 되며, 색소가 100% phaeophytin-a인 경우에는 그 비가 1.0이 된다. 모든 시료는 상대적인 조성에 따라 acid ratio가 1.0~1.7 사이의 값을 가지며 이로부터 상대적인 함량비를 계산할 수 있다. 식 (4), (5), (6)으로부터 C_a를 구하면 다음과 같다.

$$Ca(g \cdot L^{-1})=(1.7/0.7)(A_{665o}-A_{665a})/Ka/Z \qquad \cdots\cdots\cdots\text{식(7)}$$

K_a는 87.7-92.0 (mg · L^{-1})의 값을 갖는 것으로 보고되었으므로 여기에 K_a로서 91.0을 적용하면,

$$Ca(g \cdot L^{-1})=0.0270(A_{665o}-A_{665a})/Z$$
$$Cp(g \cdot L^{-1})=0.00691(A_{665o}-A_{665a})/Z$$

호수 중 시료 체적당 농도와 부착조류의 면적당 농도는 식 (2)와 (3)을 사용하여 UNESCO법과 같은 방법으로 계산한다.

Lorenzen법은 phaeophytin과 chlorophyll을 구분하므로 식물플랑크톤의 생리적 활성도를 가늠하는 요소를 가진 지표라고 할 수 있다.

깊은 수심의 죽은 플랑크톤, 동물의 소화기관을 통과하고 나온 죽은 식물플랑크톤, 돌이나 하천바닥에서 탈리된 활성이 없는 부착조류 등은 chlrorophyll a에 대한 phaeophytin a의 비율이 높고, 반면에 건강하게 성장하고 있는 식물플랑크톤 군집의 pheophytin의 비율은 낮다.

Lorenzen법은 phaeophytin-a의 간섭을 보정하는 장점이 있는 반면에 산을 첨가한 후 다시 한 번 흡광도를 측정하여야 하는 번거로움이 있다. 또한 부식질이 많은 시료에서는 산첨가 후 부식질의 침전이 형성되어 흡광도 측정을 방해하는 현상이 나타난다. 조류 추출액에는 chlorophyll-a와 phaeophytin-a 이외에도 많은 조류의 색소들이 혼합되어 있으므로 이들의 간섭에 의한 오차를 줄일 수는 없으며, acid ratio가 순수한 chlorophyll-a 용액의 경우와는 달리 1.7 이상의 값이 나타나 chlorophyll-a의 농도가 과대평가되고 phaeophytin-a의 농도가 음의 값을 가지는 예도 있다.

※ 추출과정

① 시료의 여과 · 추출과정은 앞의 방법과 같다.

② 3ml의 추출액을 취하여 1cm cuvette에 넣고 추출액의 흡광도를 665nm와 750nm에서 측정한다. 750nm에서의 흡광도를 665nm의 흡광도에서 빼주어 부유물의 흡광을 보정한다(A_{665o}).

③ dropping bottle을 사용하여 0.18N HCl 용액 한 방울(0.05ml)을 첨가한다. parafilm으로 덮고 cuvette를 뒤집어 섞어준다. chlorophyll-a의 분해 반응은 속도가 느리므로 3분 이상 방치하여 반응시켜야 한다.

④ 산성화된 추출액의 흡광도를 665nm와 750nm에서 측정한다. 750nm에서의 흡광도를 665nm의 흡광도에서 빼주어 부유물의 흡광을 보정한다(A_{665a}).

⑤ 식 (7)을 사용하여 추출액의 chlorophyll-a 농도를 계산한다.

3. 형광법을 이용한 측정

엽록소 분자는 에너지가 큰 단파장 빛(청색)을 흡수하고 에너지가 작은 장파장 빛(적색)을 발광하는 형광(fluorescence) 능력을 가지므로 이를 이용하여 엽록소-a 농도를 측정할 수 있다. 엽록소-a 분자는 430~450nm의 청색광에 의해 여기(excite)되어 650-675nm의 적색광을 발산(emit)한다. 시료의 색소 추출과정은 흡광법과 동일하다. 형광광도계는 여기광과 발산광의 파장을 선택하기 위하여 필터를 사용하거나 monochromator를 사용한다. 대개 필터를 사용하는 기기로도 충분히 측정이 가능하다. 여기광의 필터로서는 440nm를 중심으로 투과하는 필터, 발산광의 필터로서는 660nm를 중심으로 투과하는 것을 사용한다.

시료의 형광은 필터의 투과 특성, 감광장치의 감도와 구조, window 크기, 등에 따라 달라지므로 흡광광도법과 같이 보편적인 보정상수를 사용할 수 없다. 그러므로 형광법에서는 항상 동일한 기기를 사용하고, 동일한 조건에서 측정하며, 흡광법(UNESCO법)으로 측정한 결과와 비교하여 환산계수(F)를 결정한 후 이를 사용하여 농도를 계산한다. 보정을 위한 시료로서 순수한 엽록소-a 용액, 시금치나 상추의 추출액 등을 사용하기도 한다.

F=(흡광법으로 측정한 Chl.a 농도, Ca)/(형광광도계 reading)

Ca=F X(형광광도계 reading)

이후 추출액의 농도 C_a로부터 호수 중의 농도를 계산하는 과정은 흡광광도법과 같다(식2, 식3).

형광법은 흡광법에 비하여 1/100~1/1000 정도의 낮은 농도에서도 측정이 가능하므로 적은 양의 시료를 여과하는 장점이 있다. 그러나 phaeophytin-a의 간섭을 배제하는 Lorenzen법을 사용할 수 없으며 보정을 할 때에 UNESCO법을 사용하는 것이 좋다. 엽록소-a는 산을 첨가하여 phaeophytin-a로 변하면 형광이 감소하므로 Lorenzen 법과 마찬가지 방법으로 phaeophytin-a를 배제하는 것이 가능하다. 그러나 산성조건에서 chlorophyll-b의 형광 스펙트럼이 chlorophyll-a 의 스펙트럼과 동일하므로 chlorophyll-b가 많이 존재할 경우에는 이를 보정할 수가 없다. 담수에서 흔히 출현하는 녹조류는 색소로서 chlorophyll-a와 chlorophyll-b를 가지고 있다. 따라서 해양에서는 산 첨가에 의해 phaeophytin-a를 구분하는 형광법이 사용가능하나 담수에서는 적합하지 않으며, 형광법의 보정에도 UNESCO법을 사용하는 것이 더 좋다.

부록 III. 어류의 생태적 특성

어 종	식성	서식지	산란시기(월)	특이사항
Cyprinidae (잉어과)				
잉어	잡식성	하류정수역	5-6	
향어	잡식성	정수역	5-6	
붕어	플랑크톤성	중하류	5-6	
떡붕어	잡식성	하류/저수지	5-6	
초어	초식성	하류역/수초대	6-7	
흰줄납줄개	플랑크톤성/잡식성	하류/저수지	4-6	
각시붕어	플랑크톤성/잡식성	정수역/저수지	5-6	
떡납줄갱이	플랑크톤성/잡식성	-	4-7	
서호납줄갱이	-	저수지	-	멸종
납자루	수서곤충/부착조류	정수역	4-6	
묵납자루	수서곤충/부착조류	중상류	5-6	보호대상
칼납자루	수서곤충/부착조류	중상류	5-6	
줄납자루	플랑크톤성	중하류	5-6	
납지리	초식성	정수역/수초대	9-11	
큰납지리	잡식성	정수역/수초대	4-6	
가시납지리	초식성	정수역/수초대		
참붕어	잡식성	정수역	5-6	
돌고기	부착조류	중상류/자갈	5-6	
감돌고기	부착조류	중상류/자갈	5-6	멸종위기
가는돌고기	초식성	상류/자갈		
쉬리	식충성	여울성/자갈	4-5	
새미	초식성	여울성/자갈		
참중고기	식충성	중류/저수지	4-6	
중고기	식충성	정수역/모래질	5-6	
줄몰개	식충성	중하류 정수역		
긴몰개	식충성	중하류 정수역	5-6	

어 종	식성	서식지	산란시기(월)	특이사항
몰개	잡식성	중하류 정수역	6-8	
참몰개	잡식성	하류/저수지	6-8	
점몰개	-	중상류		
모샘치	식충성	-	5-6	
누치	식충성	중하류/모래자갈	5-6	
참마자	식충성	중상류/모래자갈	5-6	
어름치	식충성	중상류/자갈	4-5	천연기념물
모래무지	저서유기물	중하류/모래	5-6	
버들매치	잡식성	하류/저수지	4-6	
왜매치	초식성	중하류	5-6	
꾸구리	식충성	중상류 여울성	6	
돌상어	식충성	중상류 여울성	5	
흰수마자	식충성	중상류/모래	6	천연기념물
모래주사	초식성	중상류/모래		보호대상
돌마자	식충성	중상류/자갈모래	5-7	
여울마자	-	중상류 여울성		
됭경모치	부착/수서	중하류/모래		
배가사리	초식성	중상류/자갈	6-7	
두우쟁이	부착/수서	중하류/ 모래	4	보호대상
백연어	플랑크톤성	하류/저수지		
대두어	플랑크톤성	하류/저수지		
황어	잡식성	중하류	3	
연준모치	수서곤충/부착조류	상류성/큰돌	4	
버들치	수서곤충/부착조류	상류성/큰돌	4-5	
버들개	수서곤충/부착조류	상류/큰돌	4-5	
금강모치	식충성	상류/큰돌	4-5	
왜몰개	잡식성	중하류 정수역	5-6	
갈겨니	식충성	중상류/ 자갈	5-8	
피라미	초식성	중류/저수지	5-7	
끄리	육식성	하류/저수지	5-6	
눈불개	잡식성	하류역	6-8	
강준치	육식성	하류역/수초대	5-7	

어 종	식성	서식지	산란시기(월)	특이사항
백조어	육식성	중하류/저수지	5-7	
치리	잡식성	하류/저수지	6-8	
살치	잡식성	하류/저수지	6-7	
Balitoridae (종개과)				
종개	식충성	중상류/자갈	5-7	
대륙종개	식충성	상류역/자갈	4-5	
쌀미꾸리	식충성	농수로/개울	4-6	
Cobitidae (미꾸리과)				
미꾸리	잡식성	농수로/정수역	6-7	
미꾸라지	초식성	중하류/정수역	4-6	
새코미꾸리	초식성	중상류/자갈	5-6	
참종개	식충성	중상류/자갈	6-7	
부안종개	식충성	중류/모래자갈	4-6	보호대상
미호종개	-	중상류/모래	5-6	멸종위기 천연기념물
왕종개	식충성	중상류/자갈	5-7	
기름종개	부착조류/저서유기물	중상류/모래	5-6	
점줄종개	식충성	중하류/모래	5-6	
줄종개	식충성	중류/모래	6	
북방종개	식충성	중하류/모래		
수수미꾸리	초식성	상류/자갈	11-1	
좀수수치	식충성	중상류/자갈	4-5	보호대상
Bagridae (동자개과)				
동자개	육식성	중하류/모래펄	5-7	
눈동자개	육식성	중상류/자갈	5-6	
꼬치동자개	식충성	중상류/큰돌자갈	6-7	천연기념물 멸종위기
대농갱이	육식성	중하류/모래펄	5-6	
밀자개	육식성	중하류/모래펄	5-6	
종어	육식성	하류/모래펄	4-6	멸종

어 종	식성	서식지	산란시기(월)	특이사항
Siluridae (메기과)				
메기	육식성	하류/저수지	5-7	
미유기	식충성	상류/큰돌	5	
Amblycipitidae (퉁가리과)				
자가사리	식충성	상류/자갈	5-6	
퉁가리	식충성	중상류/자갈	5-6	
퉁사리	식충성	중류/자갈	5-6	멸종위기
Osmeridae (바다빙어과)				
빙어	플랑크톤성	하류/저수지	3	
은어	초식성	중상류/자갈	9-10	
Salmonidae (연어과)				
열목어	육식성	상류/큰돌	4-5	천연
연어	육식성	중상류/자갈모래	9-11	
산천어	식충성	상류/자갈모래	9-10	
Adrianichthyidae (송사리과)				
송사리	플랑크톤성	호수/늪	5-7	
대륙송사리	플랑크톤성	호수/늪	5-7	
Gasterosteidae (큰가시고기과)				
큰가시고기	잡식성	하류/모래	3-5	
가시고기	깔따구류/실지렁이류	중류/모래자갈	4-8	
잔가시고기	깔따구류/실지렁이류	중류	5-8	
Cottidae (둑중개과)				
둑중개	식충성	상류/자갈	3-4	
한둑중개	식충성	상류/자갈	3-6	
꺽정이	식충성	중하류/모래자갈	2-3	
Moronidae (농어과)				
농어	육식성	기수역	11-1	

어 종	식성	서식지	산란시기(월)	특이사항
Centropomidae (꺽지과)				
쏘가리	육식성	중류/큰돌자갈	5-7	
꺽저기	육식성	중하류/모래자갈	5-6	보호대상
꺽지	육식성	중상류/자갈	5-6	
Centrachidae (검정우럭과)				
블루길	잡식성	중하류	4-6	
배스	육식성	하류/저수지		
Odontobutidae (동사리과)				
동사리	육식성	중상류/자갈	-	
얼룩동사리	육식성	중하류/모래자갈	-	
좀구굴치	저서유기물		-	
Gobiidae (망둑어과)				
꾹저구	식충성	기수역		
문절망둑	잡식성/저서유기물	기수역		
풀망둑	잡식성/저서유기물	기수역	4-5	
갈문망둑	잡식성	기수역		
밀어	수서/부착	중하류	5-7	
민물두줄망둑	저서유기물	기수역		
검정망둑	잡식성	하구,하류역	5-9	
민물검정망둑	잡식성/부착조류	중하류	5-7	
줄망둑	저서유기물	기수역	여름	
점줄망둑	-	기수역	-	
Belontiidae (버들붕어과)				
버들붕어	식충성	정수역	6-7	
Channidae (가물치과)				
가물치	육식성	저수지,늪지	5-8	

부록 IV. 강원도 지역 어류폐사 발생현황(2004~2008)

날짜	지역	폐사 현상	원인
2004. 3. 26.	속초시 청초천 하구	숭어, 황어 600~700마리 폐사	원인불명, 수해복구로 인한 흙탕물. 강수량적음
2004. 6. 14.	강릉시 경포호 일대	전어, 망둥어, 가자미 부새우 수천마리 폐사	급상승 수온과 산소고갈
2004. 12. 9.	화천군 상서면 웃마리 현리 마현천	피라미 폐사	원인불명
2004. 12. 22	남한강 상류(영월군 수주면 도원리 주천강 상류)	피라미 폐사	원인불명
2005. 9. 5.	화천군 사내면 삼일리 햇골 소하천	물고기 20여 마리 폐사	주변 하천정비로 흙탕물지속(추정)
2005. 9. 5.	소양강 지류(인북천, 인제군 서화면 천도리 후덕리교)	민물고기 100여 마리 폐사	원인불명
2006. 2. 9.	소양강 지류 (인북천, 인제군 서화면 후덕리~인제읍 합강교)	수십km 구간에 걸쳐 민물고기 대부분 폐사	원인불명
2006. 3. 12.	홍천군 남면 양덕천	잉어, 피라미 물고기 수백 마리 폐사	원인불명
2006. 5. 4.	춘천시 신북읍 율문리 율문천	물고기 수천 마리 집단폐사	갈수기 생활하수 유입 기온 급상승, 용존 산소고갈(추정)
2006. 5. 7.	영월군 주천면 금마2리 승당천	버들치, 미꾸리 등 폐사	원인불명
2006. 8.	춘천시 소양댐 하류 송어양식장	양식중의 송어 약 50% 이상 폐사	탁수 유입
2006. 10. 3.	춘천시 신동면 팔미리 팔미천	메기, 붕어, 모래무지, 피라미 폐사	농약유입
2007. 1. 21.	인제군 북면 원통리 어두원교~인북천 합류점	퉁가리등 저서어류 800여 마리 폐사	겨울축제 빙상장 조성 원인불명
2007. 2. 11.	인제군 남면 신남리 소양강 지류 (어론천)	민물고기 수백 마리 폐사	원인불명
2007. 2. 25.	인제군 남면 가아리 소양강 지류(가아천)	민물고기 수백 마리 폐사	원인불명

날짜	지역	폐사 현상	원인
2007. 6. 11.	화천군 화천읍 용신교인 근화천천과 신읍리 구운천	꺽지, 누치, 피라미 수백여 마리 폐사	원인불명
2007. 7. 7.	인제군 기린면 도채골	피라미, 송사리 등 100여 마리 폐사	시멘트 독성
2007. 10. 9.	평창군 미탄면 기화리 송어양식장	양식 송어 수만 마리 폐사	원인불명
2007. 12. 24	철원군 율리리 독서당천	2km에 걸쳐 소수폐사 (작은 물고기 폐사)	암모니아 독성 추정
2008. 2. 22.	평창군 휘닉스파크 소하천	붕어 1,000여 마리 폐사	휘닉스파크 골프장 저류조 흙탕물방류
2008. 2.	화천군 화천천	산천어 축제장 어류폐사	원인불명
2008. 3. 8.	양구 동면 팔랑리 소하천	물고기 100여 마리 폐사 미꾸라지, 모래무지 등	농가폐수유입 추정
2008. 3. 17	화천군 사내면 사창리 사창천	참갈겨니, 퉁가리, 꺽지 등 2천여 마리	원인불명 군부대 폐수 추정
2008. 3. 18	화천군 용담리 지촌천	꺽지, 동자개, 퉁가리, 송사리, 쏘가리 등 토종어종 수백 마리 물고기 수만 마리 폐사, 수서곤충폐사	유량감소, 군오수 등 유기물 유입, 암모니아독성 추정
2008. 4.	강릉시 경포호 지천	-	원인불명
2008. 5. 2.	춘천시 서면 신매리 월송천(오전 11시경)	물고기 300마리 폐사	농약유입(경운기전복) Endosulfan검출
2008. 5. 9	강릉시 사천진리	민물고기 10여 마리 폐사	원인불명
2008. 5. 18	화천군 사내면 사창천 (문막교~하류1Km), 9시 10분 신고	피라미 등 수천 마리폐사, 1km폐사	유기물과다 및 강우에 의한 수층혼합 가능
2008. 5. 23	태백시 골지천 (상사미가압장 부근)	200~400마리 폐사 피라미, 버들치, 미꾸라지	원인불명
2008. 6. 2.	태백시 문곡 소도동 소도천태건공예~소롯골다리 1km구간(오전11시 50분경)	버들치, 미꾸라지 등 400~500폐사	원인불명
2008. 6. 6.	원주시 호저면 만종리 서곡천광터주유소부근~하류(13시 30분 신고)	수천 마리 폐사	오염물질 과대유입, 수중보근처 폐사

날짜	지역	폐사 현상	원인
2008. 6. 13.	원주시 원주천 봉산동 배말타운(9시 20분 신고)	피라미 등 수천 마리 폐사	강우에 의한 용존 산소 부족(수층혼합)
2008. 7. 1.	삼척시 원덕읍 가곡천	황어 100여 마리 폐사	
2008. 7. 18.	속초 영랑호	황어, 숭어, 전어, 우럭 등 약 8,000마리폐사	바닷물 유입과 부영양화에 따른 성층화 (산소고갈 및 황화수소 독성 추정)
2008. 7. 21.	고성 화진포	황어, 숭어 수천 마리폐사	용존 산소 2.0㎎/L 이하
2008. 9. 26	속초 영랑호	황어, 숭어, 전어, 조피볼락, 망둥어과 어류 등 약1,000마리 이상 폐사	바닷물 유입에 따른 성층화 (산소고갈 및 황화수소독성 추정)
2008. 9. 27	속초 영랑호	전어 등 민물고기 소수폐사	바닷물 유입에 따른 성층화(산소고갈 및 황화수소독성 추정)
2008. 10. 4	양구군 월운천 지류	민물고기 폐사	참갈겨니, 버들치, 쉬리, 종개, 참종개, 퉁가리, 미유기 폐사 (산소고갈 추정)
2008. 10. 8	강릉시 신리천	민물고기 소수 폐사	원인불명
2008. 11. 18	속초 영랑호	전어, 황어 폐사	바닷물 유입에 따른 성층화 (산소고갈 및 황화수소독성 추정)
2008. 12. 5	인제군 남면 어론천 (신남유입전)	기온급강하, 전일 진눈깨비	원인불명

| 찾아보기 |

ㅈ

A

B

C

Q

R

S

T

U

아산재단연구총서

001 전환기의 중국경제
김윤환 외 | 단국대 경제학과

002 폴란드 경제의 변천 개혁과 그 전망
김광수 | 숭실대 경제학과

003 재소한인
이광규 외 | 서울대 인류학과

004 소련산림과 임업
홍성천 외 | 경북대 임학과

005 아세안의 정치경제
김국진 외 | 외교안보연구원

006 태국의 사회변동과 경제발전
최석만 외 | 전남대 사회학과

007 중국의 사회경제 통계분석
신한풍 외 | 고려대 통계학과

008 중국의 정치와 경제
박두복 외 | 외교안보연구원

009 동유럽의 개혁과 시장경제의 도입
허만 외 | 부산대 사범대학

010 동유럽의 개혁운동
박영신 | 연세대 사회학과

011 현대 러시아 연구
기연수 외 | 한국외대 노어과

012 전략적 선택과 기업의 국제경쟁력
이장호 | 서강대 경영대학

013 협동사회의 정착과 정부의 역할
이종범 외 | 고려대 행정학과

014 한국 제조기업 생산성의 동적 분석
노부호 외 | 중앙대 경영대학

015 분배의 정의
변형윤 외 | 서울대 경제학과

016 도덕적 행동의 강화
이훈구 외 | 연세대 심리학과

017 관료부패와 통제
김해동 외 | 서울대 행정대학원

018 한국경제의 내실 있는 성장
정창영 외 | 연세대 경제학과

019 한국국민정신운동의 역사와 발전방향
박수명 외 | 부산대 사범대학

020 한국대학생의 가치성향과 상담효과
이영희 외 | 숙명여대 교육학과

021 가출청소년과 학교관리체제
안창규 외 | 부산대 교육학과

022 동북아 정세변화와 한 · 일관계
한승조 외 | 고려대 정치외교학과

023 언론과 부정부패
정대철 외 | 한양대 신문방송학과

024 한국의 고등학교 교육
이원호 외 | 부산대 교육학과

025 가족과 방송
김학수 외 | 서강대 신문방송학과

026 재정개혁의 전망과 재산세제의 개편과제
오연천 | 서울대 행정대학원

027 청소년을 위한 전자게임 프로그램의 규제 및 평가체계 개발
박혜원 외 | 울산대 가정관리학과

028 정신장애자 가족의 사회심리적 특성
이근후 외 | 이화여대 의과대학

029 가족의 관계역동성과 문제인식
이광규 외 | 서울대 인류학과

030 현대인과 한국전통음식
승정자 | 숙명여대 식품영양학과

031 기업의 초고속정보통신망활용
안중호 | 서울대 경영학과

032 지역발전을 위한 교육자치제의 개선방안
김남순 | 조선대 사범대학

033 전환기의 공무원 가치관
조경호 | 울산대 행정학과

034 지방자치와 사회복지의 과제
김영모 | 중앙대 사회복지학과

035 WTO체제하의 지방중소기업 지원정책
최명주 외 | 계명대 통상학부

036 현대한국의 시민운동
이효선 | 중앙대 사회학과

037 기업 세계화의 단계 및 정도의 측정
허영도 외 | 울산대 경영학과

038 가족복지를 위한 가족주치의 시범사업의 효과
이혜리 외 | 연세대 가정의학교실

039 한국대학생의 삶의 만족도
김재은 외 | 이화여대 교육심리학과

040 지역경제와 지역산업구조의 개편방향
정기화 외 | 전남대 경제학부

041 중국기업의 소유형태별 경영특성
노철화 외 | 부산대 무역학과

042 남북한의 인성 · 사상교육
한승조 외 | 고려대 정치외교학과

043 연계적 뇌기능 조언을 위한 의료용 멀티미디어 시스템의 설계
유선국 | 연세대 의용공학교실

044 다민족국가의 민족문제와 한인사회
최협 외 | 전남대 인류학과

045 저소득층지역 청소년 여가문화와 소집단 활성화
박문수 외 | 서강대 사회학과

046 삶의 질의 국제비교와 지역간 비교분석
이재기 외 | 울산대 경제학과

047 21세기 지역주민의 삶의 질
양종회 외 | 성균관대 사회학과

048 삶의 질에 대한 국가간 비교
조명한 외 | 서울대 심리학과

049 외국인 노동자의 노사관계와 사회적 적응
석현호 외 | 성균관대 사회학과

050 한국의 사법제도와 발전 모델
정종섭 | 건국대 법학과

051 고령화사회와 중상층 노인의 사회활동
조성남 외 | 이화여대 사회학과

052 한국의 서비스 시장 개방정책
한홍렬 | 한양대 경제학부

053 한국과 AFTA간의 교역증진 및 경제 협력방안
손일태 외 | 경희대 경제통상학부

054 물류비 절감을 위한 무역업체의 정보화전략
이영수 외 | 경북대 경제통상학부

055 사회주의 체제전환과 사회정책
오정수 외 | 충남대 사회복지학과

056 남북통일 이후 농업생산체계 개편
홍성규 외 | 건국대 농업경제학과

057 국제화와 세계화
하영선 외 | 서울대 외교학과

058 IMF 개혁정책의 평가와 한국경제의 신(新) 패러다임
조동근 | 명지대 경제학과

059 구조개혁과 실업대책
박동운 | 단국대 경제무역학부

060 21세기 신노사관계
심윤종 외 | 성균관대 사회학과

061 학교에서의 집단 따돌림
이춘재 외 | 가톨릭대 심리학과

062 한국노인의 정신건강실태와 건강증진
조맹제 외 | 서울대 의과대학

063 혁명과 개혁 속의 중국 농민
김광억 | 서울대 인류학과

064 중국의 경제환경과 한국기업의 진출 전략
지용희 외 | 서강대 경영학과

065 김대중 대통령의 시스템 사고
김동환 | 중앙대 공공정책학부

066 실업과 가족해체
최일섭 외 | 서울대 사회복지학과

067 합리적 부채비율 조정방안
오상근 | 동아대 경제학과

068 한국 중산층의 생활문화
문숙재 외 | 이화여대 소비자 · 인간발달학과

069 계층간 갈등상태에서 최적소득세
김진욱 | 건국대 경상학부

070 글로벌 경쟁력 제고를 위한 기업전략과 조직구축
이만우 외 | 고려대 경영학과

071 의료보험과 국민연금의 관리효율화를 위한 통합방안
사공진 외 | 한양대 경제학부

072 정부개혁의 과제와 전략
박우서 외 | 연세대 행정학과

073 책임운영기관 제도에 관한 비교분석
김근세 | 가톨릭대 행정학과

074 새로운 패러다임하에서의 한국기업의 바람직한 지배구조
최운열 외 | 서강대 경영학과

075 현대 한국사회의 계층구조
양춘 외 | 고려대 사회학과

076 한국의 산업정책과 산업구조조정
강인수 | 숙명여대 경제학부

077 기업구조조정
김석진 | 경북대 경영학부

078 지식경영을 위한 인적자원 개발 및 관리체계
장영철 | 경희대 경영학부

079 뉴 비즈니스 모델
전성현 | 국민대 정보관리학부

080 중산층의 정체성과 소비문화
함인희 외 | 이화여대 사회학과

081 외국관광객 유치를 위한 마케팅 전략
박상규 | 강원대 경영학과

082 한국인의 세대별 문학의식
이동순 | 영남대 국문과

083 공공부문의 효율성 평가와 측정
김재홍 외 | 울산대 사회과학부

084 한국 청소년의 정치의식과 형성요인
김광웅 외 | 숙명여대 아동복지학과

085 한국 대학생의 정치의식
배한동 | 경북대 윤리교육과

086 산업의 정보화와 산업발전
이기동 | 계명대 통상학부

087 한국 제조업의 고용조정 분석
이종원 외 | 성균관대 경제학부

088 지식자산에 대한 경영전략적 평가모형 개발
배재학 외 | 울산대 컴퓨터 · 정보통신공학부

089 관광사업을 위한 한국적 이미지의 휴식복 개발
채금석 | 숙명여대 의류학과

090 한국 정치제도의 개혁
신정현 | 경희대 사회과학부

091 e비즈니스와 아웃소싱 전략
정승화 외 | 연세대 경영학과

092 집단 따돌림의 진단 및 치료방안
홍준표 | 중앙대 인간생활환경학과

093 16대 총선과 낙선운동
조기숙 | 이화여대 국제대학원

094 부동층 유권자 행태 분석
진영재 | 연세대 정치외교학과

095 사이버 공동체의 성공요인
이재관 | 숭실대 경영학부

096 온라인 소비자 행동의 이론과 실증
윤성준 | 경기대 경영학부

097 글로벌 시대 정약용 세계관의 가능성과 한계
차성환 | 한일장신대 역사사회학과

098 러시아의 체제전환 과정에서 나타난 국가의 역할과 그 전망
이상민 외 | 부산대 정치외교학과

099 남북한의 경제발전 수준과 산업구조 비교, 그리고 경제교류 협력방향
주성환 | 건국대 경제학과

100 집단따돌림과 교육해체
한준상 | 연세대 교육학과

101 공적연금제도의 효율성과 개선방안
유금록 | 군산대 행정복지학부

102 벤처기업-대기업의 성공적인 협력 모델
나중덕 | 경산대 경영학과

103 북한의 재외동포정책
조정남 외 | 고려대 정치외교학과

104 사이버 공동체 형성의 역동적 모형
장용호 | 서강대 신문방송학과

105 기업이론과 기업의 소유지배구조
김일태 외 | 전남대 경제학부

106 가축분뇨 자원화를 위한 공동이용 조직에 대한 농가선호도 분석
유덕기 | 동국대 생명자원경제학과

107 개혁정책과 전문가 집단
이경원 외 | 제주대 행정학과

108 현대 한국사회의 이중가치체계
신수진 외 | 이화여대 가정관리학과

109 한국의 산업구조 변화와 기업집단 다각화 전략
김용학 외 | 연세대 사회학과

110 지식정보사회의 경제적 모형 설정 및 사례 연구
김범환 | 배제대 경영정보학부

111 변호사징계제도
오종근 | 한림대 법학부

112 인터넷 특허법
김순석 | 광주대 법학과

113 e-비즈니스 시대의 금융 및 재정정책의 새로운 패러다임
이종욱 | 서울여대 경제학과

114 청소년의 하위문화와 정체성
조성남 | 이화여대 사회학과

115 디지털금융시대의 금융구조변화와 정부규제 및 정책
이충열 | 고려대 경제학부

116 지식경영을 위한 기업의 조직설계방안
김경수 외 | 전남대 경영학과

117 전자금융의 발달과 경제정책의 새로운 패러다임
이명훈 | 명지대 경제학과

118 동아시아의 안보와 유엔체제
강성학 편저 | 고려대 정치외교학과

119 유료 치매노인 그룹홈의 개발과 관련 정책
최정신 외 | 가톨릭대 소비자 · 주거학과

120 소비자 지향적 문화산업 정책
홍영준 | 호남대 광고홍보학과

121 국제 · 국가 · 지방 환경규제의 연계
정준금 외 | 울산대 행정학과

122 현행 회사 합병 · 분할제도의 평가와 개선방안
옥무석 외 | 이화여대 법학과

123 배려지향적 도덕성과 정의지향적 도덕성
정옥분 외 | 고려대 사범대학

124 기업구조조정에 대한 채권금융기관 및 금융감독기관의 역할과 책임
이중기 | 한림대 법학과

125 실업대책으로서 한국의 법정기준근로 시간 단축
박영범 | 한성대 경제학과

126 프랑스어의 비분리성 소유개념 표현
노윤채 | 연세대 언어정보연구원

127 지방채의 효율적 관리방안
강태구 | 호원대 법행정학부

128 21세기 산업구조 변화와 과학기술정책
임채성 외 | 그리스도신학대 경영정보학부

129 인터넷 쇼핑몰 이용자의 불평행동
예종석 | 한양대 경영학부

130 한국기업의 성과급제도 현황, 효과 및 개선방안
김성수 | 서울대 경영학과

131 전자상거래와 소비자보호
서민교 외 | 경일대 인터넷국제통상학과

132 평생학습 사회에서의 인적자원개발을 위한 사회적 파트너십 구축
김영화 | 홍익대 교육학과

133 한국 공교육의 새로운 구상과 전략
권대봉 외 | 고려대 교육학과

134 한국의 정부개혁
김태룡 | 상지대 행정학과

135 지방정부 생산성 측정의 이론과 실제
이은국 외 | 연세대 행정학과

136 불가 시문학론
배규범 | 경희대 학술연구 교수

137 남북경제교류의 법적 문제
제성호 | 중앙대 법학과

138 경제위기와 청소년 발달
구인회 | 서울대 사회복지학과

139 생명과학기술의 응용과 기본권보호적 한계
정상기 외 | 한남대 법학과

140 경제발전과 정치환경의 한 · 일 비교분석
정갑영 외 | 연세대 동서문제연구원

141 한국 공교육의 진단
윤정일 외 | 서울대 교육학과

142 우리나라 지방자치 발전을 위한 자치단체장의 역할
정성호 외 | 경기대 사회과학부

143 의료보험제도의 개혁방안
권순원 | 덕성여대 경제학과

144 중등 도덕교육의 현실과 문제
손동현 외 | 성균관대 철학과

145 사이버공동체 발전론
이명식 | 상명대 경영학과

146 남북경협 확대에 대비한 북한 담보제도의 정비방안
박훤일 | 경희대 법과대학

147 한국 공무원 인사제도 개혁
김판석 | 연세대 행정학과

148 교사화법 교육
임칠성 외 | 전남대 국어교육과

149 세계화의 문화정치학
임혁백 외 | 고려대 정치외교학과

150 효과적인 e-SCM을 위한 의사결정조정 시스템 모형
이원준 | 성균관대 경영학부

151 환경거버넌스
김종순 외 | 건국대 행정학과

152 자동차산업의 인적자원관리
이덕로 | 서원대 경영학부

153 한국과 영국 간 지식기반산업 비교
이명호 | 한국외대 경영학과

154 한국 벤처기업의 기술네트워킹 및 기술 마케팅 전략
장영일 | 인제대 경영학부

155 회사변호사의 윤리
오승종 | 성균관대 법과대학

156 미디어교육론
이정춘 | 중앙대 신문방송학과

157 조선시대 서원과 양반
윤희면 | 전남대 역사교육과

158 환경문제와 철학
박찬국 | 서울대 철학과

159 노인보건복지 이론과 실제
김명 외 | 이화여대 보건교육학과

160 북한의 법체계
권재열 외 | 숭실대 법학과

161 생명공학기술의 안전성 확보에 관한 법적 고찰
이재협 | 경희대 법학부

162 청소년복지학
김성이 외 | 이화여대 사회복지학과

163 변화하는 세계, 변화하는 복지국가
조영훈 | 동의대 사회복지학과

164 의리의 윤리와 한국의 유교문화
김낙진 | 진주교대 도덕교육과

165 미국의 통상정책과 통상법
윤충원 | 전북대 무역학과

166 사회복지 프로그램 평가
김학주 | 경상대 사회복지학과

167 환경주의와 지속가능한 발전
정대연 | 제주대 사회학과

168 무역과 환경
김기홍 외 | 경기대 경제학부

169 산업계 유해폐기물의 위험과 관리
김금수 | 호서대 경상학부

170 백범 김구의 지적 계발과정 탐색
문용린 | 서울대 교육학과

171 태평양전쟁 발발 이후 일제의 인적 지배와 그리스도교계의 대응
윤선자 | 전남대 사학과

172 거버넌스 상황에서 갈등관리를 위한 대체적 분쟁해결제도
서순복 | 광주대 법정학부

173 시장경제의 유형과 민주주의
최배근 | 건국대 경상학부

174 일본고전소설 총론
김현정 | 국립한국전통문화학교

175 국어 교육을 위한 국어 문법론
이관규 | 홍익대 국어교육과

176 율곡의 군주론
전세영 | 부산교대 윤리교육과

177 동북아시아 환경협력
정서용 | 명지대 법학과

178 기후변화협약과 기후정책
신의순 외 | 연세대 경제학과

179 인터넷과 국제 학술정보 네트워크-하이퍼링크 분석
박한우 | 영남대 언론정보학과

180 국내 기업복지의 활성화 방안
최수찬 | 연세대 사회복지대학원

181 세계화와 인간안보
김우상 외 | 연세대 정치외교학과

182 세계문화유산 종묘 이야기
지두환 | 국민대 국사학과

183 한국 평생교육의 사회철학적 과제
곽삼근 | 이화여대 교육학과

184 강점모델
정순둘 | 이화여대 사회복지학과

185 글로벌시대의 계약법
박영복 | 한국외대 법과대학

186 배심제와 시민의 사법참여
안경환 | 서울대 법학과

187 동북아공동체
김재한 | 한림대 정치외교학과

188 정치 참여와 탈물질주의
김욱 | 배재대 정치외교학과

189 퍼지전문가회로망을 이용한 금융기관의 사이버 기업여신결정 지원시스템의 개발
권혁대 | 목원대 경영학과

190 환경정책과 환경법
송인성 | 전남대 지역개발학과

191 포스트모던 시대의 평생교육학
한숭희 | 서울대 교육학과

192 현대 한국인의 세대경험과 문화
박길성 외 | 고려대 사회학과

193 서구의 근로연계복지
김종일 | 건국대 사회복지학과

194 사회복지운동론
현외성 | 경남대 사회복지학과

195 외국의 역모기지 사례
유선종 | 건국대 부동산학과

196 옛이야기와 어린이문학
이지호 | 진주교대 국어교육학과

197 노인사회복지관광의 정책과제와 방안
김창수 | 경기대 관광학부

198 복지서비스의 민간위탁 시스템 분석
김순양 | 영남대 행정학부

199 새로운 빈곤층의 대두와 정부의 정책과제
김진욱 | 건국대 경제학과

200 문화행정론
김정수 | 한양대 행정학과

201 스칸디나비아 노인용 코하우징의 계획과 적용
최정신 외 | 가톨릭대 생활과학부

202 북한의 자연생태계
공우석 | 경희대 지리학과

203 통계로 이해하는 러시아
전홍찬 | 부산대 정치외교학과

204 사회복지법인의 경영과 회계
이동규 | 충남대 회계학과

205 의약분업 정책과정
차흥봉 | 한림대 사회복지학과

206 지역공동체와 평생교육
오혁진 | 동의대 평생교육학부

207 아동보호서비스의 실제
한미현 | 백석대 사회복지학부

208 그린마케팅
박재기 | 충남대 경영학부

209 아동권리와 아동복지
이혜원 | 성공회대 사회복지학과

210 국제 이주와 인도인 디아스포라
김경학 | 전남대 인류학과

211 질병과 의료의 사회학
조병희 | 서울대 보건대학원

212 북한이탈주민의 사회통합을 위한 지역복지실천의 모색
이기영 | 부산대 사회복지학과

213 치매노인케어론
조유향 | 초당대 간호학과

214 노인상담입문
서혜경 외 | 한림대 대학원 사회복지학과

215 '통일 이후 통일과정'으로서의 독일 통일영화
이준서 | 이화여대 독어독문학과

216 중국의 사회보장
오정수 | 충남대 사회복지학과

217 환경자원의 경제적 가치와 환경오염의 사회적 비용
김재홍 | 울산대 사회과학부

218 사회복지프로그램의 경제적 평가방법
박창제 외 | 상주대 사회복지학과

219 자유의지와 결정론
안건훈 | 강원대 철학과

220 심리학자들이 쓴 행복한 결혼의 심리학
채규만 외 | 성신여대 심리학과

221 현대 해석학 강의
양해림 | 충남대 철학과

222 한국인의 주거 빈곤과 공공주택
하성규 | 중앙대 도시및지역계획학과

223 IMF 경제위기와 한국 출산력의 변화
김두섭 | 한양대 사회학과

224 동아시아의 영토분쟁과 국제법
이석우 | 인하대 법학부

225 독일 복지국가와 사회복지서비스
정재훈 | 서울여대 사회사업학과

226 사회복지사를 위한 실용 비모수통계
엄명용 | 성균관대 사회복지학과

227 피해자학 연구
이윤호 | 동국대 경찰행정학과

228 광고언어창작론
박영준 외 | 부경대 국어국문학과

229 환경규제 패러다임의 전환
한철 | 한남대 법학과

230 고령사회의 노동환경변화와 고용 시스템의 문제점 및 법적 대응
고준기 | 국립군산대 법학과

231 세계화와 소득불평등
이성균 외 | 울산대 사회과학부

232 유비쿼터스 사회의 이해
안중호 외 | 서울대 경영학과

233 국제환경책임법론
박병도 | 건국대 법학과

234 한국의 선거와 민주주의
윤종빈 | 명지대 정치외교학과

235 한국 시민운동의 구조와 동학
조대엽 외 | 고려대 사회학과

236 또래관계
송영혜 | 대구대 재활심리학과

237 해외 한국기업과 현지인 노동자
석현호 외 | 에스코이아학술문화재단

238 독일 국가복지에서 민간복지단체의 역할과 의미
차성환 외 | 한일장신대 사회복지학부

239 청정공학
조정호 | 동양대 생명화학공학과

240 한국전통연희론
심상교 | 부산교육대 국어교육학과

241 정신장애와 가족
서미경 | 경상대 사회복지학부

242 빈곤통계의 작성과 활용
김주환 | 동국대 정보통계학과

243 인터넷과 한국정치
강원택 | 숭실대 정치외교학과

244 북한의 시장경제이행
정영화 외 | 서경대 법학과

245 시스템사고로 본 지속가능한 도시
문태훈 | 중앙대 도시및지역계획학과

246 실버산업과 유비쿼터스 컴퓨팅
고일상 | 전남대 경영학부

247 재활상담과 사례관리
나운환 | 대구대 직업재활학과

248 영유아교육기관에서의 장애 이해 교육
유수옥 | 우석대 유아특수교육과

249 장애의 사회적 의미와 사회통합
박수경 | 대진대 사회복지학과

250 경제분석의 수리적 기초
조인성 | 공주대 경제통상학부

251 비영리부문의 비교연구
김승현 | 서울산업대 행정학과

252 고등교육경제학
반상진 | 전북대 교육학과

253 과학윤리교육의 이론과 방법
조희형 | 강원대 과학교육학부

254 결혼이민자가족의 이해
김오남 | 대불대 사회복지학과

255 동아시아 국가의 공공부조
신동면 | 경희대 사회과학부

256 특수아동 진단 및 평가
이나미 | 대불대 특수교육과

257 계약형 사회복지와 권리옹호시스템
이명현 | 경북대 상주캠퍼스 사회복지학과

258 실내공기질 및 위해성 관리
양원호 | 대구가톨릭대 산업보건학과

259 충남 방언 문법
한영목 | 충남대 국어국문학과

260 교육권론
노기호 | 군산대 법학과

261 도시경관계획론
임승빈 | 서울대 조경 · 지역시스템공학부

262 교통의 새로운 패러다임
김형철 | 경원대 도시계획 · 조경학부

263 노인의 삶의 질 향상을 위한 주거환경 디자인
천진희 | 상명대 디자인대학 실내디자인전공

264 사회복지와 문화
박병현 | 부산대 사회복지학과

265 장애인복지의 이론과 실제
이선우 | 인제대 사회복지학과

266 창의성 개발을 위한 디자인교육 콘텐츠
김선영 | 인천가톨릭대 조형예술대학 환경디자인학과

267 구성주의 사회복지 실천 기술론
고미영 | 서울신학대 사회복지학과

268 장애아교육학
김기흥 | 부산교육대 유아교육과

269 지역사회복지와 자원부문
한상진 외 | 울산대 사회학과

270 환경관리회계
육근효 | 부산외국어대 회계학부

271 인권 관점에서 보는 장애인복지
유동철 | 동의대 사회복지학과

272 정신증상
송지영 | 경희대 의과대학병원 신경정신과

273 사이버공간의 사회심리학
이성식 외 | 숭실대 정보사회학과

274 노인에 대한 사회적 돌봄과 돌봄서비스의 질 보장
최희경 | 신라대 가족노인복지학과

275 아동 심리치료의 실제
신현균 | 전남대 심리학과

276 사회복지와 위험관리
노충래 | 이화여대 사회복지전문대학원

277 국제 탄소시장의 이해
양승룡 | 고려대 식품자원경제학과

278 타자의 초상
신문수 | 서울대 영어교육과

279 한국정치와 환경정치
나정원 | 강원대 정치외교학과

280 북한이주민
윤인진 | 고려대 사회학과

281 음주의 사회경제적 비용
정우진 외 | 연세대 보건대학원

282 지방정치와 동북아 도시거버넌스
박재욱 | 신라대 행정학과

283 노숙인 복지론
남기철 | 동덕여대 사회복지학과

284 유럽통합과정과 지역협력
이규영 | 서강대 국제대학원

285 사회복지재정 연구
지은구 | 계명대 사회과학대학 사회복지학과

286 지역사회 교육개혁을 위한 시민사회 조직의 참여
김영화 | 홍익대 교육학과

287 복지사회를 대비한 국민연금의 구조개혁
박영석 외 | 서강대 경영학부

288 한미 FTA 지재권 협상에 따른 의약품 분야 사회후생 변화
오근엽 | 충남대 무역학과

289 산업입지, 환경 그리고 지역경제
이기동 외 | 계명대 국제통상학과

290 감성지능 개발을 통한 삶의 질 향상
김경수 외 | 전남대 경영학부

291 교육복지론
이용교 외 | 광주대 사회복지학부

292 인간과 행복에 대한 철학적 성찰
박찬국 | 서울대 철학과

293 유럽연합의 사회통합 사례와 교훈
이무성 | 명지대 정치외교학과

294 민영화와 사회후생
이상호 | 전남대 경제학부

295 북한의 교육학 체계 연구
최영표 외 | 동신대 교육대학원

296 한국 지속가능발전의 구조와 변동
정대연 | 제주대 사회학과

297 우리나라의 공익 연계 마케팅에 관한 연구
임승희 | 전주대 경영학부

298 시각장애인복지론
김영일 | 조선대 특수교육과

299 그린에너지와 환경촉매
정석진 | 경희대 화학공학과

300 취약학교 초등학생을 위한 온라인 보건교육 프로그램
박경옥 | 이화여대 보건관리학과

301 신탁제도를 통한 고령자의 보호와 지원
최수정 | 서강대 법학전문대학원

302 사회적 약자계층에 대한 실태분석 및 정책방안
이은우 외 | 울산대 경제학과

303 한류 문화와 동북아 공동체
최혜실 | 경희대 국어국문학과

304 노동유연화와 해고보호법
권혁 | 부산대 법학전문대학원

305 사회복지 위험관리의 이해
박미은 | 한남대 사회복지학과

306 의료기관의 회계와 세무
노준화 | 충남대 경영학부

307 여성인적자원의 전문성 확보를 위한 경력개발
백지연 | 이화여대 국제사무학과

308 정신병리
강선경 | 서강대 신학대학원

309 바다의 반란 적조
윤양호 | 전남대 해양기술학부

310 한국 장애인 복지 발달사
이성규 | 서울시립대 사회복지학과

311 서양예술 속의 동양 탐색
진상범 | 전북대 독어독문학과

312 한국인의 도덕성 발달 진단
문용린 | 서울대 교육학과

313 영국정치와 국가복지
고세훈 | 고려대 공공행정학부

314 인간학적 사유를 여는 중도 · 중복장애 교육학
이숙정 | 단국대 특수교육과

315 개별화 교육과정
이소현 | 이화여대 특수교육과

316 인간의 긍정적 성품
권석만 | 서울대 심리학과

317 지방자치와 지역여성의 전망
이혜숙 | 경상대 사회학과

318 한국 현대 노년소설 연구
전흥남 | 한려대 교양학부

319 정보격차 해소를 위한 창의적 정보교육 프로그램
이영준 외 | 한국교원대 컴퓨터교육과

320 한국 가족과 젠더
손승영 | 동덕여대 교양학부

321 한국의 복지혼합
김진욱 | 서강대 신학대학원

322 사회자본과 자원봉사
김태룡 외 | 상지대 행정학과

323 농촌교육복지연구
박삼철 | 단국대 교양학부

324 사회정체성 평가 차원에 대한 국제비교조사
이명진 | 고려대 사회학과

325 캐나다 복지국가 연구
조영훈 | 동의대 사회복지학과

326 한국의 소수자운동과 인권정책
전영평 외 | 서울대 행정대학원

327 한국과 미국의 보육서비스 전달체계와 품질 비교분석
김근세 외 | 성균관대 국정관리대학원

328 한국사회의 소득불평등과 국민 의료 이용
이용재 | 호서대 사회복지학과

329 정보시대의 인간안보
조화순 | 연세대 정치외교학과

330 가족의 사회경제적 특성과 아동발달
김광혁 | 전주대 사회복지학과

331 초 · 중 · 고등학생의 학업소진 진행과정 및 경로분석
이상민 | 고려대 교육학과

332 다문화사회의 사법통역
이지은 | 이화여대 통역번역대학원

333 동아시아 지역주의
유현석 | 경희대 정치외교학과

334 환경친화적 공공시설관리와 지역공동체의 삶의 질
이소영 | 중앙대 실내디자인 · 주거환경학과

335 의료보험의 법정책
김나경 | 성신여대 법과대학

336 양극화 시대 가족해체와 청소년의 적응에 관한 한국과 미국의 비교 연구
오승환 외 | 울산대 사회복지학과

337 기업의 사회적 책임과 지역경제사회 발전 연구
허영도 외 | 울산대 경영학부

338 노인의 삶의 질 향상을 위한 온라인 소셜 네트워크 구축 방안
김진우 | 연세대 경영학과

339 청소년 생활역량
윤명희 외 | 동의대 평생교육학과

340 외국인 배우자의 다양성과 국제결혼의 안정성
김두섭 | 한양대 사회학과

341 정보인권의 규범구체화
이민영 | 가톨릭대 법학과

342 한국 사회복지실천의 고유성
최성재 외 | 서울대 사회복지학과

343 스웨덴의 환경책임 실천모형
최희경 | 경북대 행정학부

344 자율운동과 주거공동체
윤수종 | 전남대 사회학과

345 한국인의 공공봉사동기
김상묵 | 서울과학기술대 행정학과

346 한국 이혼가정 아동의 성장
김혜숙 | 경인교육대 교육학과

347 동양 사상과 노인 복지
홍승표 외 | 계명대 사회학과

348 노동과 사회보장의 연계
오문완 | 울산대 법학과

349 학습장애 위험군 아동의 조기선별을 위한 읽기검사 표준화 연구
김애화 외 | 단국대 특수교육학과

350 신 · 재생에너지에 기초한 녹색성장과 사회통합
김인호 | 이화여대 법학전문대학원

351 문화교류역량과 다문화 경영이 기업 경영성과에 미치는 영향
임병학 외 | 부산외대 경영학부

352 빈곤영유아의 발달과 적응
정익중 외 | 이화여대 사회복지학과

353 민사법질서와 인권
양천수 | 영남대 법학전문대학원

354 성년후견제도와 사회복지제도의 연계
신권철 | 서울시립대 법학전문대학원

355 한국 다문화사회의 이방인
김순양 | 영남대 행정학과

356 현대 시민사회와 소비자계약법
이병준 | 한국외대 법학전문대학원

357 개인의 사회적 정보보호를 위한 공공 정보서비스 개선 연구
장항배 | 상명대 경영학과

358 여성교육투자에 대한 교육경제학적 탐색
백일우 외 | 연세대 교육학부

359 사회적 기업과 지속가능한 지역발전
임업 외 | 연세대 도시공학과

360 다문화가정 구성원에 대한 투트랙 한국어 교육방안 연구
박시균 | 군산대 국어국문학과

361 아시아의 빈곤과 한국기업의 역할
한인수 | 충남대 경영학부

362 유치원·초등학교 연계 환경교육
박희숙 | 공주대 유아교육학과

363 비정규 고용과 사회정책
구인회 외 | 서울대 사회복지학과

364 사생활의 자유에 관한 비교법적 연구
이창현 | 서강대 법학전문대학원

365 다중융합 환경 기반의 미디어스킨을 활용한 문화콘텐츠 디자인 적용방안에 관한 연구
오문석 외 | 광운대 미디어영상학부

366 북한이탈주민 여성의 성인식 관련 기초 조사
한인영 외 | 이화여대 사회복지학과

367 노인주택 파노라마
유선종 | 건국대 부동산학과

368 시설보호 청년의 적응
정선욱 | 덕성여대 사회복지학과

369 다수 집단과 소수 집단의 심리
김혜숙 | 아주대 심리학과

370 바이오 휴머니티
권택영 | 경희대 영어학부

371 프랑스 다문화교육의 이해
이경수 | 상명대 불어교육과

372 한·중 서비스산업의 비교분석과 교역 확대 방안
김상호 | 리츠메이칸 아시아태평양대 국제경영학부

373 현대의학에 있어서 생명의 시간과 인간의 존엄
김학태 | 한국외대 법학전문대학원

374 0~3세 영유아의 영상물 과몰입 실태 조사 및 정신건강증진 프로그램 개발과 적용
이경숙 | 한신대 재활학과

375 복지국가의 조세와 정치
양재진 외 | 연세대 행정학과

376 청소년기 자살행위 실태와 관련 요인
박선희 | 경희대 간호과학대학

377 기술혁신에 따른 지역 간 정보격차
최정혜 외 | 연세대 경영대학

378 한국 사회의 이중구조와 생애주기적 불평등
안상훈 편 | 서울대 사회복지학과

379 소비자의 친환경행동에 영향을 미치는 사회적·경제적 가치에 대한 고찰
송재기 | 텍사스테크대 경영학과

380 어머니 양육행동 관련 변인들과 유아 사회정서행동 간의 구조모형 분석
신숙영 | 숙명여대 원격대학원

381 조선족 여성, 동남아시아 여성 그리고 새터민의 적응 유형 분석 및 삶의 질 향상 방안 모색
정태연 | 중앙대 심리학과

382 세계의 연금, 한국의 연금
허만형 | 중앙대 공공인재학부

383 노인요양원과 문화 변화
최재성 | 연세대 사회복지학과

384 시민사회와 국제개발협력
손혁상 | 경희대 공공대학원

385 복지국가의 변화와 빈곤정책
김윤태 | 고려대 사회학과

386 다문화가정의 미디어 이용과 사회적 자본의 관계
진창현 | 경기대 경영학과

387 사회진출 대졸 초년생의 탄력성 변화 양상
이상민 | 고려대 교육학과

388 사회자본과 경제발전 그리고 정부의 질
도수관 | 대구가톨릭대 행정학과

389 망명과 귀환이주
서장원 | 고려대 독일문화학과

390 근거기반실천과 사회복지
김유진 | 경북대 사회복지학부

391 인터넷상 정보 유통에 대한 새로운 저작권 규율 방향 모색
박준석 | 서울대 법학전문대학원

392 한국 사회의 인종차별적 담화구조
이창수 | 한국외대 통역번역대학원

393 사회복지사의 사회복지 가치 지향
김용석 | 가톨릭대 사회복지학과

394 개인정보의 국제적 유통에 따른 법적 문제와 대책
박훤일 | 경희대 법학전문대학원

395 정신장애인의 인권
서미경 | 경상대 사회복지학과

396 취약계층 비만청소년들의 체중관리를 위한 건강증진 프로그램의 효과
김영호 | 서울과학기술대 스포츠과학과

397 한국 전통의 돈의 문학사, 나눔의 문화사
서신혜 | 한양대 창의·융합교육원

441 복지공급론: 보건복지의 수단과 체계
강창현 | 단국대 공공관리학과

442 생각 중심 교육
박주용 | 서울대 심리학과

443 청소년 독자의 정체성과 문식 활동
이순영 | 고려대 국어교육과

444 인간의 심리를 조작하는 사회공학기술
김석수 | 한남대 멀티미디어학부

445 한국사회 이타적 행동에 대한 이해
강철희 외 | 연세대 사회복지대학원

446 이주민의 사회적 배제: 세대 간 전이와 민족 계급화를 중심으로
최혜지 | 서울여대 사회복지학과

447 사회복지, 업의 변화와 마케팅
이원준 | 청주대 경영학과

448 충남 민속의 이해
이필영 | 한남대 역사교육과

449 한국 청소년들의 공동체지향목표
신종호 외 | 서울대 교육학과

450 저출산 · 고령화와 한국의 연금개혁: 세대 간 공정과 지속가능성
석재은 외 | 한림대 사회복지학과

451 지방 인구구조의 변화와 지역 사회복지 전달체계
기정훈 | 명지대 행정학과

452 고령 친화적 도시재생뉴딜: 일본의 고령 친화 주거지재생 정책 사례 연구
김현주 | 서울연구원 초빙 부연구위원

453 저출산의 심리적 요인: 저출산 원인의 심리학적 요인 분석을 중심으로
진경선 | 성신여대 심리학과

454 남자가 출산휴가를 간다면?: 아빠노동자 형성을 위한 남성 육아휴직 사례 연구
최새은 외 | 한국교원대 가정교육학과

455 한국 다문화 사회의 교육과 복지 실천
김영순 외 | 인하대 사회교육과

456 뉴미디어와 이주민: 소셜미디어시대 서울 지역 중국동포들의 미디어 이용과 적응
김용찬 | 연세대 언론홍보영상학부

457 제1기 헌법재판소: 헌법재판의 황무지에 단단한 초석을 놓다
임지봉 | 서강대 법학전문대학원

458 저소득층 초등학생을 위한 식생활교육 프로그램 개발: 심리 · 사회적, 영양학적 요인을 중심으로
김경원 외 | 서울여대 자연과학대학 식품영양학전공

459 지역공동체 참여의 이론과 현실: 지속가능하고 포용적인 공동체를 위한 대안의 모색
한상일 | 연세대 글로벌행정학과

460 한국가정과 다문화가정 내 배우자 폭력의 유형 및 특성 비교 연구
그레이스 정 | 서울대 아동가족학과

461 한국 유교 圖像의 역사
유권종 | 중앙대 철학과

462 기업과 노동의 사회 책임: CSR에서 ISO26000을 넘어 기업 인권으로
이승협 | 대구대 사회학과

463 청소년을 위한 긍정적 정신건강의 평가와 개입
고영건 | 고려대 학생상담센터

464 이주 시대의 젠더: '다문화' 한국사회와 필리핀 출신 여성들
김민정 | 강원대 문화인류학과

465 상식의 긴 팔: 과학하는 인간의 베이즈주의
여영서 | 동덕여대 교양대학

466 사회복지실천기록: 사회복지사의 기록실무를 위한 지침
백은령 외 | 총신대 사회복지학과

467 대한민국에서 난민으로 살아가기: 의미 탐색과 정책 과제
박순용 외 | 연세대 교육학부

468 다문화사회와 이주민 건강: 헬스커뮤니케이션 차원의 분석과 대안 모색
정의철 | 상지대 미디어영상광고학과

469 전통생태지식과 세대소통: 지속가능발전을 위한 사회생태기억 탐구
김고운 외 | 고려대 오정리질리언스연구원

470 디지털 시대의 사회복지 패러다임: 네트워크적 접근
김수영 | 서울대 사회복지학과

471 디지털 헬스 케어의 법적 쟁점과 과제
이호용 | 한양대 정책학과

472 한국사회의 공공갈등 사례를 통해 본 조정, 참여형 갈등관리, 예방적 접근의 활용과 해외 시스템 연구
김대중 외 | 동아대 국제전문대학원

473 호수환경생태학
김범철 | 강원대 환경학과

아산재단연구보고서

001 한국인의 도덕성 연구
배해수 | 고려대 국문학과

002 산업화와 청소년 진로
이원호 | 울산대 교육학과

003 공동체의식과 시민운동
김영섭 | 한양대 행정학과

004 한국청년의 삶의 의미 충족도와 만족적 태도
안정수 | 경희대 철학과

005 중국조선족의 사회발전과 한 · 중관계의 위상
손장권 | 고려대 사회학과

006 해송림 "솔껍질깍지벌레"의 천적 및 주요 종의 생태
김규진 | 전남대 농생물학과

007 사회정의와 실천윤리
박종대 | 서강대 철학과

008 동구개혁의 영향
김달중 | 연세대 정치외교학과

009 한국청소년의 의식세계
김문조 | 고려대 사회학과

010 고강도 철근 콘크리트 구조의 실용화
정헌수 | 중앙대 건축학과

011 신기술의 연관형태 및 출현예측의 구조모형
권철신 | 성균관대 산업공학과

012 민간기업의 연구개발을 위한 조세정책
권영훈 | 한양대 경제학부

013 기술개발 활성화방안
송승구 | 울산대 화학공학부

014 부패의 현상과 진단
이문조 | 영남대 정치외교학부

015 연구투자의 지역적 편중화와 부산지역의 기초과학연구 활성화방안
윤웅찬 | 부산대 화학과

016 GATT의 신구 덤핑방지협정과 그 대응 방안
전창원 | 동국대 무역학과

017 한국사회의 도덕성 제고를 위한 진단과 처방
황경식 | 서울대 철학과

018 새로운 노사관계 방향
이진규 외 | 고려대 경영학과

019 21세기 동북아 정세예측과 한국의 전략적 대응방안
최평길 외 | 연세대 행정학과

020 소련의 한국에 대한 정책목표분석
신승권 | 한양대 정치외교학과

021 메모리 커패시터용 $Pb(Zr_xTi_{1-x})O_3$ 강유전체 박막의 제작과 특성
장지근 외 | 단국대 전자공학과

022 러시아 국제법학의 전통
김용구 | 서울대 외교학과

023 유럽연합의 현황과 전망
김동현 외 | 성균관대 행정학과

024 중국의 정치동원
송영우 외 | 건국대 정치외교학과

025 산업적 활용을 위한 이동로보트 시스템의 개발
박민용 외 | 연세대 전자공학과

026 중국조선족의 정치사회화과정과 동화적 국민통합의 방향
전인영 외 | 이화여대 사회생활학과

027 공적부조의 이론과 실제
최일섭 외 | 서울대 사회복지학과

028 대외통상환경의 변화와 법제개편
서헌제 | 중앙대 법학과

029 기업금융의 국제화
최생림 | 한양대 경영학부

030 자동차부품공업의 노사관계
김호진 외 | 고려대 행정학과

031 산업화 과정에서의 한국가족의 실태와 전망
정창수 외 | 성균관대 사회학과

032 공무원 가치관 실태와 정립방안
배병룡 외 | 경상대 행정학과

033 해외귀국청소년의 국내적응연구
이장영 | 국민대 사회학과

034 초고속정보통신망에서 LAN서비스 제공방안
이재용 | 연세대 전자공학과

035 WTO체제의 정책적 대응
김병진 외 | 경희대 행정학과

036 유럽의 통합정치
최수경 외 | 충남대 정치외교학과

037 유기질폐기물을 이용한 고단백사료원인 조류의 생산공정
최정우 외 | 서강대 화학공학과

038 초고속정보통신망의 수용성과 정책방향
박영상 외 | 한양대 신문방송학과

039 중국의 강남사회와 한중교섭
조영록 외 | 동국대 사학과

040 세계화시대의 사회 · 문화의식
신행철 외 | 제주대 사회학과

041 국내 외국인 노동자의 문제와 대책
성규탁 외 | 연세대 사회복지학과

042 노인인력 활용정책과 프로그램
김정후 외 | 강원대 법과대학

043 한일간 학술교류 현황과 활성화방안
정홍익 외 | 서울대 행정대학원

044 계량모형에 의한 한일 경제관계의 이해
김명직 외 | 한양대 경제학부

045 직장인의 음주행태와 삶의 질
진기남 외 | 연세대 보건행정학과

046 유통정보 시스템의 구조와 설계
정용길 | 충남대 경영학과

047 남북통일 이후 사회통합을 위한 교육의 역할
안기성 외 | 고려대 교육학과

048 대중음악에 심취한 청소년들의 심리적 특성
김인경 외 | 연세대 인간행동연구소

049 멀티미디어 시스템을 활용한 교육환경의 개선방안
김한일 | 제주대 컴퓨터교육학과

050 탈냉전기 한일관계의 쟁점
최상룡 | 고려대 정치외교학과

051 자치시대 새로운 '삶의 질' 지표의 모색
김형기 외 | 경북대 경제통상학부

052 유럽통합의 역내외 협력과 갈등
이호재 외 | 고려대 정치외교학과

053 21세기를 대비한 신노사관계
김재원 | 한양대 경제학부

054 대학의 시간제학생 등록제
안규철 외 | 전남대 교육학과

055 21세기에 대비한 방송통신정책
한진만 외 | 강원대 신문방송학과

056 주민참여를 통한 혐오시설 관리운영방안
박균성 외 | 경희대 법학부

057 여성의 정치적 권리인식과 정치참여
전경옥 외 | 숙명여대 정치외교학과

058 한국인 위장질환과 식생활 · 환경요인 및 *H. pylori* 감염과의 관계
이양자 외 | 연세대 식품영양학과

059 학생과 시민의 자원봉사활동
윤정일 외 | 서울대 교육학과

060 동북아 환경문제와 지역환경협력의 모색
신연재 외 | 울산대 정치외교학과

061 노인 자원봉사활동을 통한 사회통합 프로그램 개발
김동배 | 연세대 사회복지학과

062 물류정보 시스템
김태현 | 연세대 경영학과

063 전자식 문서교환을 이용한 항공화물 운송체계
민재형 | 서강대 경영학과

064 청소년과 성
이근후 | 이화여대 의과대학

065 민족통합과 무궁화호 위성의 남북한 공동활용방안
방정배 | 성균관대 신문방송학과

066 채식주의가 20대 여성의 영양상태와 에스트로겐 대사에 미치는 영향
성미경 | 숙명여대 식품영양학과

067 가상정보공간을 통한 지역개발 활성화 전략
유재천 외 | 한림대 언론정보학부

068 조산아 관리현황 및 정책수립 방안
박상기 외 | 조선대 의과대학

069 남북한관의 의식조사와 통일교육 개선 방안
김동규 외 | 고려대 북한학과

070 동양 전통 자연사상 탐구
장동순 | 충남대 환경공학과

071 초고속정보망의 시뮬레이터 구현
한기준 | 경북대 컴퓨터공학과

072 유통원가 시스템의 유효성
정다미 | 명지대 경영학과

073 국악과 문화관광의 만남
정익준 외 | 동아대 국제관광통상학부

074 기업의 지식경영 활용사례
김창은 | 명지대 산업공학과

075 선진국과 한국의 직업교육 · 훈련제도의 특성과 한계
정주연 | 고려대 경제학과

076 제주지역 성인 여성의 자원봉사활동
이상철 외 | 제주대 사회학과

077 M&A와 문화충돌 관리
박원우 | 서울대 경영학과

078 폐금속광산 인근 주민들의 중금속 오염실태
정종학 외 | 영남대 의학과

079 북한 농촌 · 농업실태와 인력자원개발 시스템을 통한 북한 농민의 구호방안
박성열 | 건국대 교육공학과

080 중소 소매점의 경쟁력과 소매성과
채명수 외 | 한국외대 무역학과

081 고령자를 위한 쾌적한 실내온도와 착의량의 설정
정운선 | 안동대 의류학과

082 지역문화 이벤트 PR
박종민 | 경희대 언론정보학부

083 인터넷 지역정보화의 실태와 전략
유평준 외 | 연세대 행정학과

084 여성 삶의 질 향상을 위한 사회교육 활성화 방안
김양희 | 중앙대 가족복지학과

085 벤처기업과 벤처금융
강대석 외 | 충남대 무역학과

086 구조조정기에 있어서 실업대책과 사회 안전망 구축
박천익 | 대구대 경제학과

087 한국 유아의 조기교육
이명조 외 | 한국외대 교육대학원

088 남북한 경제공동체 형성전략
이상만 | 중앙대 경제학과

089 지방자치회계의 투명성과 주민의 알 권리
권찬태 외 | 경북대 경영학부

090 정치지도자의 정책리더십
이해영 | 경일대 행정학과

091 경제위기와 한국인의 복지의식
신광영 외 | 중앙대 사회학과

092 북한의 노동
김강식 | 한국항공대 경영학과

093 우리나라 중소기업의 정보기술 활용 현황과 경쟁력 강화를 위한 제안
정승호 | 부산외대 정보시스템학과

094 인간배아복제의 법적 · 윤리적 문제점과 그 해결방안
최병규 | 한경대 법학부

095 가치변화에 따른 투표행태
조찬래 외 | 충남대 정치외교학과

096 인터넷 경매에서의 계약체결과 소비자 보호
이기수 외 | 고려대 법과대학

097 세계화시대 남북한 통합의 방향과 과제
윤민재 | 서울대 사회발전연구소

098 글로벌 시대 지방정부의 문화마케팅 전략
박흥식 | 중앙대 행정학과

099 대졸여성실업의 실태분석 및 대학-노동시장 간 효율적 연계방안
이은우 외 | 울산대 사회과학부

100 그린 투어리즘의 분석
이응진 | 대구대 관광학부

101 지방자치단체장의 부정부패
오일환 | 한양대 아태지역연구센터

102 산업화가 유교체제하 중국여성의 지위에 미친 영향
천성림 | 배재대 사회과학연구소

103 움직이는 말하기
유혜숙 외 | 나사렛대 교양학부

104 장애학생을 위한 특수교육공학의 활용
김용욱 | 대구대 중등특수교육과

105 지식기반사회의 평생교육 이해와 평생교육 프로그램 개발
박성열 | 건국대 교육공학과

106 N세대의 미술교육
김동철 | 대구교육대 미술교육학과

107 노후계획과 투자
권택호 | 여수대 국제통상학과

108 영화산업
양영철 | 경성대 연극영화학부

109 동유럽의 변혁과 언론의 역할
정대수 | 경남대 정치언론학부

110 환율, 임금, 물가가 국제경쟁력 및 수출입산업에 미치는 영향
하인봉 | 경북대 경제통상학부

111 일본기업의 기술혁신 전략
위정현 | 중앙대 상경학부

112 노후보장정책과 역저당연금제도
조덕호 외 | 대구대 행정학과

113 유비쿼터스 라이프와 미래 사회
김석수 | 한남대 멀티미디어공학과

114 죽음과 관련된 생명윤리적 문제들
구인회 | 가톨릭의과대 인문사회과학교실

115 경제적 세계화와 빈곤문제, 그리고 국가
김준현 | 한일장신대 인문사회과학부

116 한국의 세계불교유산
김종명 | 한국학중앙연구원 한국학대학원

117 복지레저서비스론
고태규 | 한림대 국제학부

118 자생적 철학체계로서 인간중심철학
선우현 | 청주교대 윤리교육과

119 전략적 통합과 한반도 평화체제
김승채 | 고려대 정책대학원

120 환경사법론
전경운 | 경희대 법학부

121 인터넷 자료를 통해 본 한국의 이혼문화와 사회복지
성정현 외 | 협성대 사회복지학과

122 유럽연합의 사회정책에 관한 연구
문진영 | 서강대 신학대학원 사회복지학과

123 여성건강의 통합적 관점
김혜원 | 관동대 간호학과

124 복잡계 네트워크 과학
강병남 | 서울대 물리천문학부

125 경제적인 3세대 전원주택 개발
박근준 | 호서대 건축공학과

126 사회복지와 인적자원개발
이상일 | 인제대 국제경상학부